北京未来城市设计高精尖创新中心项目（编号：UDC2016020100）
国家自然科学基金项目（批准号：52178028；51478439）
中国城市规划设计研究院科技创新基金重点项目（编号：C-201701）

城市规划历史与理论丛书

城·事·人

CITIES, PLANNING ACTIVITIES AND WITNESSES

城市规划前辈访谈录

INTERVIEWS WITH SENIOR EXPERTS OF URBAN PLANNING

（第七辑）

李　浩　访问/整理

中国建筑工业出版社

图书在版编目（CIP）数据

城·事·人：城市规划前辈访谈录＝CITIES, PLANNING ACTIVITIES AND WITNESSES INTERVIEWS WITH SENIOR EXPERTS OF URBAN PLANNING. 第七辑／李浩访问、整理. —北京：中国建筑工业出版社，2021.12
（城市规划历史与理论丛书）
ISBN 978-7-112-26451-3

Ⅰ.①城… Ⅱ.①李… Ⅲ.①城市规划—城市史—中国 Ⅳ.①TU984.2

中国版本图书馆CIP数据核字（2021）第161848号

本访谈录是城市规划史研究者访问城市规划老专家的谈话实录，谈话内容围绕中国当代城市规划重点工作而展开，包含城、事、人等三大类，对70多年我国城市规划发展的各项议题也有较广泛的讨论。通过亲历者的口述，生动再现了中国当代城市规划工作起源与发展的曲折历程，极具鲜活性、珍贵性、稀缺性及学术价值，是极为难得的专业性口述史作品。

本访谈录按照老专家的年龄排序，分辑出版。本书为第七辑，共收录彭一刚、鲍世行、崔功豪和黄天其4位前辈的9次谈话。

责任编辑：李　鸽　柳　冉
责任校对：王　烨

城市规划历史与理论丛书
城·事·人
城市规划前辈访谈录（第七辑）
CITIES, PLANNING ACTIVITIES AND WITNESSES
INTERVIEWS WITH SENIOR EXPERTS OF URBAN PLANNING
李　浩　访问／整理
*
中国建筑工业出版社出版、发行（北京海淀三里河路9号）
各地新华书店、建筑书店经销
北京方舟正佳图文设计有限公司制版
天津图文方嘉印刷有限公司印刷
*
开本：880毫米×1230毫米　1/16　印张：15¾　字数：335千字
2021年10月第一版　2021年10月第一次印刷
定价：**88.00**元
ISBN 978-7-112-26451-3
（37761）

序

清代学者龚自珍曾云："欲知大道，必先为史"，"灭人之国，必先去其史"[①]。以史为鉴，"察盛衰之理，审权势之宜"[②]，"嘉善矜恶，取是舍非"[③]，从来都是一种人文精神，也是经世济用的正途要术。新中国的缔造者毛泽东同志，在青年求学时期就曾说过："读史，是智慧的事"[④]。习近平总书记也告诫我们："历史是人类最好的老师。""观察历史的中国是观察当代的中国的一个重要角度"[⑤]。由于城市工作的复杂性、城市发展的长期性、城市建设的系统性，历史研究对城市规划工作及学科发展显得尤为重要。

然而，当我们聚焦于城市规划学科，感受到的却是深深的忧虑。因为一直以来，城市规划的历史与理论研究相当薄弱，远远不能适应当今学科发展的内在要求；与当前规划工作联系最为紧密的新中国城市规划史，更是如此。中国虽然拥有历史悠久、类型多样、极为丰富的规划实践，但却长期以西方规划理论为主导话语体系。在此情况下，李浩同志伏案数年，严谨考证而撰著的《八大重点城市规划——新中国成立初期的城市规划历史研究》于2016年出版后，立刻在城市规划界引发极大反响。2017年，该书的相关成果"城·事·人"系列访谈录先后出版了5辑，再次引起轰动。现在，随着李浩同志规划史研究工作的推进，访谈录的最新几辑又要出版了，作为一名对中国历史和传统文化有着浓厚兴趣的城市规划师，我有幸先睹为快，感慨良多，并乐意为之推荐。

历史，有着不同的表现形式，口述为其重要表现形式之一。被奉为中国文化经典的《论语》，就并非孔子所撰写，而是他应答弟子，弟子接闻、转述等的口述作品。与孔子处于同一时代的一些西方哲学家，如希腊的苏格拉底等，情形也大致相似。目前可知

① 出自龚自珍著《定庵续集》。
② 出自贾谊著《过秦论》。
③ 出自司马光著《资治通鉴》。
④ 1920年12月1日，毛泽东致好友蔡和森等人的书信。
⑤ 2015年8月23日，习近平致第二十二届国际历史科学大会的贺信。

的人类远古文明，大多都是口口相传的一些故事。也可以说，口述是历史学的最初形态。近些年来，国内外正在迅速兴起口述历史的热潮，但城市规划方面的口述作品，尚较罕见。“城·事·人”系列访谈录，堪称该领域具有探索性、开创性的重大成果。

读罢全书，我的突出感受有三个方面。

第一，这是一段鲜为人知，不可不读的历史。一大批新中国第一代城市规划工作者和规划前辈，以娓娓道来的访谈方式，向我们讲述了参与新中国建设并投身城市规划工作的时代背景、工作经历、重要事件、历史人物及其突出贡献等，集中展现了一大批规划前辈的专业回顾与心路历程，揭开了关于新中国城市规划工作起源、初创和发展的许多历史谜团，澄清了大量重要史实。这些林林总总的细节与内情，即便对于我们这些已有 30 多年工作经历的规划师而言，很多也都是闻所未闻的。“城·事·人”系列访谈录极具鲜活性与稀缺性。

第二，这还是一段极富价值，引人深思的历史。与一般口述历史作品截然不同，本书的访谈是由规划史研究者发起的，访谈主题紧扣新中国城市规划发展史，访谈内容极具深度与学术价值。关于计划经济时期和借鉴苏联经验条件下的城市规划工作，历来都是学术界认知模糊并多有误解之疑难所在，各位前辈对此问题进行了相当全面的回顾、解读与反思，将有助于更加完整、客观、立体地建构新中国城市规划发展史的认识框架，这是“城·事·人”系列访谈录的一大亮点。不仅如此，各位老前辈在谈话中还提出了不少重要的科学命题，或别具一格的视角与认知，这对于深化关于城市规划工作内在本质的认识具有独特科学价值，对于当前我们正在推进的各项规划改革也有着重要的启迪意义。

第三，这更是一段感人肺腑，乃至催人泪下的历史。老一辈城市规划工作者，有的并非城市规划专业的教育背景，面对国家建设的紧迫需要，响应国家号召，毫无怨言地投身城市规划事业，乃至提前毕业参加工作，在“一穷二白”的时代条件下，在苏联专家的指导下，“从零起步”，开始城市规划工作的艰难探索。正是他们的辛勤努力和艰苦奋斗，开创了新中国城市规划事业的基业。然而，在各位前辈实际工作的过程中，他们一腔热血、激情燃烧的奉献与付出，与之回应的却是接连不断的“冷遇”：从 1955 年的“反浪费”①，到 1957 年的“反四过”②，从 1960 年的“三年不搞城市规划”，到 1964 年城市规划研究院③被撤销，再到 1966 年“文化大革命”开始后城市规划工作全面停滞……一个又一个的沉重打击，足以令人心灰意冷。更有不少前辈自 1960 年代便经

① 即 1955 年的“增产节约运动”，重点针对建筑领域，城市规划工作也多有涉及。

② 反对规模过大、占地过多、标准过高、求新过急等“四过”。

③ 中国城市规划设计研究院的前身，1954 年 10 月成立时为“城市设计院”（当时属建筑工程部城市建设总局领导），1963 年 1 月改称“城市规划研究院”。

历频繁的下放劳动或工作调动，有的甚至转行而离开了城市规划行业。当改革开放后城市规划步入繁荣发展的新时期，他们却已逐渐退出了历史的舞台，而未曾分享有偿收费改革等的“红利”。时至今日，他们成为一个“被遗忘”的特殊群体，并因年事已高等原因而饱受疾病的煎熬，甚至部分前辈已经辞世……这些，更加凸显了“城·事·人”系列访谈录的珍贵性、抢救性和唯一性。

可以讲，“城·事·人”系列访谈录是我们走近、感知老一辈城市规划工作者奋斗历程的“活史料”，是我们学习、研究新中国城市规划发展历史的“活化石”，是对当代城市规划工作者进行人生观、世界观和价值观教育的“活教材”！任何有志于城市规划事业或关心城市工作的人士，都值得加以认真品读。

在这里，要衷心感谢各位前辈对此项工作的倾力支持，使我们能够聆听到中国城市规划史的许多精彩内容！并感谢李浩同志的辛勤访问和认真整理！期待有更多的机构和人士，共同关心或支持城市规划的历史理论研究，积极参与城市规划口述历史工作，推动城市规划学科的不断发展与进步。

杨保軍

二〇二〇年十二月三十日

杨保军，博士，全国工程勘察设计大师，住房和城乡建设部总经济师

前言

中国现代城市规划史研究的一个重要特点，即不少规划项目、活动或事件的历史当事人仍然健在，这使得规划史研究工作颇为敏感，涉及有关历史人物的叙述和讨论，必须慎之又慎。另一方面，这也恰恰为史学研究提供了诸多有利条件，特别是通过历史见证人的陈述，能够弥补纯文献研究之不足，以便解开诸多的历史谜团。与古代史或近代史相比，此乃现代史研究工作的特色鲜明之处。

以此认识为基础，前些年在对新中国成立初期八大重点城市规划历史研究的过程中，笔者曾投入了大量时间与精力，拜访了一大批数十年前从事城市规划工作的老专家。这项工作的开展，实际上也发挥了多方面的积极作用：通过老专家的访谈与口述，对有关规划档案与历史文献进行了校核、检验，乃至辨伪；老专家所提供的一些历史照片、工作日记和文件资料等，对规划档案起到了补充和丰富的作用；老专家谈话中不乏一些生动有趣的话题，使历史研究不再是枯燥乏味之事；对于城市规划工作过程中所经历的一些波折，一些重要人物的特殊贡献等，只有通过老专家访谈才能深入了解等。更为重要的是，通过历史当事人的参与解读和讨论，通过一系列学术或非学术信息的供给，生动再现出关于城市规划发展的“历史境域”，可以显著增强历史研究者的历史观念或历史意识，有助于对有关历史问题的更深度理解，其实际贡献是不可估量的。

因而，笔者在实际研究过程中深刻认识到，对于中国现代城市规划史研究而言，老专家访谈是一项必不可缺的关键工作，它能提供普通文献档案所不能替代的、第一手的鲜活史料，为历史研究贡献出“二重证据”乃至“多重证据”。所谓老专家访谈，当然不是要取代档案研究，而是要与档案研究互动，相互印证，互为支撑，从而推动历史研究走向准确、完整、鲜活与生动。

2017 年，笔者首次整理出版了“城・事・人”访谈录共 5 辑，受到规划界同仁的较多关注和好评。近几年来，笔者以“苏联专家对中国城市规划的技术援助”为主题继续推进城市规划史研究，在此过程中一并继续推进老专家访谈工作，目前又已完成一批访谈成果，经老专家审阅和授权，特予分批出版（图 1）。

图1　老专家对谈话文字稿的审阅和授权（部分）

在本阶段的工作中，对老专家谈话的整理仍然遵循三项基本原则，即如实反映、适当编辑和斟酌精简，前5辑“城·事·人”访谈录中已有详细说明，这里不予赘述。关于访谈对象，主要基于中国现代城市规划历史研究的学术研究目的而选择和邀请，本阶段拜访的老专家主要是对苏联专家援助中国城市规划工作情况较为了解的一些规划前辈；由于前5辑“城·事·人”的访谈对象以在规划设计单位工作的老专家居多，近年来适当增加了一些代表性高校或研究机构的规划学者；由于笔者关于苏联规划专家技术援助活动的研究是以北京为重点案例，因而对北京规划系统的一些老专家进行了特别的重点访谈。

为便于读者阅读，最新完成的几辑访谈录依不同主题作了相对集中的编排，每辑则仍按各位老专家的年龄排序。本书为第七辑，共收录彭一刚、鲍世行、崔功豪和黄天其4位前辈的9次谈话。本辑工作过程中，得到天津大学张天洁教授、南京大学张京祥教授和崔功豪先生的秘书王寅老师，以及重庆大学黄瓴教授（黄天其先生之女）的大力支持和帮助，在此谨致以衷心感谢！

本书部分内容是笔者在中国城市规划设计研究院工作期间完成的，院领导和许多同事为研究提供了大力支持，徐美静同志给予了协助，在此致以衷心感谢。同时感谢杨保军老总为本书撰写了新的序言，感谢北京建筑大学对本书出版的经费资助，感谢中国建筑工业出版社李鸽和柳冉编辑的精心策划与编辑。

在此，要特别声明：本访谈录以反映老专家本人的学术观点为基本宗旨，书中凡涉及有关事件、人物或机构的讨论和评价等内容，均不代表老专家或访问整理者所在单位的立场或观点。

口述历史的兴起，是当代史学发展的重要趋向，越来越多的人开始关注口述历史，电视、网络或报刊上纷纷掀起形式多样的口述史热潮，图书出版界也出现了“口述史一枝独秀”的新格局[①]。不过，从既有成果来看，较多属于近现代史学、社会学或传媒领域，专业性的口述史仍属少见。本访谈录作为将口述史方法应用于城市规划史研究领域的一项探索，具有专业性口述史的内在属性，并表现出如下两方面的特点：一是以大量历史档案的查阅为基础，并与之互动。各位老专家在正式谈话前进行了较充分的酝酿，在谈话文字稿出来后又进行了认真的审阅和校对；各个环节均由规划史研究人员亲力亲为，融入了大量史料查阅与研究工作。二是老专家为数众多，且紧紧围绕相近的中心议题谈话，访谈目的比较明确，谈话内容较为深入。各位老专家以不同视角进行谈话，互为补充，使访谈录在整体上表现出相当的丰满度。

有关学者曾指出：“口述史学能否真正推动史学的革命性进步，取决于口述史的科学性与规模。”如果“口述成果缺乏科学性，无以反映真实的历史，只可当成讲故事；规模不大，无力反映历史的丰富内涵，就达不到为社会史提供丰富材料的目的”[②]。若以此标准而论，本访谈录似乎是合格的。但是，究竟能否称得上口述史之佳作，还要由广大读者来评判[③]。

不难理解，口述历史是一项十分繁琐、复杂的工作，个人的力量有限，而当代口述史工作又极具其抢救性的色彩。因此，迫切需要有关机构或单位引起高度重视，发挥组织的力量来推动此项事业的蓬勃发展。真诚呼吁并期待有更多的有志之士共同参与[④]。

李浩

2020 年 12 月 31 日

于北京建筑大学

① 周新国．中国大陆口述历史的兴起与发展态势 [J]. 江苏社会科学，2013(4):189-194.

② 朱志敏．口述史学能否引发史学革命 [J]. 新视野，2006(1):50-52.

③ 毫无疑问，口述历史可以有不同的表现形态。就本访谈录而论，相对于访谈现场原汁原味的原始谈话而言，书中的有关内容已经过一系列的整理、遴选和加工处理，因而具有了一定的“口述作品”性质。与之对应，原始的谈话记录及其有关录音、录像文件则可称之为“口述史料”。然而，如果从专业性口述史工作的更高目标来看，本访谈录在很大程度上仍然是史料性的，因为各位老专家对某些相近主题的口述与谈话，仍然是一种比较零散的表现方式，未作进一步的归类解读。目前，笔者关于新中国规划史的研究工作刚开始起步，在后续的研究工作过程中，仍将针对各不相同的研究任务，持续开展相应的口述历史工作。可以设想，在不远的未来，当有关新中国城市规划史各时期、各类型的口述史成果积累到一定丰富程度的时候，也完全可以按照访谈内容的不同，将有关谈话分主题作相对集中的分析、比较、解读和讨论，从而形成另一份风格截然不同的，综述、研究性的“新中国城市规划口述史”。

④ 对本书的意见和建议敬请反馈至：jianzu50@163.com

总目录

第七辑

第八辑

第九辑

目录

彭一刚先生访谈

我是建筑学出身，我认为现在的城市，包括人口、土地、经济发展区、技术开发区等，这些东西复杂得要命，要想把它纳入到某一个模式里去，是很难的。特别是对于大中城市来讲，还是顺其自然比较好。有的城市，地形还有变化，不是在平地上，就更是要顺其自然。

（拍摄于 2017 年 7 月 29 日）

专家简历

彭一刚，1932 年 9 月生，安徽合肥人。

1950—1951 年，在北方交通大学唐山工学院建筑系学习。

1952—1953 年，随院系调整先后在北京铁道学院和天津大学土木建筑系学习。

1953 年 7 月毕业后，留天津大学任教。

1991 年起，享受国务院发放的政府特殊津贴。

1995 年当选为中国科学院院士。

2003 年，获得梁思成建筑奖。

2006 年，获中国建筑教育奖。

曾任国务院学位委员会第三、四届学科评议组建筑学学科召集人，第八届和第九届全国政协委员、民盟中央委员、民盟天津市委常委等。

2017年7月29日谈话

访谈时间：2017年7月29日上午

访谈地点：天津市南开区天津大学四季村，彭一刚先生家中

谈话背景：《八大重点城市规划——新中国成立初期的城市规划历史研究》一书和《城·事·人——新中国第一代城市规划工作者访谈录》第一、二、三辑正式出版后，于2017年7月呈送给彭一刚先生审阅。彭一刚先生阅读有关材料后，应访问者的邀请进行了本次谈话。

整理时间：2017年8月12日

审阅情况：经彭一刚先生审阅修改，于2017年8月26日定稿

彭一刚：你做的这项研究工作挺不错，规划史研究很重要。几本书中有大量的第一手档案资料和第一手访谈，非常珍贵，看得出你下了很大功夫。

李　浩（以下以“访问者”代称）：晚辈这次过来拜访您，很想听听您的一些指导意见。另外，还想向您请教一些具体问题。比如对于新中国成立初期学习苏联经验和“苏联规划模式”，您有何看法？

一、对“苏联规划模式”的认识

彭一刚：苏联的城市，从我们上学的时候所看到的东西来看，以莫斯科作为典型，没有西方国家的那些设计手法。莫斯科的规划也就是一圈一圈，几个大环线，再加上几条辐射的线，形成一种模式（图1-1）。对于城市其他方面而言，这种形

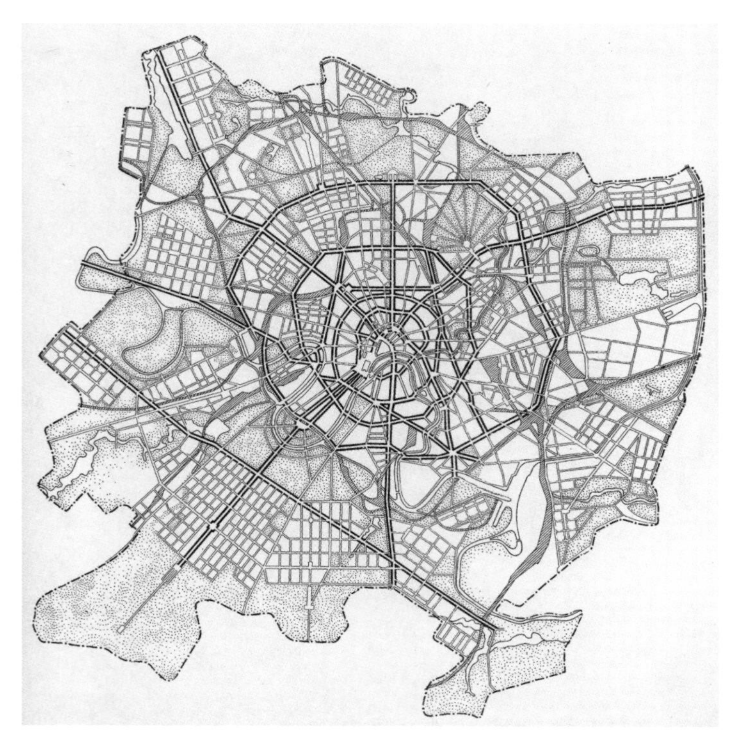

图 1–1　莫斯科的城市空间结构（1950 年代）
资料来源：Москва: планировка и застройка города(1945–1957)[M]. Москва, 1958：19.

式有点局限。因为城市问题很复杂，涉及社会学、心理学、美学，还有经济等。过去，苏联都是搞功能分区，文教区、工业区等，把工业区放到边上。西方国家的城市发展模式，我觉得比苏联活，比较强调随机的发展，在这一点上比苏联要有些优越性。

访问者：苏联的政治意识比较强，这可能对城市规划与建设设计有些束缚。

彭一刚：政治干预得比较厉害。苏联的审批机制跟我们差不多，一级一级审批。官方思想的影响也比较明显，你如果不照着这个模式做，他就不点头，不批。

前段时间，我在天津市的一次城市规划会议上有个发言，我说天津市是租界城市，每片租界地都有一摊，各自为政，互相也不干扰（图 1–2），结果就形成了多中心。解放以后，看起来显得特别散，没有形成一个有机统合的整体。其实解放初期也是下过很大的工夫，想把它统合成一个整体，形成一个明确的中心区，但是搞不起来。

为什么搞不起来呢？这么大一个城市，又是经过了租界时期那么长时间的发展，各个区都有自己的一套东西，你要是把那套东西打乱了的话，整个就乱套了。我们总是想找一个机会，把它们整合在一块儿，搞一个中心广场什么的，很强烈的市中心（图 1–3、图 1–4），但始终没有搞起来。过去那些年，搞过一个主席台，搞得像天安门那样，每年大的一些节日，市领导好像可以集会或检阅游行什么的。

图 1–2　天津市八国租界位置图
资料来源：天津市城市规划志[M]. 天津：天津科学技术出版社，1994：42.

访问者：1959 年国庆十周年，应该是个机会吧？

彭一刚：那时也没有搞起来。那个地方从来也形不成中心。这是因为人为地搞，不符合自然规律的话，是没有用的。

这样一来，天津的城市面貌就显得特别乱，也没有像北京那样的“棋盘式”的街道。北京的街道南北东西，几纵几横，显得那么清晰。很多人到天津来，都说找不到路——天津的不少街道是斜的。这一点，在过去来看是个很大的弱点。

访问者：现在，这反而成天津的特色了。

彭一刚：从城市特色的角度看，天津市反而比别的城市显得更活泼，景观也显得更富有变化。

当然，新中国建立以后做了整合的工作，也不能说一点用处没有（图 1–5）。但

图 1-3　天津市区 1949 年现状图

资料来源：天津市城市规划志 [M]. 天津：天津科学技术出版社，1994：文前彩图 .

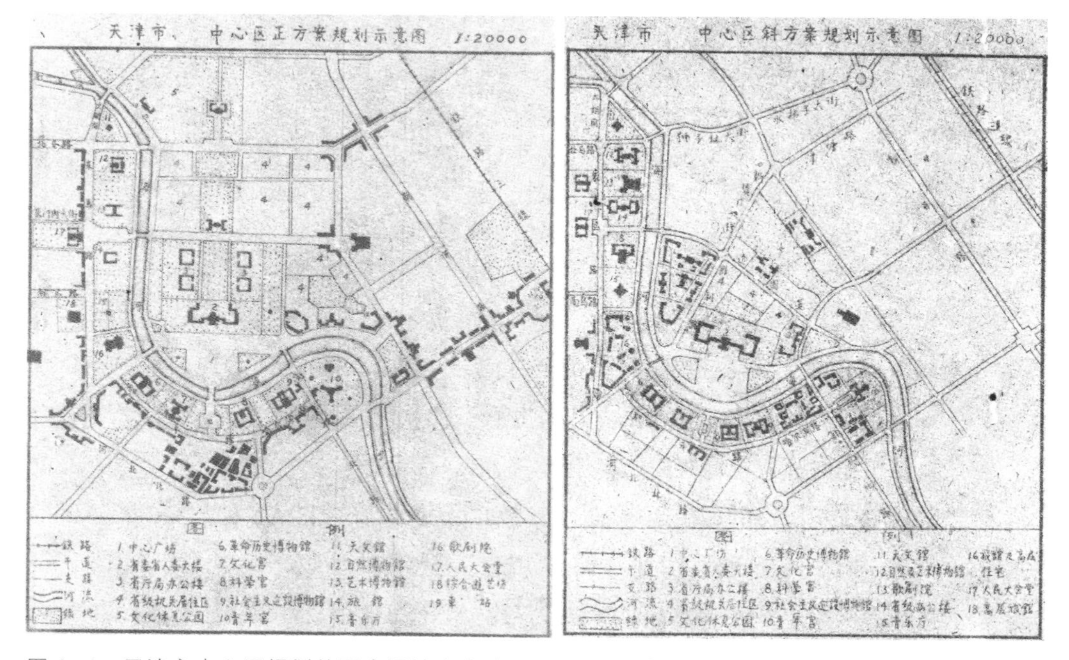

图 1-4　天津市中心区规划的两个设计方案（1959—1960 年）

注：1959—1960 年，天津市先后完成中心区详细规划的两个方案：左图为正方案，省级行政机关（当时天津为河北省省会）的主楼呈正南北向，基本上不考虑现状房屋和道路等市政设施的利用；右图为斜方案，省级行政机关的主楼向西倾斜 17°，面向海河河湾，该方案对现有道路有所利用，比较结合地形。

资料来源：天津市建设委员会 . 河北省天津市规划资料辑要 [Z]// 天津市城市规划资料文件 . 城市建设部档案 . 中国城市规划设计研究院档案室（案卷号：0039：15-16）.

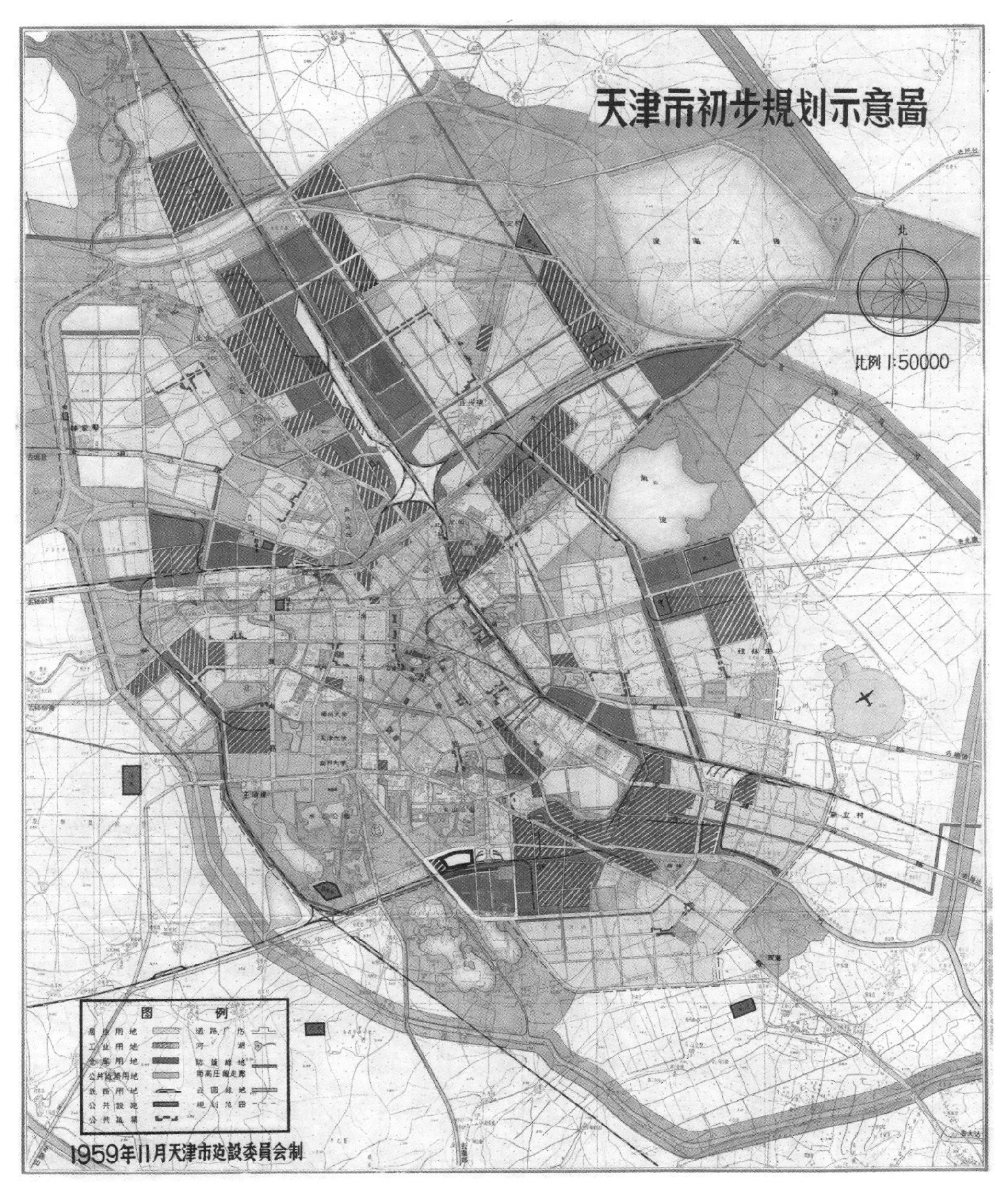

图 1-5 天津市初步规划图（1959 年）
资料来源：天津市建设委员会．天津市初步规划图 [Z]. 城市建设部档案．中国城市规划设计研究院档案室（案卷号：0044）.

从大的格局看，天津就是多中心，给人的感觉是特色比较鲜明。比如英租界的五大道现在成了旅游的热点，意租界也形成了一个意式风情区，法租界则成为商业区等。这样，反而显得比别的城市更富有变化，有点生机盎然，坏事变成好事了。我去市里讲话以后，大家觉得我讲得比较实际。天津本来是显得乱，过去这是缺点。现在审美观念一改变，特别是后现代思潮出现以来，过分地讲究统一、过分地讲究秩序、过分地讲究中心等，这些观念反而被否定了，结果，缺点便转变为特点了。

天津的这种特点，跟上海不一样。别看上海也是一个有多国租界城市，但是它多中心的感觉不如天津明显，不如天津强烈。天津各个有特色的区域，都按照自己的特点来发展，没有过于明显的统一感，或者说没有过分强烈的秩序感。这完全不像北京老城的核心区，有二环、三环、四环等。

访问者：北京单中心的特点比较突出。

彭一刚：北京的城市布局形式，有点像莫斯科的城市规划。这种形式，可能也有它的好处，但是给人的感觉，就会很容易造成各个城市千篇一律。现在，比北京小的一些中等城市，基本上也是按照这个思路在发展。比如我的老家合肥，也修了环线，一修环线的话，必然就得有辐射线，要不然环和环之间就没有办法联系。

二、城市美学与景观风貌

访问者：彭先生，您对建筑美学有长期的关注和研究，从城市美学的角度，您对现在一些城市的景观风貌有何评价？

彭一刚：从建筑学和景观的角度来看，要避免“千城一面”。我觉得多中心要比单中心好一点。莫斯科红场是一个中心，有个莫斯科河，很像我们天津与海河那样，在那儿拐了一个弯，外面就是一圈一圈的（参见图 1-1）。北京现在的做法，基本上是按照莫斯科这个模式走的。你看北京的六环都到什么地方了？如果再修七环的话，恐怕连天津都圈进去了。从北京市内要到首都机场的 3 号航站楼，多远啊！绕啊绕。去一次机场，提前一个小时都不行。现在有地铁和机场快轨，可能会好一点。

现在不是要在廊坊附近建个机场吗？这样做的话，将来可能对打破这种单中心的格局有点好处。天津和北京基本上可以共用这个机场。当然，不光是天津和北京，河北省的一些城市，都有可能让新机场作为大家共享、共用的基础设施。我觉得这个办法比较好。

我觉得天津最大的特点就是多中心，各个中心的主次也不是特别分明。当然，也是有的地方好一点，有的地方差一点。但总的来讲，天津的发展不是单核的，而是多核的。它的道路系统等，虽然不整齐，但是却比较灵活。由于大的骨架是这个样子，具体到局部区间的 block（街区），做起来变化可能会多一点。

我是建筑学出身，我认为现在的城市，包括人口、土地、经济发展区、技术开发区等，这些东西复杂得要命，要想把它纳入到某一个模式里去，是很难的。特别是对于大中城市来讲，还是顺其自然比较好。有的城市，地形还有变化，不是在平地上，就更是要顺其自然。

我在欧洲考察，看到有些小城市非常漂亮，比如布拉格，有山有水，高低起伏。它的城区有老城、外城和新城，总的来讲，非常协调，所谓“千塔之城”，看起来非常漂亮。

城市轮廓线，在大城市起不了什么作用。北京的轮廓线，从哪儿看呢？是找不到地方看的。巴黎的埃菲尔铁塔那么高，应该说是整个巴黎城市景观的重要元素，但是，在巴黎，6 层楼的老房子密密麻麻的，在里面根本就看不到铁塔。

对于现在的特大城市来讲，城市的轮廓线基本上没有什么意义，因为看不到，怎么设计也看不到。布拉格就不一样，在城市任何一个点，它的轮廓线都是非常漂亮的。你去过布拉格吗？

访问者：还没去过。

彭一刚：有机会一定要去看看。

[彭一刚先生在找书……]

我对布拉格非常感兴趣，过去有一本画册，叫《布拉格新城堡画册》，现在这本书找不到了。当时没有彩色胶卷，也不能复印、拍照，就只能用手画。现在如果有这本书的话，就好办了，可以复印、扫描或拍照。

《布拉格新城堡画册》只有 12 张图，我临摹了其中的 7 张（图 1–6、图 1–7）。这 7 张图我是用水粉画的。从这些图中可以明显看出，布拉格这个城市的轮廓线，不只在一个地方，在很多地方都可以看见。

访问者：您的这些水粉画，是在什么时间临摹的呢？

彭一刚：“文化大革命”刚结束，改革开放初期。

访问者：那就是 1980 年前后？

彭一刚：对。布拉格的那些轮廓线非常漂亮。

我认为，城市不要搞得太大，不要搞得太模式化。要用板块的思维，切割成很多小的板块，每个板块都具有自己的特点。再把板块连接起来，其中可以突出一两个板块。比如上海，徐家汇一带和浦东的陆家嘴，这两块比较突出。还有上海历史博物馆和人民公园那一带，起码可以形成几个块。

上海比北京要活一点，浦东、浦西是城市整体上的两大块，两者又被切割成一些小块，功能上做得比较合理，他们有个框子在那儿框着。而北京现在已经基本上成定局了，不好办了。现在，中央也提出来了，北京非中央的机关往通州那边搬。

访问者：还有雄安新区。

彭一刚：对。这就是“瘦身”。也该瘦身了，人那么多，车子那么挤，有什么好？

图 1-6 彭一刚先生临摹的布拉格新城堡画之一
资料来源：彭一刚提供。

图 1-7 彭一刚先生临摹的布拉格新城堡画之二
资料来源：彭一刚提供。

三、关于“梁陈方案”

访问者：新中国成立初期有过一个著名的“梁陈方案”——梁思成先生和陈占祥先生共同提出，在北京西郊建设一个新的行政中心，避免对旧城的破坏。对此，您有何看法？

彭一刚：这个方案，思路很好，但不切实际，在当时不可能完成。那时候，我们的经济水平是什么样？经过八年抗战和三年的解放战争，穷得一塌糊涂。如果另起炉灶，搞个新城，即便搞出来了，也只能因陋就简，到现在恐怕也得拆了重建。那时候，就只能往老城里挤呗。

当然，把老城破坏了，很可惜，城墙拆了也很可惜，现在想再恢复也不可能了。根据当时的现实条件，这也是没有办法的事情。

不过，西安还是保留了城墙，也实现了城市的现代化。西安现在不也现代化了嘛？！把城墙打几个豁口，就行了。南京也保留了一部分的城墙，现在成了宝贝了，舍不得拆了。

天津的老城，原来也是有城墙的，有鼓楼什么的，很小一点点，当时要保留起来，作为文物，可是里面的房子太破太旧，生活条件实在太差。天津市主管部门也征求过我的意见，我去看过。说实话，这样的东西，即便保留起来，可能也没有太大价值。

就城市规划而言，我们建筑学方面关注较多的，也就是城市景观。在过去文艺复兴的时代，或者更早以前，城市规划工作主要属景观设计的范畴，也就是怎么样把房子组合得好看一点。在这个问题上，建筑师可以拿主意。后来城市规划有了很大的发展，景观设计已经降为次要的内容了，城市规划更多地涉及城市的经济、人口和交通等，就这些内容而言，建筑师已经边缘化了。

好多著名的建筑大师，比如弗兰克·劳埃德·赖特（Frank Lloyd Wright）、勒·柯布西耶（Le Corbusier）、日本的丹下健三等，他们都搞过理想的城市规划。结果如何呢？一个都实现不了。因为他们考虑的问题太单一，更多地只是从景观上考虑问题。柯布西耶的“现代城市”，赖特的“广亩城市”，这些想法很好，但根本做不出来，大家都觉得是乌托邦式的空想。

这样的规划设计思想，在古代还可以，因为那时候根本没有什么现代工业，都是手工作坊，也没有汽车，他们完全可以更多地从城市形态来考虑。但是，现在的情况完全变了，城市的结构复杂得要命，涉及的方面太多。

比如说兰州这个城市，我去实地考察过，沿着黄河呈带形发展，那倒好，一条主干线把所有问题都解决了。问题在于像兰州那样的城市规划模式，并不是所有的地方都适合。

访问者：并且在兰州，交通的成本比较高，从东到西有几十公里长。

彭一刚：东西拉得很长，有一条主干线，就跟日本一样，一个新干线把几个大城市都连起来了。

总的来讲，我是城市规划的外行。如果让我谈很多很细、很深刻的内容，比如交通什么的，我也说不上来。城市规划涉及的很多问题，包括土地问题、人口问题等，我对这些不是很有兴趣。很多场合，人家找我去评审规划方案，我都说“你找错人了”。齐康还对我说：你别说你不懂规划，那么谦虚干嘛？建筑师如果不懂规划还叫建筑师吗？我说实事求是，你总不能让我不懂装懂吧！我确实不是很懂规划。

好多地方找我去评审项目，我本来以为是建筑设计，结果到那里一看，不是建筑设计，而是规划。比如广东的虎门，林则徐禁烟的那个地方的一个项目，我原以为是建筑设计，结果一看是规划。请的大都是规划的专家，我还是专家组组长。简直就是外行领导内行，实在可笑。

四、对北京和天津城市景观的评论

访问者：彭先生，刚才谈到城市景观风貌，对于北京和天津这两个城市，您有什么具体的看法？

彭一刚：这些年来，经过一再的改建，天津的城市景观有不少进步。如果你有时间，可以晚上到海河乘船游览，两边灯火辉煌，这比过去好多了（图 1–8）。

从景观来讲，天津的某些条件在北京是做不到的（图 1–9）。北京的河流不在中心区，而天津海河从中心区穿过，两边的建筑都是近十几年新盖的，从风格来讲，有一点西洋古典的味道，这是老天津文化的传承，晚上灯光效果还是挺好的。

北京的天安门广场，很庄严、很雄伟、很整齐，一边是人民大会堂，另一边是历史博物馆。但是，人民大会堂跟历史博物馆的距离有 500 多米①，天安门广场全是硬地面，夏天热得要死，冬天冷得要死，树也不多。再说，那种大型集会是很少有的，即使阅兵也就是在有纪念意义的年份举行，比如几十周年或者每逢十年国庆，平常也不阅兵。

莫斯科的红场，比我们的天安门广场面积小多了，而且是个窄条，也不规则。

① 1958 年，为庆祝 1959 年中华人民共和国成立 10 周年，国家对天安门广场进行改建，最终确定天安门广场的尺度为东西宽 500 米、南北长 860 米。

参见：北京建设史书编辑委员会 . 建国以来的北京城市建设 [R]. 1985：49；董光器 . 古都北京五十年演变录 [M]. 南京：东南大学出版社 , 2006：166.

图 1-8　天津的夜景：天津之眼
资料来源：许昕拍摄于游船上，2017 年 8 月 26 日。

图 1-9　彭一刚先生设计作品之天津大学建筑学院
资料来源：李浩拍摄于 2017 年 7 月 29 日。

尽管如此，苏联照样在里面搞阅兵，坦克、大型火箭都能走（图 1-10）。我们的天安门广场的尺度，给人的感觉还不如红场。因为红场面积小，围合感就很好，一边是克里姆林宫，一边有一个五六层的商场，另外两头是两个大教堂，地面铺的是砖和石块，给人的感觉比天安门广场要亲切。天安门广场给人感觉不亲切，太死板，没有变化，而且特别缺少绿化（图 1-11、图 1-12）。

访问者：不太人性化。

彭一刚：太缺少人性化了。有专家做了天安门广场的改建方案，我看过，我认为也不是太成功，当然也并没有被采纳。

访问者：新中国成立初期，曾对长安街进行改建，您对长安街有什么看法？

彭一刚：长安街也不太精彩。它就是一条交通大道，两旁没有商业，连一个饭馆都找不到，人气不旺。

访问者：您的观点跟齐康先生很接近，他也说“长安街是条交通大道，不是长安大街”[1]。

彭一刚：上海的南京路就不一样，南京路的街道尺度比较小，买东西的时候，这边看看，

① 2016 年 11 月 9 日齐康先生与访问者的谈话。

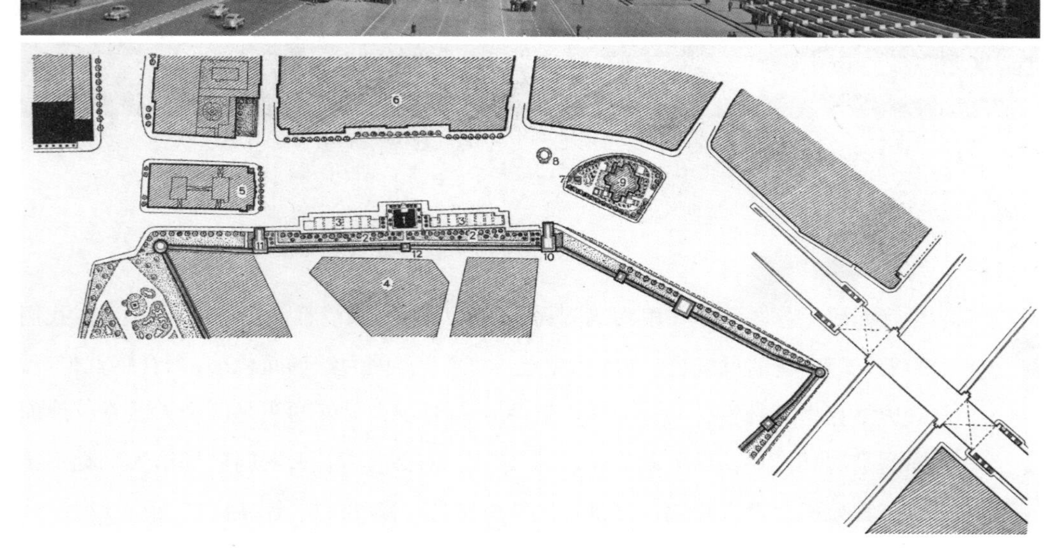

图 1–10　莫斯科红场旧貌及平面图（1957 年前后）
资料来源：Москва: планировка и застройка города(1945–1957)[M]. Москва, 1958：31.

再跑到对面看看，现在也基本上没有行车道了，很安全。从黄浦江那边往静安寺方向，一直到过了西藏路，很长一段距离基本上是人行道。西藏路也蛮热闹的。

访问者：上海的城市街道尺度，比较好地延续了过去的历史状况，空间感觉比较亲切。

彭一刚：北京还不行。只有王府井一带还不错，虽然拓宽了，但是没有拓得太宽，那一段很短，也不是很吸引人的。

就北京而言，真正吸引人的，还是颐和园、故宫、北海等，还是老的比新的更有趣一点，新的不是太成功。

图 1-11　节日的天安门广场（1959 年）
资料来源：建筑工程部建筑科学研究院．建筑十年——中华人民共和国建国十周年纪念（1949—1959）[R]. 1959：图 4.

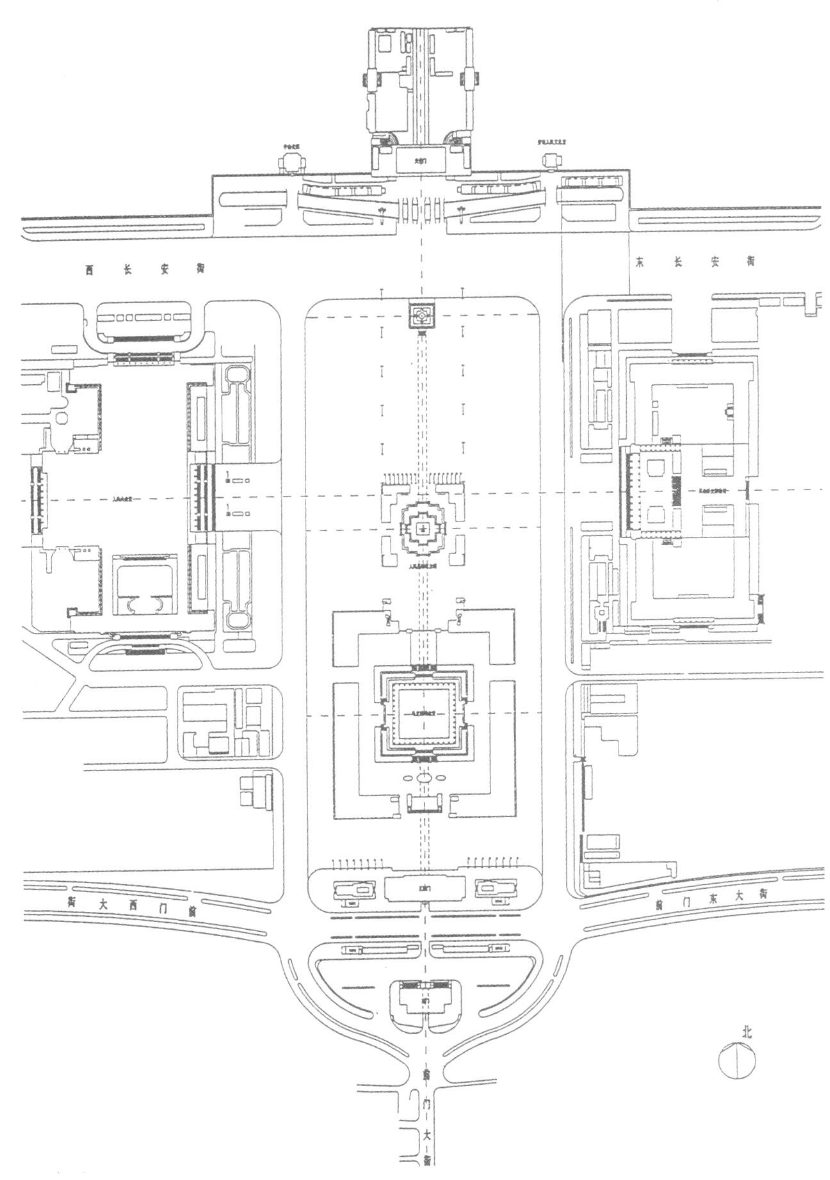

图 1-12　北京天安门广场平面图
资料来源：邹德慈．城市设计概论：理念·思考·方法·实践 [M]. 北京：中国建筑工业出版社，2003：75.

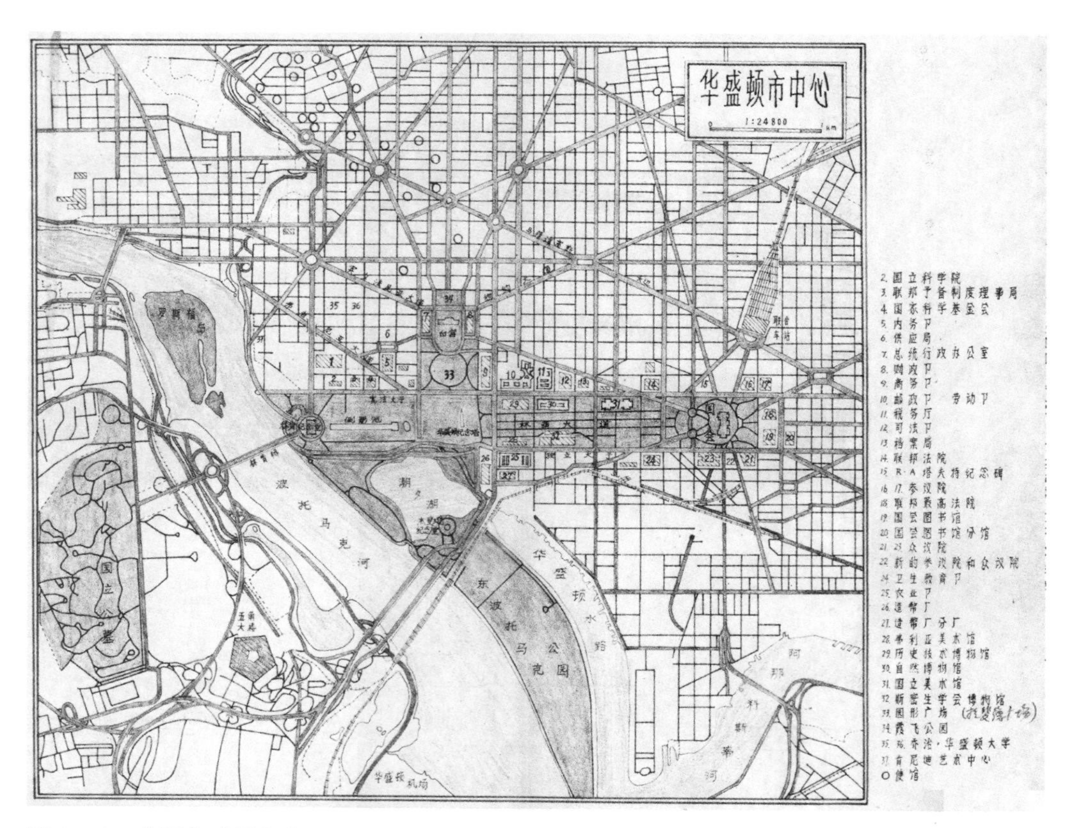

图 1–13　美国华盛顿市中心
资料来源：美国华盛顿市中心[Z]. 周干峙先生保存的文件资料，中国城市规划设计研究院收藏。

如果把北京跟华盛顿比较的话，我觉得华盛顿的政治中心设计得真好，真是有大国首都的风度（图 1–13）。政府的各个部门，大的博物馆什么的，都在那条中轴线上，那条中轴线也不短呢，好几百米。

五、苏联专家在天津

访问者：1950 年代，中国来了很多苏联专家，有没有苏联专家到天津来指导城市规划建设？

彭一刚：他们也来指导过，到天津的百货大楼一带考察过。

访问者：比较有名的几位苏联专家，譬如穆欣，他是莫斯科建筑科学院的通信院士，还有巴拉金、克拉夫秋克，以及经济学家什基别里曼等，您还有印象吗？

彭一刚：穆欣来过天津。这些苏联专家过来，都是天津规划局的同志陪同他们去考察的，我在天津大学，跟他们接触不多。当时，我们天大连城市规划专业都还没有正式成立，只是在酝酿成立之中，还只是“城市规划专门化”，或者说是毕业设计中划分的一个组而已。

那时候，城市规划专业的毕业设计，现在看来都是在十字路口的地方有一个中

图 1-14　清华大学教师陪同苏联专家阿谢甫可夫在明十三陵考察时野餐（1953 年前后）
注：右 2 为阿谢甫可夫、右 1 为吴良镛。
资料来源：清华大学建筑学院．匠人营国：清华大学建筑学院 60 年[M]. 北京：清华大学出版社，2006：42.

心，工业区放在哪，文教区放在哪，商业区放在哪等，类似现在所讲的城市设计。当时都是按照苏联模式做的，也就是我们的一些传统再加上苏联专家的指导思想。这种模式，现在基本上都没用了，没有什么参考价值，我也不喜欢。

访问者：说到穆欣，您好像还有点印象？

彭一刚：穆欣名气大呀！但我也没有见过他本人。

访问者：当年，有的学校专门有苏联专家前去指导教学，参与教学，像清华大学。有没有苏联专家专门来天津大学指导教学的？

彭一刚：没有。我们当初也没有城市规划这个专业。建筑学方面，倒有苏联专家来讲过学，但没有常驻的。说实在话，我本人对城市规划的兴趣不是太大，我的兴趣全部集中在建筑设计上。

访问者：建筑美学和建筑创作。

彭一刚：对，整体上也就是属建筑学的范畴。

访问者：建筑学方面，来过天津大学指导教学的苏联专家，具体是谁？

彭一刚：主要就是阿谢甫可夫（图 1-14）和勃列霍契克，他们是建筑学方面的苏联专家，这两人我接触得相对比较多。另外，我们天津大学建筑系的系主任是徐中先生，他对苏联不怎么看好。

来天大的第一个苏联专家阿谢甫可夫还不错，为人也比较谦虚。第二次来的是勃列霍契克，简直是趾高气扬，有一股大国沙文主义的味道，其实他本身是做工民建的，兼一点建筑学而已。他指导的毕业设计，徐先生说只能给 3 分——在一个大穹屋顶上放一个中国的小亭子，尺度根本不对。所以，徐中先生对学习苏联也没有兴趣。有一次，我问徐先生：哈尔滨不是有很多俄式的建筑吗，您怎么看？他说不怎么样。我又问：苏联建筑呢？他说：也就是蹩脚的西方古典建筑。意思就是差劲的西方古典建筑。我再问：那俄国传统的建筑呢？他说

图 1-15　彭一刚先生人物素描画：徐中先生（1912—1985）
资料来源：彭一刚．建筑师笔下的人物素描[M]. 北京：中国建筑工业出版社，2009：7.

他们的传统就不够精彩。一个教堂，蒜头顶，大大小小的，颜色、图案什么的都不一样。这种情况，说实在的，如果要按照多元统一的原则来讲，连这条基本原则都没有做到，杂七杂八的。现在人们看惯了，觉得很热闹，其实就审美的趣味而言，并不高雅。

访问者：您刚才说到阿谢甫可夫和勃列霍契克这两位苏联专家，他们在天大这边大概待了多长时间？一两个礼拜吗？

彭一刚：待了很短时间。阿谢甫可夫是来讲学的，也看了我们的设计图，也提了一些意见，表扬一些，批评一些。勃列霍契克过来，是参加五年制教学计划的修订讨论。在那次会议上，中国的很多专家，如杨廷宝等都来了，但勃列霍契克就是目中无人。徐先生说：他知道不知道杨老还是国际建协的副主席呢？他算老几？

总的讲，勃列霍契克自己设计的东西和指导学生的作业，真不怎么样。不要说徐先生，就连我都看不上。再加上作风又那么恶劣，趾高气扬的，把中国的学生作业说得一无是处。

访问者：徐中先生应该是天津大学建筑系早期比较灵魂性的人物，可以这么讲吧？

彭一刚：徐中先生是天津大学建筑系的创始人（图 1-15）。徐先生的基本功是非常好的，修养也高。过去东长安街有个贸易部大楼，是徐先生设计的，现在已经拆掉了，做得真不错。某些知名的建筑大师所做的仿古的建筑与之相比，根本不是在同一个水平上的，（外贸部大楼）很有创意，用的材料也是非常便宜的，但做出来很有味道（图 1-16）。可惜后来长安街要拓宽，刚开始只是拆掉了一部分，再后来由于要阅兵，也就是国庆 60 年那次阅兵，又要拓宽，结果它（外贸部大楼）便被全部拆光，非常可惜。

徐先生其他的设计作品也不是很多，主要是因为过去的教学不是像现在这样的，

图 1-16　外贸部办公楼：徐中先生设计代表作（1954 年）
资料来源：德以立教，严以治学——记天津大学建筑系创始人徐中先生[E/OL]. 腾讯网. 2015-09-16[2017-08-15]. http://edu.qq.com/a/20150916/055765.htm?winzoom=1

一方面搞教学，一方面还可以搞生产——设计房子。那时候没有这种情况，我们在教书的时候，就是一门心思教书，做示范图，出题后还要试作，成天忙于备课。所以，我们天津大学的学生的基本功都非常好，比如说崔愷、周恺，还有李兴钢。每次大学生设计竞赛，我们学校拿的奖都是很多的。

六、建筑师的形象思维与逻辑思维

访问者：众所周知，您的钢笔画非常棒，您这样的绘画能力，是在上大学之前就有美术的爱好和训练吗？

彭一刚：不是，是在上大学以后。上大学时，学校里有好多图书，比如钟训正先生编了好几本图集，那些原书我们都有。一看那些书，就很吸引人，所以我就照着临摹（图 1-17、图 1-18）。

大学毕业以后，有时需要发表文章或者出书什么的，但当时的印刷质量不行，纸也不行，如果用照片的话呢，就会黑乎乎的一片，在这样的情况下，我就全部徒手画。比如说《建筑空间组合论》那本书中的图，都是我画的。还有《中国古典园林分析》那本书，其中的插图也全部是用手画的。手画的效果比照片要好多了。另外，在我画图的时候，还可以根据我的意图，想突出什么就突出什么，不想突出的地方就淡化一下（图 1-19）。

访问者：也就是说，在画图的过程中，有思想性在里面。您小的时候学过美术吧？

彭一刚：小的时候就很喜欢美术和绘画。

访问者：这是受家庭影响吗？

彭一刚：完全是自己的兴趣，没有家庭的影响。

图 1–17　彭一刚先生结婚后的合影（1962 年）
资料来源：彭一刚．往事杂忆[M]. 北京：中国建筑工业出版社，2012：47.

图 1–18　彭一刚先生的钢笔画
资料来源：彭一刚．彭一刚建筑表现图选集[M]. 武汉：华中科技大学出版社，2014：7.

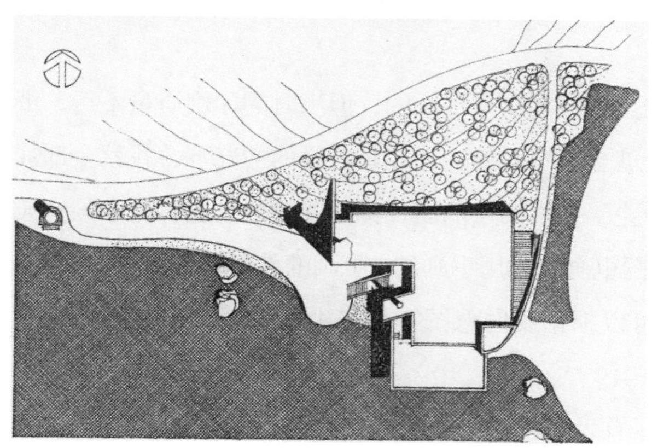

图 1–19　彭一刚先生设计作品之甲午海战馆
注：上图为全景，左图为总平面图。该建筑于 1995 年夏竣工并对外开放。
资料来源：彭一刚．感悟与探寻：建筑创作·绘画·论文集[M]. 天津：天津大学出版社，2000：47.

图 1-20　彭一刚先生设计作品之天津大学（北洋大学）百年校庆纪念碑亭
注：左图为最原始的构思草图，是用蓝色钢笔画在一张天津大学信笺的背面，右图为在草图基础上绘制的钢笔表现图。
资料来源：彭一刚．感悟与探寻：建筑创作·绘画·论文集[M]. 天津：天津大学出版社，2000：57.

访问者：那么，您在大学时选择学建筑学专业，又是什么原因呢？

彭一刚：其实，在中学时，我的数理成绩是相当好的，美术也相当好。考大学时，我觉得两个东西都舍不得丢掉。最后一看，如果学建筑学的话，这两个东西都有用。换句话说，我的形象思维和逻辑思维都可以派上用场了（图 1-20）。

有的人，光会画画，逻辑思维能力不太强，做设计也做不大好。建筑设计这个工作，就是两方面的要求都不可缺少，做出来的东西要条理清晰，主次分明，功能合理，结构简明。总之，一切都要合乎逻辑。

访问者：1950—1960 年代，您在天津大学教书的时候，主要教哪些课呢？

彭一刚：主要教设计课。那时候，我们对学生的基本功的要求非常严格，学生画图的时候，我们都是去现场盯着的，如果画坏了，就要重来。有的时候，我们还替学生改图。

七、从《建筑绘画基本知识》《建筑空间组合论》到《中国古典园林分析》和《传统村镇聚落景观分析》的创作历程

访问者：您的《建筑空间组合论》这本书（图 1-21）非常著名，学建筑学和城市规划的学生几乎人手一本，您大概是从什么时间开始酝酿编著的？

彭一刚：酝酿的时间很早。说实在的，“文化大革命”以前就开始酝酿了。因为在教学中感受到，学生苦于得不到建筑构图方面的知识，可是，在课堂上，由于时间的局限，又不可能很系统地给学生讲清楚这些道理。如果改图呢，改一个又换

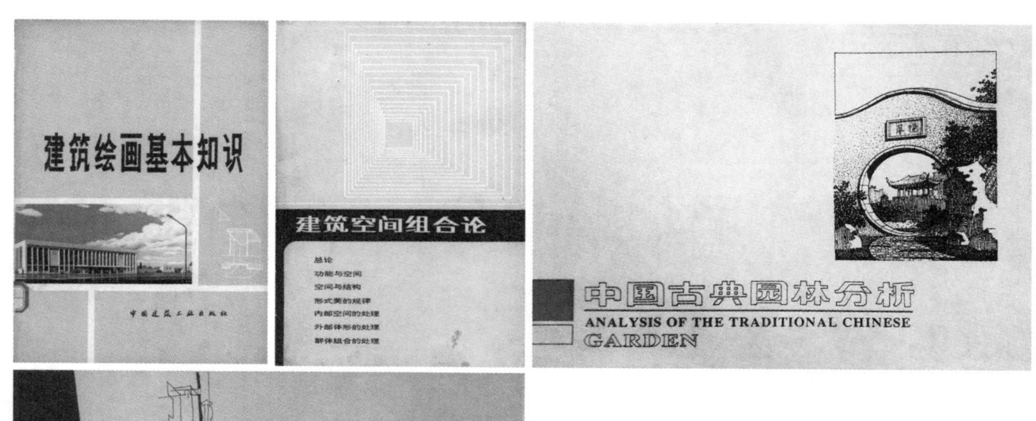

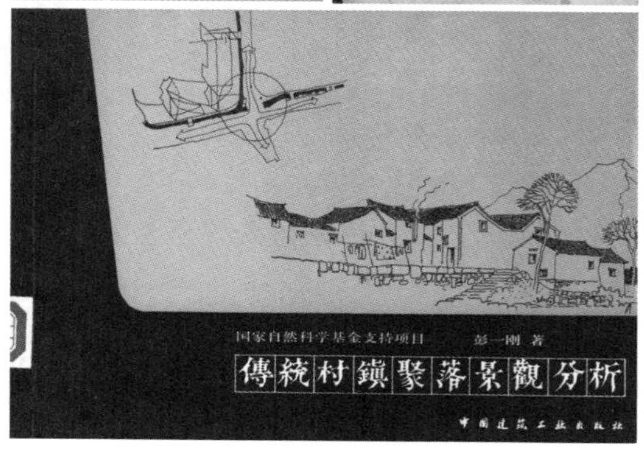

图 1–21 彭一刚先生部分著作（封面）
资料来源：李浩收藏。

一个。再加上构图原理本身又多少有一点抽象，有点靠感觉，难以捉摸，久而久之，师生之间就会由于缺少共同语言而有所隔阂。所以，我很早就想系统地编一本书，帮助学生入门。

访问者：您的这个想法，应该是在 1950 年代末就开始有的吧？

彭一刚：对，就是 1950 年代末期，那时候就开始酝酿。但是，1958 年前后，全国搞教学大辩论，极“左”思潮开始泛滥，搞建筑构图研究很容易被批判为“搞形式主义”，甚至是“有违党的建筑方针”。在这种情况下，写书的念头很难实现。到“文化大革命”开始后，就彻底搁下来了。

“文化大革命”结束之后，这件事又被重新拾起来。1978 年 6 月，由我执笔，以天津大学建筑系的名义，出版了《建筑绘画基本知识》一书。此后，又用 3 年多的时间，写成了《建筑空间组合论》，1983 年 9 月正式出版。这本书重印好多次[①]。2005 年 8 月和 2008 年 6 月，又分别出版了第二版和第三版。

访问者：您在编著《建筑绘画基本知识》和《建筑空间组合论》的过程中，经历过一些挫折吗？

① 截至 2010 年 3 月，《建筑空间组合论》已重印 35 次，累计出版达 21 万余册。资料来源：彭一刚．往事杂忆 [M]. 北京：中国建筑工业出版社，2012：67.

图 1-22 彭一刚先生在自制模型陈列架前的留影（上）及绘画作品（下，中国歼 -10 战斗机）
2012 年，彭一刚先生 80 岁，进入资深院士行列，遂重拾童年的乐趣——模型制作，待模型积累到一定数量，还专门设计制作了一个陈列架。
资料来源：彭一刚．学术生涯之外的老有所乐[M]. 北京：中国建筑工业出版社，2015：文前彩页，13.

彭一刚：我写这本书，既没有人支持，也没有人反对。这种情况，不像冯纪忠先生，同济大学批判冯先生的建筑设计理论是西方资产阶级的学术思想，结果冯先生很是恼火，备受挫折，他的很多想法都没有实现。我在天津大学做这件事，基本上没有人管。我自己画图，再写文章，一气呵成。

访问者：我读过您的一些文章，包括您在获得“梁思成建筑奖”之后的创作感言①，其中谈到，您做好多事情都是凭着兴趣。

彭一刚：对，都是兴趣。兴趣对一个人的为人处世和工作态度有很大的影响，我是兴趣驱动型的，不感兴趣的东西我不会花时间。凡是有兴趣的事，我都乐于去干，有时甚至达到痴迷的程度（图 1-22）。

访问者：《建筑空间组合论》出版之后，您又开始把兴趣转向了古典园林的研究？

彭一刚：研究古典园林，不是在《建筑空间组合论》完成后才开始的，而是在 1950 年代中期就开始研究了。但因为给学生提供教材的实际需求所驱使，把《建筑空

① 彭一刚．立足本土，谋求创新——我的创作历程 [C]// 中国建筑学会 2003 年学术年会论文集 .2003：39-42.

间组合论》这本书放在前面进行了。《建筑空间组合论》出版之后，马上就投入古典园林的研究，1986 年 12 月出版了《中国古典园林分析》。

在这本书的研究过程中，我们到苏州去调研的时候，根本就没有什么现成的资料，没有图纸，《中国古典园林分析》中的好多图都是我们在现场凭感觉画出来的。我的这本《中国古典园林分析》出版以后，陈从周他们才去搞测绘，结果一对照，他们测绘的图纸跟我们凭感觉画的图的比例，几乎没有什么出入。

陈从周先生对古典园林也做了很多研究，但他跟我的研究思路不一样。他主要是用文字描绘，很有诗情画意。陈先生的书是先有文字后配图。我的这本《中国古典园林分析》，是先把图做完了以后才写文字，文字是后配的。我是从设计的角度，其实也是从构图的角度来分析，讲得比较具体，而且我用图把它表达得比较清楚。

访问者：您后来又在 1992 年出版了《传统村镇聚落景观分析》，为什么又转到村落的研究了呢？

彭一刚：因为园林和村落，我是把它们看成姐妹篇。园林等于“阳春白雪”，出自文人画家的品位；村落是老百姓自己盖房子，比较大众化，即所谓“下里巴人”。

我觉得《传统村镇聚落景观分析》这本书里也有很丰富的美学价值，但因为园林是阳春白雪，喜欢的人就比较多，所以《中国古典园林分析》这本书和《建筑空间组合论》一样，重印的次数比较多，而《传统村镇聚落景观分析》的发行量就差多了。

最近，有好多人给我写信，说买不到《传统村镇聚落景观分析》，他们给中国建筑工业出版社也写了很多信，有一个人说他给建工出版社打了 6 次电话，建议他们重印。我就给建工出版社打电话，问他们：既然大家都有这个需求，为什么不重印？他们说这本书的版坏了，问我还愿不愿意重新画一遍，我说那怎么可能！那一本书我得画多长时间？再说现在年纪大了，精力也不够，眼睛也不行了。

后来，我又翻找我的资料，结果原来的稿子还留了一本复印件，基本上跟原稿一样，照片也都留着，一大本。于是出版社就把这个复印件拿去了，估计过不了多长时间，这本《传统村镇聚落景观分析》就会再版。

八、对城市设计的看法

访问者：彭先生，关于城市设计的话题最近两年非常热门，它与您的研究方向也很密切，您对城市设计问题有何看法？

彭一刚：城市设计也很重要，它是从城市规划到单体设计的过渡。我们的很多城市和房屋建设，不能光有规划，必须经过中间环节，如果城市设计跟不上的话，规划就落空了。

城市设计工作，外国人在这方面做得很好，一个板块一个板块的，根据城市规划的总体构思来做城市设计。城市设计的成果，给建筑设计提供了很有用的指导，所以建筑设计基本上就得按照城市设计来考虑。

我们现在也重视城市设计了，我参加过好多次城市设计方面的方案评审。但是，中国有个问题：地方领导干预得太厉害。一旦换一个领导，就把前一个领导批准的设计给否掉了，自己再另外弄一套。

访问者：城市领导的喜好不一样。

彭一刚：思路也不一样，都要搞自己的政绩工程，各有各的政绩，前人搞的东西算不到自己的头上。所以说，他们在城市设计工作中起到了很多破坏性的消极作用。但是，有城市设计总比没有好。在城市设计方面，同济大学的卢济威教授，东南大学的王建国教授和段进教授，他们都做了不少工作。

访问者：关于城市设计还有几个细节问题，首先是在国家的城市规划和建筑体系里面怎么定位的问题，比如说城市设计与以前常说的城市详细规划是什么关系？

彭一刚：城市设计当然是从属于规划，城市设计跟城市规划的总体思想不能矛盾。但是，城市设计得把城市规划进一步细化。城市设计跟建筑设计也有密切联系。所以，好多城市设计都不是规划师做的，而是建筑师做的。城市设计对两头都要起衔接作用和过渡作用。在这方面，我们的研究还不够。

访问者：现在，住房和城乡建设部已经成立了城市设计的主管机构，还在开展城市设计管理办法的立法研究，您觉得城市设计的哪些方面比较重要，或者说需要形成法律制度？

彭一刚：成立机构当然是好事，过去城市设计没有人管，规划也不管，建筑也管不了，有这样的机构还是好的。至于怎么搞，我没有什么具体的想法。既然有了机构，就有人在抓，有了人，他们就会自己去思考和摸索，我相信慢慢就会发展起来的。

访问者：对于建筑学和城市规划事业的未来发展或改革，您有何期望？

彭一刚：这个问题我没有想过。城市设计项目，我倒是愿意参与评审，因为跟建筑的关系很密切，是从规划到设计的过渡。如果没有一个好的城市设计，城市规划就要落空了。

我们天津大学新校区的规划做完了以后，没有委托给任何一个设计单位，因为在我们天津大学已经毕业的校友中，有那么多的优秀建筑师，就让校友回来做，比如崔愷、周恺等，都找回来。应该说，天津大学的新校区，在国内的高校中还是比较有特色的。

图 1-23　拜访彭一刚先生留影
注：2017 年 7 月 29 日，天津市南开区天津大学四季村，彭一刚先生家中。

我只能讲这些。如果谈别的内容，我就是外行了（图 1-23）。

访问者：您过谦了。谢谢您的指导！

（本次谈话结束）

鲍世行先生访谈

1978 年，国家城市建设总局组织国内各省城市规划技术队伍到唐山进行震后重建规划，我们带去了一支 15 余人的队伍，工种最齐全、技术力量最强，成为当时震后重建规划的技术骨干力量。大家戏称我们“宁可‘守寡’，不愿‘改嫁’（改行）”，即使在“文革”时期，我们仍坚持着城市规划管理和城市规划设计。我想我们绝不“改嫁”，只因我们以“初心”为大。这次唐山震后重建规划的大会战，也大大地锻炼和考验了我们的技术力量。

（拍摄于2018年11月23日）

鲍世行

专家简历

鲍世行，1933年3月生，浙江绍兴人。

1952—1959年在清华大学建筑系学习，期间于1953—1954年在北京俄语专科学校留苏预备班学习俄语一年。

1959年7月大学毕业后，分配至建筑工程部城市规划局工作。

1961—1962年，在国家计委城市规划局工作。

1962—1972年，在四川省城市规划设计研究院工作。

1972—1981年，在渡口（攀枝花）城市规划设计院工作。

1981—1989年，在中国城市规划设计研究院工作，曾任《城市规划》编辑部主任等。

1989—1999年，在中国城市科学研究会工作，任常务副秘书长。

1999年退休。

2018年6月25日谈话

访谈时间：2018年6月25日下午

访谈地点：北京市西城区马连道路6号院，鲍世行先生家中

谈话背景：《八大重点城市规划——新中国成立初期的城市规划历史研究》一书和《城·事·人》访谈录（第一至五辑）正式出版后，于2018年3月呈送给鲍世行先生审阅。鲍世行先生阅读后，应邀与访问者进行了本次谈话。本次谈话的主题为在清华大学学习的情况及“青岛会议”和“桂林会议”。

整理时间：2018年8—9月，于9月29日完成初稿

审阅情况：经鲍世行先生审阅修改，于2018年11月23日返回初步审阅稿，2019年1月14日、5月6日、12月1日补充，12月8日最终定稿

鲍世行：我看了你写的《八大重点城市规划》，很不错。早就有人想写这样一本书，你把它写出来了，很不简单。中国当代城市规划发展历史，要从“八大重点城市规划”开始写起。以后的研究工作还很多，希望你能够继续做下去。

李　浩（以下以“访问者”代称）：谢谢您的鼓励。首先想请您谈谈家庭情况和教育背景。您是1933年3月出生的，对吧？

鲍世行：对。

一、家庭和教育背景

鲍世行：我出生在浙江绍兴（图2-1 ~图2-3）。我们家是盐商，在地方上还有点名气，

图 2-1　1 岁时的鲍世行在绍兴前观巷旧居（已拆毁，1934 年夏）
资料来源：鲍世行提供。

图 2-2　3 岁时的鲍世行在前观巷旧居（1936 年冬）
资料来源：鲍世行提供。

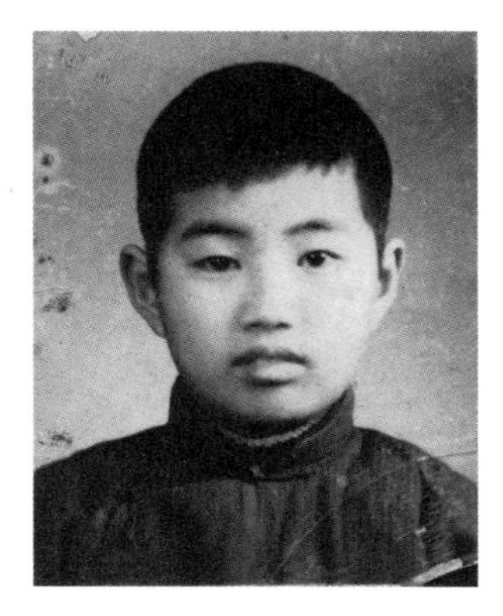
图 2-3　12 岁时的鲍世行（1945 年秋）
资料来源：鲍世行提供。

抗战以后就败落了。我感到，儿时的启蒙教育往往会影响到人的一生，我的启蒙教育有三位重要的“老师”。

第一位老师是我的母亲，她教给我知识，共有三门“课程”：一是识字，认识方块字，有几百上千个，装在方盒子里，不断复习；二是讲述图文并茂的《成语故事》（开明书局出版），像守株待兔、刻舟求剑和掩耳盗铃等成语，至今仍然深深地印在我的脑海中；三是练字，母亲常说“字无百日功”，每天只写一百个字，一百天的功夫就够了，这就增加了我的信心，记得当时用的字帖是《星录小楷》。

第二位老师是我的祖父，他教给我的是传统道德和待人处事，课本是《论语》和《孟子》。老吾老，以及人之老；幼吾幼，以及人之幼；己所不欲，勿施于人；吾日三省吾身……这些名言深深地烙在我幼小的心灵里。

第三位老师是我们家里的一位家庭教师，她有一股爱国热情，经常弹着一架风琴，教我们学唱“九・一八”等救亡歌曲。直到今天，每当听到这样的一些歌曲，我就会情不自禁回想到当时的情景，潸然泪下。

这三位启蒙老师的教导影响了我一辈子，这就是要爱国，要学会做人，要掌握知识。

我小的时候，刻骨铭心的事就是“逃难”，绍兴沦陷以后就开始逃难。实际上，“八・一三”事变[①]日本人占领了上海以后，不久就占领了杭州。绍兴与杭州也就是隔了一条钱塘江，因为萧山在当时是属于绍兴的。绍兴与杭州只有一江之隔，所以当时已经是惊弓之鸟了，但是真正的逃难是从绍兴沦陷开始的。日本人打到绍兴来了以后，我们就真正地开始逃难了。我们先是逃到乡下，后来又逃到上海的租界。抗战的时候，有条件的首先是往重庆跑，其次就是到租界去。经过抗日战争的人都知道两个字——“逃难”，这一辈子都不会忘记，当然，

① 指 1937 年 8 月 13 日。

图 2-4　绍兴承天中学春一年级全体同学合影（1946 年）
注：第二排左 1 为班主任，右 1 为校长；最后一排右 1 为鲍世行。承天中学为教会学校，鲍世行先生在该校学习时间较短。
资料来源：鲍世行提供。

每个人“逃难”的经历又都不一样。

抗战胜利后，我们国家把日本打败了，把所有的租界也都收回来了。租界“洋人”趾高气扬，中国人被人看不起、低人一等的情况改变了。这些情况，现在的年轻人没有经历过，或许很难理解。

我的小学是在杭州念的，抗战胜利前我就又回杭州了。因为太平洋战争爆发以后，日本人主要的目标就是美国和英国了，对中国人的侵略能力减弱了，我们就从上海迁回到杭州了。抗战胜利那年（1945 年），我刚好小学毕业，我记得很清楚。我的初中和高中也都在绍兴和杭州念的，开始在绍兴承天中学（图 2-4、图 2-5），后来转到杭州杭初（今杭州四中）、杭高（今杭州一中）。1952 年高中毕业后，我就去北京的清华大学上学了。

访问者：1952 年高考的时候，您为什么不在杭州读大学呢？像杭州，当时不是也有像之江大学这样的名校吗？

鲍世行：现在你们可能不理解，我高中就读的学校叫杭州第一中学，那时候，如果我们不能考取北大、清华，是要哭鼻子的，当时就是看重这两所学校。我们那一届有十几个同学考入清华大学，光建筑系就有四个同学。当时，全国有几个中学

图 2–5　在绍兴郊外游玩（1947 年）
注：右 2 为鲍世行。
资料来源：鲍世行提供。

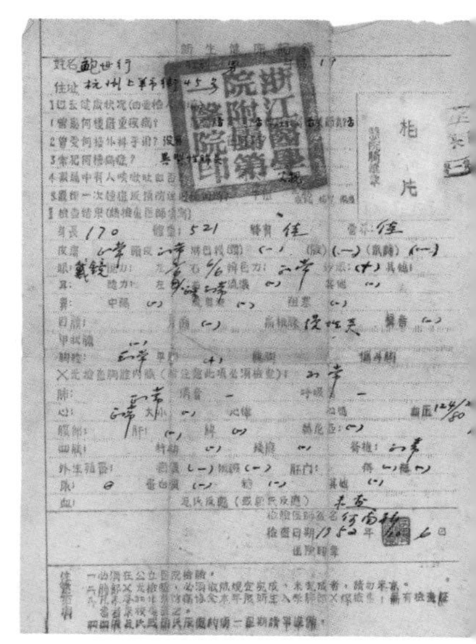

图 2–6　鲍世行先生保存的体检表（1952 年 10 月 6 日，浙江医学院附属第一医院）
资料来源：鲍世行提供。

是很有名的，如扬州中学、苏州中学、上海中学、杭州高中——四所有名的学校。上海中学也很厉害，还有“南模”（上海市南洋模范中学）。

访问者：你们这一届是全国院系调整的第一届。

鲍世行：对（图 2–6）。

二、在清华大学建筑系学习

鲍世行：那时候，我们班的名称叫“建筑专修科”（图 2–7）。所谓专修科，是为了迎接第一个五年计划，人才奇缺时的一种措施，两年后毕业，很快就参加工作。那时候大规模建设刚开始，正是最需要人才的时候，有大量的专修科学员，清华大学也调了工农速成中学的一部分学生来深造，那时候很重视对工农青年的培养。

后来到 1954 年，专修科的同学都毕业了，我继续深造，为什么呢？因为在 1953 年，我被选送留苏预备班，去俄专（北京俄专二部）念了一年，主要就是学习俄语。这张照片就是在俄专学习时的留影（图 2–8）。第 2 排中间这位手拿鲜花的就是我们的老师，她实际上是苏联大使馆一位外交官的夫人，我正好站在她后面。当时她要回苏联了，就跟我们一起照了这么一张照片。俄专就在西单鲍家街，我们是在那儿学习俄语的。

当年清华大学去留苏预备班学习的学员，是苏联专家挑选的。留苏预备班的学

图 2-7　清华大学建筑系“建专四一班”全体同学欢送去俄专学习的五名同学时的留影（1953 年夏）
注：最前排右起第 2 至第 6 为去俄专留苏预备班学习的 5 名同学，其中右 3（戴眼镜者）为鲍世行，右 4 为来增祥。
资料来源：鲍世行提供。

图 2-8　留苏预备班学员的留影（1953 年 11 月 28 日）
注：第 3 排左 11 为鲍世行。
资料来源：鲍世行提供。

图 2-9　从俄专回清华大学参加校庆的留影（1954 年 4 月）
注：前排右 2 为鲍世行。
资料来源：鲍世行提供。

图 2-10　回清华大学参加校庆时与同学们同游碧云寺（1954 年 4 月）
注：右 1 为鲍世行。
资料来源：鲍世行提供。

员，大部分是从参加高考的高中毕业生中选拔的，一部分学员是从青年干部中选拔的，还有一部分，包括我在内，是从大学生中选拔的（图 2-9、图 2-10）。

访问者：在留苏预备班学习，应该是要去苏联学习吧？

鲍世行：是的。后来，我没有去成苏联，回清华了，那时候就没有“专修科”了，因为全国大学搞教学改革，全盘学习苏联模式，教学大纲、教材、体制全部变了，我就只能插班到建筑系本科“建九班”了。这个班是 1953 年入学，1959 年毕业的，简称“建九”。

访问者：当时您有什么特长，能被选入留苏预备班？

鲍世行：我为什么被苏联专家选拔去了？是有原因的。当时，我们进入清华大学建筑系以后，大家做的第一个设计，题目是在颐和园后山苏州街中轴线东面河流中有一个岛，要在这个岛上设计一个亭子（图 2-11）。一般的亭子都是方的、圆的或多角形的，可是我做的设计是一个三开间的休息厅，屋顶用了垂直的两个歇

图 2-11 清华大学建筑系设计作业：公园亭子（1946 级学生作业）
资料来源：清华大学建筑学院．匠人营国：清华大学建筑学院 60 年 [M]. 北京：清华大学出版社，2006：12.

山屋顶，使建筑的体形较为丰富。

我设计的三个开间中，中间一个开间完全是开敞式的，左边一个开间是半封闭的，有美人靠可以休息，右边一个开间是比较封闭的，做了冰裂纹花瓶形的窗花，冰裂纹不规则的花纹变化无规律，优雅清纯，受到文人墨客的喜爱。“一片冰心”得到了苏联专家的赏识。对此，我确实是下了点工夫的，我钻研了冰裂纹的结构特点，它有主要几根支撑，保证了功能结构的需要，并且作为“大样”，突出地画在图上。简单地说，也就是我的处女作受到了苏联专家的青睐。

当时清华是这样的，“清华学堂”建筑系馆走廊上经常有学生作业展出，苏联专家带领老师们进行评图，苏联专家对我的设计特别有兴趣，驻足良久，引起

图 2-12 鲍世行先生进入清华大学建筑系学习后的处女作（1952 年）
资料来源：鲍世行提供。

一阵议论，在这里老师们看到了一位青年学子的丰富想象力和多彩的建筑语言，最后决定将成果送到苏联莫斯科建筑学院进行展出。这是送莫斯科建筑学院展出前建筑系资料室拍摄的照片（图 2-12），送给我们留作纪念。当时，我们班上（图 2-13 ~图 2-16）共有两个同学的设计作业被选去展览了。

访问者：另外一个同学是谁？

鲍世行：来增祥[①]（图 2-7）。我们两个人的设计都是被苏联专家选去的。他后来去苏联留学了，回国后在同济大学任教。目前，我们两个人的黑白渲染设计图，仍然被保存在莫斯科建筑学院。

访问者：您说的苏联专家挑选，是由照片中的这位女老师负责的吗？

鲍世行：不是，这是专教俄文的老师。挑选我们作业的是阿谢甫可夫，苏联建筑科学院的通讯院士。

访问者：我收藏有阿谢甫可夫的讲稿。

鲍世行：阿谢甫可夫水彩画画得很好，艺术修养很高。那时候，咱们国家还允许他进入中南海去写生，这是特殊的待遇。他做事很认真，很受清华大学师生的推崇。

访问者：您是什么时间毕业的？

鲍世行：到 1959 年夏天才毕业（图 2-17 ~图 2-19）。

访问者：等于说您在清华一共有 7 年时间？

鲍世行：对，中间在俄专学了 1 年俄语。

---

① 来增祥（1933.12.29—2019.6.19），浙江嘉兴人。1952 年考入清华大学建筑系。1954 年赴苏联列宁格勒建筑工程学院攻读建筑学专业，1960 年毕业并获俄罗斯工程科学硕士学位和俄罗斯国家建筑师资质，回国后在同济大学建筑系任教。1987 年，与同事一起创立了同济大学室内设计专业。1995 年 3 月退休。

图 2-13 “建专四一班”部分同学在颐和园写生（1953 年夏）
注：知春亭前。
前排：谢崇莹（女，左 1）、鲍世行（左 2）、付振熙（右 1）。
后排：赵光谦（右 1）。
资料来源：鲍世行提供。

图 2-14 同学们第一次领到绘图工具时在化学馆前的留影（1953 年夏）
注：绘图工具主要是丁字尺和三角板。
前排：沃祖全、吴炎堃、王者香、詹庆旋。
后排：林维南（左 1）、范荣屏（女，左 2）、翁聿琇（女，左 3）、赵晓茵（女，左 4）、徐华东（女，右 4）、徐莹光（右 3）、张世墉（右 2）。
资料来源：鲍世行提供。

图 2-15 清华大学建筑系“建九班”在玉渊潭露营（1954 年秋）

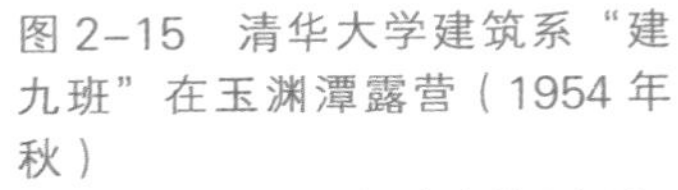

前排：许宏庄（左 1）、余成麟（左 2）、王承熙（左 3）、梁支厦（左 5）、陈浩凯（右 4）、李福垣（女，右 3）、翁聿琇（女，右 2）、梁鸿文（女，右 1）。
后排（站立者）：孙蕴山（左 1）、王者香（左 2）、渠箴亮（左 3）、谢若松（左 4）、林维南（左 5）、徐亚英（左 6）、赵治平（右 6）、陈有霖（右 5）、王玉莹（女，右 4）、李维惠（女，右 3）、徐华东（女，右 2）、刘锡基（右 1）。
资料来源：鲍世行提供。

图 2–16 “建九班”第三团小组又有四位同志加入了团组织（1956 年）

前排左起：李维惠（女）、徐华东（女）、沈芝珍（女）、白慧英（女）。
后排左起：戴仁宗、鲍世行、谷保初、徐亚英、李福垣（女）、谢照唐、王者香、秦萃德、林维南、吴宗铎、谢若松。
资料来源：鲍世行提供。

图 2–17 清华大学建筑系部分教师和“建九班”（1953 级）全体同学毕业留影（1959 年夏）

注：第 3 排左 2 为鲍世行。
资料来源：鲍世行提供。

图 2-18　大学毕业联欢晚会时的留影（1959 年夏）
资料来源：鲍世行提供。

图 2-19　清华大学建筑系“建九班”（1953 级）城市规划组全体同学毕业留影（1959 年夏）
注：前排左 5 为徐华东，右 2 为鲍世行。
资料来源：鲍世行提供。

访问者：那您是从什么时候开始接触城市规划专业的？

鲍世行：在 1957 年前后。那时候，建筑系每个年级分为 3 个班，每个班 30 人左右，搞专门化教育，一是城市规划专门化，二是工业建筑专门化，三是民用建筑专门化。这是学习苏联的学制，苏联学制的特点就是专业划分得很细。我是学习城市规划专门化的。

1959 年毕业后，分配到建筑工程部工作的就我一个人。1958 年开始“大跃进”，教学方面有很大的发展，各地新成立的学校也很多，特别需要老师，我们班绝大部分的同学是到各地新成立的学校里当老师，在清华留校任教的也不少，大概有十几个，我们班上留在清华的特别多。

三、全面学习苏联的教学制度

访问者：1950 年代，全国兴起全面向苏联学习的热潮，在来华的苏联专家中，也有多位专家在清华大学工作，清华的建筑和规划教育受苏联教育制度的影响比较深。可否请您详细谈谈这方面的认识或体会？

鲍世行：1952 年我国实行教育改革，主要的措施是理工分校。

为了满足国内发展的需要，学习苏联教育体制，1951 年 5 月 18 日政务院批准了高校院系调整的报告。1952 年秋，教育部在高校教师思想改造的基础上，根据“培养工业建设人才和师资为重点，发展专门学校，整顿和加强综合性大学”的方针，北京西郊规划建设了八大学院的文教区，包括：地质学院、航空学院、北京医学院、钢铁学院、矿业学院、石油学院、北京林学院和农业机械化学院。如果没有这些学校，也就没有后来的中关村高新技术开发区。这些学院中，有的本来就是清华大学的院系。例如清华大学的地质系原来在图书馆楼下，后来独立出来成了地质学院。这样，清华大学就成了一所真正的综合性工科大学，清华园成了工程师的摇篮。

全面学习苏联教育制度以后，学校里出现了一系列崭新的气象，上午集中上课，下午集中自学，大大有利于安排自学的时间。考试中增加了口试，老师和学生面对面，能更好地检查学生的学习情况，百分制也改成了五分制，每人发了一本蓝色的“记分册”。此外，为了更全面地掌握知识，清华大学的学制也进行了改变，一般系由 4 年改成了 5 年，建筑系则从 5 年改成了 6 年。

我认为苏联的教育制度的最大特点是讲求扎实的基本功和紧密联系实践。1954 年夏，我们有一个平板测量实习，就在本校进行。1955 年夏是工地实习，我被分配到北京天安门广场人民英雄纪念碑工地实习石工（图 2-20），又在王府井百货大楼实习抹灰工。抹墙面的那一套：贴饼、冲筋……都学习了，后来又到

图 2-20　在天安门人民英雄纪念碑工地的留影（1955 年夏）
前排左起：谷葆初、陈浩凯、廖景生（老师）、毛德亮。
中排左起：渠箴亮、谢若松、余成麟。
后排左起：郑光中、王承熙、鲍世行、秦萃德。
资料来源：鲍世行提供。

图 2-21　在北海军委工地实习时留影（1955 年夏）
注：左起（正面 5 人）：徐亚英、王者香、徐华东（女）、孙蕴山、张金奎。
资料来源：鲍世行提供。

台基场团中央办公大楼学做水磨石地面，又到首都剧场学做石工的“剁斧石”。当时徐华东在北海西北的军委大楼工地实习（图 2-21），学木工、油漆工等。工人师傅手把手教，同学们认真学，北京重要的施工工地到处都活跃着清华学子的身影。

1956 年夏，我们又到太原一个技校工地参加“工长实习”（图 2-22、图 2-23）。指导我的工长是一位参加过清华大学化学馆施工的老砖工师傅，唐山人，一口浓重的乐亭口音。他对当年高超的施工质量十分自豪。因为我们是清华的学生，

图 2–22　在太原实习时在太原古城墙上的留影（1956 年夏）
注：最后排左 1 为鲍世行，左 2 为徐华东。
资料来源：鲍世行提供。

图 2–23　在太原实习时的留影（1956 年夏）
前排左起：戴仁宗、张晓云（女）、王昌芙（女）、徐华东（女）、刘郁芳（女）
后排：王者香（左 1）、鲍世行（左 2）、沃祖全（右 3）、邵琦（右 2）、吴宗铎（右 1）。
资料来源：鲍世行提供。

图 2–24　在南京、苏州和上海参观实习期间的一张留影（1958 年夏）
注：摄于苏州虎丘。左 3 为鲍世行。
资料来源：鲍世行提供。

就显得特别亲切。我们一起研读图纸、现场放线，真刀真枪地干，从工人师傅那里学到了很多在书本上学不到的知识。

以后，我们还被安排了工地主任实习。1958 年夏，还到南京、苏州、上海等地进行参观实习（图 2–24），广泛涉猎各类建筑，大大开阔了我们的眼界。

虽然是全面学习苏联，但是，在清华建筑系仍能感受到营造学社的遗风，到处都能看到宜宾李庄的影子。资料室的显要位置，高高地挂着当年莫宗江先生画的山西应县木塔的渲染图。听说，莫公不是科班出身，完全是在梁先生的指导下，自学成才。他还教过我们中国建筑史。营造学社的精神完全体现在梁先生的教育思想上。这里名为资料室，实际上是营造学社的博物馆。我常到这儿阅读，寻找设计灵感。

建筑系的学生都是以“先生”称呼老师。更尊敬的年长的老师，就称之为“公”。大家称呼梁思成先生为“梁公”，吴良镛先生称“小吴公”，张守仪老师称“女张公”，王炜钰老师称“女王公”。

在清华学习，大家都感觉是幸福的一代。那时，毛主席号召要“身体好，学习好，工作好”，要保证大家有八小时的睡眠。学习苏联实行体育锻炼劳动卫国制度（劳

图 2-25　在清华大学建筑系化装舞会上（1954 年）

注：左为陈浩凯（印尼归国华侨），右为鲍世行。表演内容为印度尼西亚舞蹈。

资料来源：鲍世行提供。

图 2-26　清华大学参加国庆游行的方队正在排练中（1950 年代）

资料来源：章开元．有感“清华老照片”[M]// 山东画报出版社编．老照片（第 49 辑）．济南：山东画报出版社，2006：134.

卫制），每天下午 4 点以后是课外活动时间，同学们自发地来到西大操场上锻炼，锻炼后去体育馆边上的公共浴室洗澡。也有同学去参加各类文艺社团活动，我参加了民乐队，学习民族乐器——笙。晚上 7 点到 9 点是自习时间，我一般都在图书馆阅览室自习，因为那里环境优雅、安静，有数以百计的人在一起学习，却鸦雀无声，这种氛围能使自己很快进入状态，同时，阅览室又有众多开架参考书，可以自由阅读，也提高了学习质量。也有同学在教室或者在宿舍里自习。一般的学习方法是先复习当天的听课笔记，并进行回忆、思考，然后阅读参考书籍，进行补充。课堂笔记本应该留有足够的空间，可以补充阅读材料。我说的这些，主要是从俄专回来后，学校请钱伟长先生专门给我们讲了关于学习方法的一课，可以说受用一辈子。

每到周末，大饭厅总有电影或演出，自带凳子，早去占位。建筑系学生会还会在周末举行舞会或化装舞会。印度尼西亚归国华侨陈浩凯同学和我化装成一对印尼青年男女（图 2-25），我们在满场掌击声中翩翩起舞，成为舞会的热点。高班同学还有化装成普希金和果戈理的，大家深深感到这是一个充满人情味的集体。

当年，每当国庆节和劳动节，清华大学学生都是天不亮就起床，步行到清华园车站，乘火车到西直门车站，然后再步行到台基厂等候。一般游行队伍，前面是阅兵，后面是群众队伍。群众队伍比较活跃、自由。所以，最后是清华大学学生整齐的方队殿后。图 2-26 是清华大学参加国庆游行的方队正在排练的场景。为了整齐划一，每个同学上交一件白衬衣，统一染成橙黄色，边上一圈同学穿白色衬衣。

蒋南翔校长提出“为祖国健康工作 50 年”。我们班上的同学基本上都能做到。有的同学至今仍在发挥余热，指导研究，参加论坛、评议，使晚年生活更加丰富多彩。2005 年，我在贵州安顺发现明洪武二年（1369 年）从安徽歙县棠樾“调北征南”去当地屯垦戍边的鲍氏古村落——鲍家屯，就和村民边研究、边修复，按世界文化遗产要求保护此珍贵遗产，其中，邢江河自流灌溉工程已被列入国家重点文物保护单位和首批国家水利遗产，鲍家屯古村落列为传统村落。2008 年，在我的指导下，当地修复了一座古水碾坊，2011 年在联合国教科文组织亚太地区文化遗产保护奖评选中，拔得头筹，荣获卓越奖（一等奖）。福建永泰爱荆庄修复保护工程荣获 2018 年联合国教科文组织亚太地区文化遗产保护优秀奖（三等奖）。

刚进学校时，吃饭不缴膳食费（1956 年后改为自费），伙食很好，八人一桌，四菜一汤，经常有“四喜丸子”，大大的丸子要再分成八份，主食除米饭外，还有馒头、豆包、面条和烙饼，十分丰富。当时外宾前来学校参观，总要请他们到操场看学生锻炼，然后到大食堂参观菜饭。

记得那时，日本建筑师代表团来学校参观后，在阶梯教室和学生交流，他们的团长起来发言时，首先深深地鞠了一个躬，然后对侵华战争表示忏悔。他说：看到同学们一个个都是红扑扑的脸，可是我们现在毕业即失业。他还说：可不可以到你们这里来工作？我听后，深感作为新一代中国青年的自豪。

四、毕业前设计

鲍世行：在 1959 年毕业设计之前，还有一个毕业前设计，这是苏联学制的规定。1958 年，正是“大跃进”的时候，学校提出对办学的思想来一个大“解放”，要求各个系走出课堂，将教学与科研生产相结合，寻找生产实践任务。在这方面，水利系走在前面，带了个头。他们先在水利部的领导下参加了十三陵水库、密云水库、丹江口水库和三门峡水库的设计工作。这就是清华大学在全校推广的真刀真枪的毕业设计样板。图 2–27 中左图所示为清华大学水利系紧张地进行密云水库设计。他们的口号是：真刀真枪地做好毕业设计，为密云水库提出多快好省的方案。图 2–27 中右图所示是机械系汽车设计专业与长春第一汽车制造厂合作完成的毕业设计成果——小汽车在校内巡游的情况。

我们建九班则全力以赴投入庆祝国庆十周年的十大工程的设计中。先是搞人民大会堂的设计竞赛方案。 位于北京天安门广场西侧的人民大会堂的设计方案，主要是要处理好万人大会堂、五千人宴会厅和人大常委会办公楼三者的关系。

图 2-27　清华大学水利系毕业设计现场（左）及机械系设计的小汽车在校内巡游（右）
资料来源：章开元．有感“清华老照片”[M]// 山东画报出版社编．老照片（第 49 辑）．济南：山东画报出版社，2006：131，137.

一般都是把大会堂放在中部，入口朝向天安门广场，五千人宴会厅放在北部，入口朝向长安街，人大常委会办公楼则放在整个建筑物的南部。从使用情况来看，这也是最佳搭配。但是，当时还对细节提出了很多要求，要完全满足就不容易了。例如厨房和宴会厅不能离开太远，要求油炸的菜肴端上桌的时候还能够听到油炸的声音。又如总理接见贵宾时也有很多具体的要求，都要一一加以满足。在建筑风格方面，我们强调立意要“中而新”，不搞“西而新”“西而古”和“中而古”。

由于提交方案的时间很紧，所以我们就采取“大兵团”作战，“一条龙”作业的办法。一边有人在向领导汇报，另一边后方就已经做好修改方案的准备了，画图渲染，前面有人上色，后面就有人用吹风机吹干。同学们吃饭、睡觉都在绘图室，一张沙发，轮流休息，虽然辛苦，但其乐融融。

当时，参加竞赛的有三支队伍。一支是北京的各有关设计院，这支队伍技术力量强，富有实践经验。另一支是各地来京的专家，因为他们住在和平宾馆，所以被称为“和平宾馆派”。他们经验丰富，技术成熟。再有一支就是我们在校的高年级建筑系学生，大家思想活跃，敢想、敢干，敢于创新。由于当时毛主席十分重视年轻人的开创性，我们也受到了领导的青睐。

后来，我们又转入国家大剧院的方案设计，我们全班分成前厅、观众厅和后台三个组，我被分在前厅组，担任组长（图 2-28、图 2-29）。同时，建筑系的留学生也都集中到前厅组，其中有苏联留学生一人，朝鲜留学生二人，越南留学生三人，和我们相处最好的是越南留学生，他们的文化传统、生活习惯也和我们比较接近。

原来庆祝国庆十周年的“十大工程”包括国家大剧院和科技馆。后来为了集中力量打“歼灭战”，将上述两项工程叫停了。最后公布的国庆十周年的“十大工程”是人民大会堂、中国革命和中国历史博物馆、中国人民革命军事博物馆、

图 2-28　国家大剧院前厅组全体同志留影（1959 年元旦）
注：李高岚（左 1）、刘锡基（左 2）、汪庆萱（女，左 3）、梁鸿文（女，左 4）、越南留学生（右 3）、王者香（右 2）、鲍世行（右 1）。
资料来源：鲍世行提供。

图 2-29　清华大学设计作品：国家大剧院
注：左上图为正面效果图，右上图为建筑模型照片，左下图为大厅效果图，右下图为舞台效果图，作于 1959 年
资料来源：鲍世行提供。

全国农业展览馆、北京火车站、北京工人体育馆、民族文化宫、民族饭店、钓鱼台国宾馆和华侨大厦。

五、介入城市规划专业之初

访问者：鲍先生，听您刚才的介绍，在清华学习主要还是建筑学方面的教育，对于城市规划工作，您是如何逐步接触和了解的？

鲍世行：我毕业参加工作的时间比较晚，但是我介入城市规划专业的时间还是比较早的，城市规划的学习方向也是早就定下来了的。

早年梁思成先生（图 2-30）创办建筑系的时候，就把城市规划专业考虑进去了，

图 2-30　大学毕业前，系主任梁思成先生与大家谈心（1959 年夏）
注：中（左 3）为梁思成。
资料来源：鲍世行提供。

图 2-31　与任震英先生在中规院 40 周年院庆时的留影（1994 年 10 月 18 日）
注：陈晓丽（左 1）、洪怡三（左 2）、任震英（左 3）、徐华东（右 3）、尹豫生（右 2）、鲍世行（右 1）。
资料来源：鲍世行提供。

他给梅贻琦校长写的信中早就讲了要搞城市规划，而且说明“都市设计已非如昔日之为开辟街道问题或清除贫民窟问题，其目的乃在求此大组织中每部工作之各得其所，实为社会、经济、政治问题之全盘合理部署”。

我们在清华学习的时候，除了学习书本上的知识以外，对实际的城市规划工作也有很多了解，特别是听任震英介绍兰州的规划。在你研究的八大重点城市规划中，兰州规划是“标杆”，还去国外展览过，做得确实是比较好的。后来在总结经验的时候，包括“青岛会议”以后，兰州规划也是作为正面的例子来肯定的，不管是规划布局还是其他方面，都很有特色。任震英先生（图 2-31）来学校介绍兰州城市规划时，我们都去听。当然，到城市规划专门化方向定了以后，我就更有兴趣了。

访问者：任震英在清华介绍过兰州规划？这大概是在您几年级的时候？据周干峙先生说他也回清华介绍过兰州规划。

鲍世行：对，任震英在清华介绍过兰州规划，建筑系的同学都可以去听。来清华介绍过规划的，我记得起来的，还有王凡，他有留苏的经历，介绍的是“用地评定规划”。不知道现在还用不用这个名词，我们是很熟悉的。

访问者：需要画“工程准备图”“用地评定图”。现在名词不一样了，但相类似的用地分析等工作还是在做的。

鲍世行：对，当时有一套要求。在这些方面，苏联总结得比我们好。苏联是从 1917 年“十

图 2–32 拜访吴良镛先生留影（1996 年 3 月 31 日）

注：摄于吴良镛先生家中，前排小孩为鲍世行先生的外孙女（刘天羽，7 岁）。
左起：徐华东（女）、吴良镛先生夫人、吴良镛、鲍世行。
资料来源：鲍世行提供。

图 2–33 看望百岁老人郑孝燮先生留影（2016 年 11 月 15 日）

注：适逢郑孝燮先生（前排右）100 岁、朱自煊先生（前排左）90 岁、鲍世行先生 80 岁，鲍世行先生夫妇（后排）与朱自煊先生同去郑老家，向恩师祝贺百岁寿辰。
资料来源：鲍世行提供。

月革命”开始，到 1952 年，已经有很长时间的城市规划建设实践，而中华人民共和国才刚刚建立没几年。当时，苏联专家讲过“苏维埃建筑史”。王凡向我们介绍用地评定，大家很受震撼，这些内容过去都没有听说过。当年去苏联留学的还有朱畅中先生。

访问者：对，朱先生是在莫斯科建筑学院学习的，1953 年去的。

鲍世行：当时，梁先生有一个规定，凡是当系秘书的，都有机会出国深造，等到该朱畅中先生出国那年，刚好美国不收留学生了，所以他就到苏联留学去了。吴良镛（图 2–32）比他早几年，就是留美的。当时，中国跟苏联的关系很好，朱畅中去了之后，苏联的那些规划资料都给他看，所以他回国以后，给我们介绍苏联规划时非常系统，特别是各个城市的市中心规划，很详细。

我们与郑孝燮先生和朱自煊先生也有很多联系，郑老百岁诞辰时，我和朱先生曾专程到府上祝贺（图 2–33）。

我们学习城市规划专门化时，内容是比较系统的。我的毕业设计题目就是从承德地区规划开始的，也就是区域规划，从整个地区的规划，然后再到城市规划，又到避暑山庄，避暑山庄里再搞一个景点，这个景点也要设计出来。

访问者：您毕业设计的指导老师是谁？那时候朱畅中先生回来没有？

鲍世行：周维权老师、陈保荣老师和吕俊华老师。朱畅中先生（图 2–34）已经回来了（1957 年获得苏联博士学位）。陈保荣老师是具体指导我们的，她是清华“建五班”的（1955 年毕业）。周维权老师是搞园林的，我这里有一张和他在承德避暑山庄文津阁交际处的照片（图 2–35）。

访问者：近两年我参与《周干峙选集》编选工作，在整理周部长资料的时候，看到过他写的一篇纪念周维权先生的文章（图 2–36）。

长沙湘江风光带开发建设指挥部

世行同志：你好，夫人好！

寄上底片三张 照片六张

仅作长沙银川之行的纪念.

祝 万事如意.

全家好.

1995.8.16.

地 址：长沙市东风路48号 电 话：4553345 邮 编：410008

图 2-34 朱畅中先生致鲍世行先生信（左，1995 年 8 月 16 日）及所附照片（部分）

注：右上图中左 1 为朱畅中，左 2 为鲍世行。右下图中左 3 为朱畅中，右 3 为鲍世行。

资料来源：鲍世行提供。

图 2-35 清华大学建筑系赴河北承德规划工作组留影（1959 年 4 月 13 日）

前排：李维惠（女，左 1）、陈保荣（女，左 3）、周维权（左 5）、吕俊华（女，右 3）、韩汝琪（女，右 1）。
第 2 排：张光恺（左 1）、金志砺（左 2）、顾士明（左 3）、詹庆旋（左 4）、吴光祖（右 3）、任世英（右 2）、鲍世行（右 1）。

资料来源：鲍世行提供。

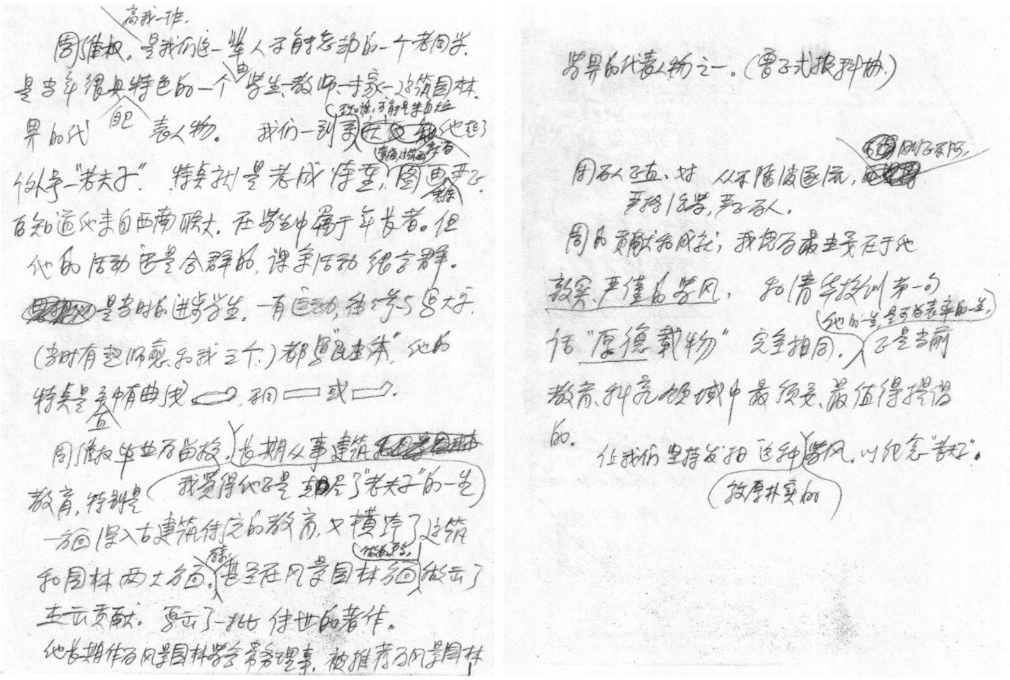

图 2-36　周干峙先生缅怀周维权先生的手稿（2007 年前后）
资料来源：中国城市规划设计研究院收藏。

鲍世行：周维权先生为人很好，老成持重。我们在避暑山庄待了半年多，当时，文津阁是由承德市政府交际处管的。接待工作一般有两个层次，一个层次是对外的，叫宾馆，对内的是招待所。

访问者：当时在清华，城市规划方面还有程应铨先生，您熟悉吗？

鲍世行：程应铨先生翻译过好多书，包括大维多维奇的名著《城市规划：工程经济基础》，还介绍过哈罗新城规划等。这些书对我们来说特别需要。

访问者：你们听过程应铨先生讲课没有？

鲍世行：当时我们还没有怎么上专业课，程应铨先生好像没有特别崭露头角，他主要是做文字方面的工作，著名的《雅典宪章》就是他翻译的。他在城市规划方面绝对是一把手，这一点是可以肯定的，当时他是系里“四大金刚”之一。

访问者：汪德华先生也谈到了①。

六、1958 年“青岛会议”

访问者：鲍先生，1959 年您参加工作时，正好处于 1958 年“青岛会议”和 1960 年“桂

① 参见《城·事·人——城市规划前辈访谈录》（第四辑）中汪德华先生的访谈。

林会议”之间，对这两次会议，您了解吗？

鲍世行：1959 年，我到建工部规划局参加工作后，印象最深的就是抄写建工部党组给党中央关于“青岛会议”的报告。“青岛会议”的时候，我还在学校学习。到 1960 年“桂林会议”的时候，我是全程参加了的。

与这两次会议相关的，还有 1960 年 11 月提出的“三年不搞城市规划”。原国家城建总局副局长曹洪涛先生曾写过一篇很重要的文章《与城市规划结缘的年月》。他在文中谈道：“宣布‘三年不搞城市规划’的原因，据我所知有两个：一是中央有关领导认为建工部在青岛和桂林召开的两次城市规划座谈会有错误，这两个会议向中央和国务院的报告均未得到批复；二是在国家经济困难的情况下，有些地方还在‘大搞楼馆堂所’，占用了建设资金”[①]。

这里，我想先说说这两次会议的名称。“青岛会议”的全称是“青岛第一次全国城市规划工作座谈会”，“桂林会议”的全称是“桂林第二次全国城市规划工作座谈会”。从会议名称可以看出，这两次会议实际上只是由建筑工程部主办的、由部城市规划局具体操办的交流经验和部署工作的座谈会，而且会议内容仅局限于城市规划业务工作。它们既不是由中共中央和国务院召开的城市工作会议，更不是中央高层召开的高层会议。因此，即便是这两次座谈会有些错误，那也不至于造成某些地方“大搞楼馆堂所”。“大搞楼馆堂所”，那是地方领导的责任。所以，把这些问题的责任都算在城市规划身上，实在是不公平的。

但是，话也要说回来，作为全国城市规划工作的主管部门，对这两次会议曾寄予很大的期望，特别是这两次会议都由建工部刘秀峰部长亲自作了重要报告。

“青岛会议”是在 1958 年 6 月召开的，正是“大跃进”时期，我还在清华学习。当时，学校强调学生要参加社会实践（图 2-37、图 2-38）。比如：机械系汽车制造专业的同学参加了长春第一汽车制造厂的一些设计工作；水利系水工专业的同学参加了北京密云水库的设计工作……这些工作在社会上的影响都很大。

1958 年暑假，清华大学建筑系也搞“开门办学”。城市规划专门化毕业班的同学分别参加了河北和山西两省的城市规划实践。当时，朱自煊先生带领我们小组在山西各地搞城市规划（图 2-39）。那时候，吴良镛先生正在指导保定规划，师生和睦相处，记忆犹新。

工作完毕后，我们集中在河北保定进行整训。当时正是“青岛会议”结束不久，整训期间，除了交流各地的工作情况外，最后集中一段时间传达、学习了“青岛会议”的基本精神。这是我首次接触“青岛会议”的内容。

---

① 曹洪涛．与城市规划结缘的年月 [M]// 中国城市规划学会．五十年回眸——新中国的城市规划．北京：商务印书馆，1999：33-42.

图 2–37 “大跃进”形势出现后，同学们分头到各地协助规划工作，这是国庆节时的欢聚（1958年10月1日）

注：在北京北海公园，照片最后为鲍世行。

资料来源：鲍世行提供。

图 2–38 张家口规划工作组全体成员留影（1958年冬）

左起：徐华东（女）、谢若松、王承熙、凤存荣（女）。

资料来源：鲍世行提供。

记得当年传达时特别讲道：1958年年初，毛主席视察了沿海的部分城市，回京后在中央的一次会议上谈起这次考察，认为青岛这个城市的建设搞得好，因此，建筑工程部决定在青岛召开一次会议。这就使我对这次会议留下了美好和崇高的印象。到1959年，由于角色的转换和工作的需要（图2–40），我又一次学习了“青岛会议”的相关文件。当时，我被分配在城市规划局的县镇处（图2–41），具体的任务就是配合周叔瑜副处长起草刘秀峰部长在“桂林会议”上作的总结报告中有关县镇规划的部分。这对于一个刚从学校毕业的人来说，当然是相当艰巨和繁重的任务。我只能如饥似渴地学习，尽快适应任务的要求。学习的内容主要是“青岛会议”的有关资料，包括刘秀峰部长在“青岛会议”上的报告，特别是建筑工程部党组给党中央《关于城市规划和建设工作的报告》。这些文

图 2-39　清华大学建筑系赴山西省规划工作组与山西省建设厅的同志留影（1958 年暑假）
前排：山西省建设厅厅长（左 5）、朱自煊（右 4，清华大学建筑系带队教师）、赵怡（右 3，山西省建设厅总工）、谢照唐（右 2）。
第 2 排：姚伏生（左 2）、徐莹光（左 3）、鲍世行（右 3）。
第 4 排：高仁保（左 3）。
资料来源：鲍世行提供。

图 2-40　建筑工程部城市规划局全体同志欢送“万人干部下乡”留影（1959 年 12 月 10 日）
注：摄于城市设计院办公楼屋顶，背景中右侧为尚未拆除的阜成门城楼，其左侧紧邻的为白塔寺的白塔。
前排：卢玉梅（女，左 2）、
第 2 排（下蹲者）：俞耀堂（左 1）、鲍世行（左 2）、赵晴川（女，右 6）、金经元（右 1）。
第 3 排：张器先（左 2）、高仪（左 3）、郑孝燮（左 5）、欧阳之真（左 6）、高峰（左 7）、王文克（右 6）、冯良友（右 5）、刘学海（右 4）。
第 4 排：石成球（左 7）、许保春（右 3）。
资料来源：鲍世行提供。

图 2-41 建筑工程部城市规划局县镇处全体同志欢送冯良友处长下放西安时的留影（1960年12月）
注：摄于城市设计院办公楼屋顶，背景中右侧为尚未拆除的阜成门城楼，其左侧紧邻的为白塔寺的白塔。
前排：周叔瑜（左3，副处长）、冯良友（左4）、张启成（右3）、邢学志（右2）、吴子星（右1）。
后排：鲍世行（左1）、陈寿樑（左2）、徐钜洲（右1）。
资料来源：鲍世行提供。

图 2-42 鲍世行先生在辽宁朝阳参加区域规划现场会时的留影（1959年冬）
资料来源：鲍世行提供。

件集中地反映了“青岛会议”的精神。

访问者：您怎么理解“青岛会议”的基本精神？

鲍世行：“青岛会议”的基本精神集中体现在刘秀峰部长所作的会议总结报告中。刘部长在报告中讲了十个问题。

第一个问题是讲要从全面出发进行城市规划和建设，这主要是讲区域规划的必要性。在“一五”时期，苏联专家曾介绍过区域规划。但是，限于客观条件，早期的一些城市大多没有进行区域规划，包括你研究的八大重点城市。直到1956年5月，国务院下发《关于加强新工业区和新工业城市建设工作几个问题的决定》，才提出“积极开展区域规划……是正确地布置生产力的一个重要步骤”。在“二五”计划开始以后，中央提出“鼓足干劲，力争上游，多快好省地建设社会主义”的总路线，并提出开展区域规划是十分必要的。当时，部里规划局在辽宁省朝阳市召开了区域规划现场会，我也参加了（图2-42）。

第二个问题讲的是关于大中小城市相结合，以发展中小城市为主，在大城市的周围建立卫星城市的问题。这个问题的提出，在当时的影响很大。会后，上海

图 2-43　建工部规划局全体团员游颐和园时的留影（1959 年）
注：前排右 3 为鲍世行。
资料来源：鲍世行提供。

图 2-44　建工部规划局全体团员游颐和园时的留影（1959 年）
注：后排左 3 为鲍世行。
资料来源：鲍世行提供。

就开始建设闵行和张庙这两个卫星城。

此外，刘部长还讲了逐步建立现代化城市的问题，城市规划的标准、定额的问题，在适用、经济的基础上注意美观的问题，近期规划和远期规划的问题，旧城利用和改造的问题，县镇规划和建设的问题，农村规划和建设的问题，以及如何多快好省地进行城市规划建设等多个问题。

这些问题的阐述，理论性和原则性都很强，讲得又很具体，因而很接地气。我想，这主要是因为有了第一个五年计划期间开展城市规划的实践经验。另外，建筑工程部城市规划局（图 2-43、图 2-44）的工作也很深入，局里的每个处都在下面蹲点。我所在的县镇处，就长期在广东新会蹲点。在青岛城市规划工作座谈会上，还系统地介绍了新会开展县镇规划工作的经验。

当年，我们不仅认真学习刘秀峰部长的报告，而且还重点学习建筑工程部党组给中共中央的报告。我把刘部长的报告抄录在笔记本上，反复阅读和学习。但是，后来听说这个报告中央一直没有批复下来，整个规划局就弥漫着一丝迷茫的情绪。

七、1960 年“桂林会议”

访问者：“桂林会议”的情况如何？您参加过，估计印象更深刻吧？

鲍世行：桂林第二次全国城市规划座谈会是 1960 年 4—5 月召开的。实际上，在我刚参加工作的 1959 年，就已经开始筹备“桂林会议”的工作了。

“桂林会议”的准备工作大致分成两个部分：城市规划局主要负责刘秀峰部长报告的研究和起草，城市设计院负责会议期间的规划展览和相关资料。当时，我在部规划局工作，县镇规划处副处长周叔瑜同志负责起草刘秀峰部长报告中有关县镇规划的部分，我参与过一些文字工作。

“桂林会议”召开期间，大致可以分成两个阶段。第一阶段是各地交流经验和参观展览，时间长达十余天。在这个阶段，我在简报组工作，白天参加小组讨论，会后整理《会议简报》，然后送到部长楼（系原李宗仁旧居）交给部长秘书。当时，我们听说刘秀峰部长还在北京参加全国人大的会议，尚未到会。

到5月1日劳动节的时候，为了舒缓一下会议代表们的紧张情绪，桂林市政府组织大家参观芦笛岩风景区。当时，芦笛岩还是发现不久的处女地，当地导游介绍称它为“毛毛头”，“芦笛岩”是后来才有的名字，我们是当地迎来的第一批“贵宾”，为此，他们还专门在岩洞内拉设了照明用的电线。我们进洞参观时，看到满地都是顶棚上掉下来的石柱、石笋，到处都在闪烁发光，十分诱人。可是，如果把它带出岩洞，再看的话，那只是一些普通的岩石。

5月3日，刘秀峰部长作大会总结报告。除了会议代表外，台上、台下还坐了很多人，主要是各地参会的一些专职记录人员。刘部长的报告整整讲了一天，共讲了6个问题：①城乡规划工作的新形势和新任务；②建立社会主义现代化的新城市问题；③关于旧城市的改造问题；④建设社会主义田园化的新农村；⑤关于区域规划问题；⑥今后如何开展城乡规划工作的问题。

在总结报告中，刘部长开宗明义就说：“我们已经有连续两年的‘大跃进’了，国民经济建设高速度、按比例地发展，提前三年完成了第二个五年计划的主要指标。今年的形势更好，有了三年和八年的规划，这个规划给我们社会主义提出了宏伟的远景。在这期间，基本上要实现工业、农业、科学文化现代化。不但在全国要形成一个较完整的经济体系，各协作区也将建立各具特点的经济体系。”刘部长的讲话洋洋洒洒，完全脱离了工作组事先准备好的稿子。现在回想起来，他的发言一是传达全国人大会议的精神，二是要解答会议代表的一些疑问。

刘部长的报告还谈到，城市规划要为消灭城乡差别创造条件。他说：“我们向共产主义过渡，不是太遥远的将来……我们的城市规划就要想到消灭三大差别，促使思想改造，为物质文化生活的提高而着想，人民公社的发展，大大加快了社会主义的建设速度，城市人民公社又增加了很大的力量。”

报告以大量篇幅谈论城市人民公社，要求编制城市规划必须根据城市人民公社的组织形式和发展前途，要具体体现工、农、兵、学、商“五位一体”的原则。刘部长认为，郑州、天津全面组织城市人民公社的生产和生活的“十网”“五化”

很好。所谓“十网”，就是生产网、食堂网、托儿网、服务网、教育网、卫生保健网、商业网、文体网、绿化网和车库网。所谓“五化”，具体是家务劳动社会化、生活集体化、教育普及化、卫生经常化和公社园林化。

刘部长也谈到了住宅设计的问题。他说：“家庭起了变化，住宅设计也要变化，要适应集体化的要求，还得坚持大集体、小自由的原则，每栋楼房内还可以搞1 ~ 2个小灶房，逢星期天休息时，可以自由一下，老人要进敬老院，但也可以去去来来，小孩要入托儿所。”

刘部长在报告中特别提出：特大城市在10 ~ 15年内，基本完成改造任务，变成新型的社会主义的现代化城市。因此，会后有的城市提出了“苦战三年，基本改变城市面貌”“三年改观，五年大变，十年全变”等脱离实际的口号。

“桂林会议”结束以后，周叔瑜处长带领我到广东花都，找了个地方，去整理刘秀峰部长报告中有关县镇规划和农村规划的内容。回京前，我们又去河南安阳了解了安阳钢厂建设中与安阳殷墟在占地方面的矛盾。这实际上也是“大跃进”中如何处理大炼钢铁和文物保护的问题。

八、对“青岛会议”和“桂林会议”的评价

访问者：鲍先生，“青岛会议”和“桂林会议”是规划史上的两次很重要的会议，您怎么评价？

鲍世行：“青岛会议”和“桂林会议”都已经过去五十多年了，可是，在城市规划学术界，对于这两个会议的认识和评价却一直没有停止过。

这两次会议同处在“大跃进”时期，而且时间前后只差两年。因此，作为学术界的权威著作，1990年出版的《当代中国的城市建设》把这两次会议一并放在第三章“‘大跃进’和调整时期的城市（1958—1965）”中加以阐述。对于“青岛会议”，书中指出：“在‘大跃进’中，修订的城市规划，城市规模定得过大，建设标准也定得过高。”对于“桂林会议”，书中提到座谈会对新城市的要求：“要在十年到十五年左右的时间内，把我国的城市基本建设成为社会主义的现代化的新城市；对于旧城市也要在十到十五年内基本上改造成为社会主义现代化的新城市。”书中谈到，座谈会正值城市人民公社蓬勃兴起，“要求根据城市人民公社的组织形式和发展前途来编制城市规划，要具体体现工、农、兵、学、商五位一体的原则”。但是，对于这些严重脱离实际的要求，该书并没有明确指出问题所在。

实际上，从城市规划学术角度来评价这两次会议，可以说，“青岛会议”的学术成就是一个“巅峰”，而“桂林会议”已经跌落到了“低谷”。

图 2-45　鲍世行先生在建工部规划局办公室的一张留影（1959 年夏）
注：摆拍照片，办公桌上的电话是公用的。
资料来源：鲍世行提供。

原建设部城市规划司司长、“青岛会议”的亲历者赵士修先生认为，刘秀峰部长在“青岛会议”上的“总结报告主调是好的，不仅对当时的城市规划工作有指导意义，某些问题对当前仍具有现实意义”。我认为，这个评价一点也不为过。刘秀峰部长在“青岛会议”上的总结报告实际上是我国第一个五年计划在城市规划方面的高度总结。我国城市规划工作者大都把第一个五年计划时期称为“我国城市规划的第一个春天”，因此，这个报告享有如此高度的评价，确实是当之无愧的。报告中提到的“大中小城市相结合，以发展中小城市为主”的发展城市的方针，在相当长时间内为我们所遵循。报告中提到的开展区域规划和在大城市的周围建立卫星城的方针，在会后也有很深远的影响。特别是在报告中提到了“在适用、经济的基础上注重美观”的问题，这是在错误地批判建筑设计中的复古主义后，吹来的一丝新鲜的空气。这次在召开城市规划工作座谈会的同时，还召开了“中国建筑学会的专题学术研讨会”，也大大地增加了会议的学术氛围。

众所周知，1958 年进入了“二五”计划时期，当年 5 月，中央八届二中全会确定了“总路线”，并掀起了“大跃进”和人民公社运动，那么，这些精神为什么没有深刻地反映在“青岛会议”上呢?

我认为，这主要是城市规划工作的滞后性所决定的。上层的一些政策和决定，首先得到贯彻的是生产部门，因为要完成生产指标，这是硬任务。而要在城市规划部门加以贯彻，总是要有一个过程（图 2-45）。

例如 1958 年，当我们在山西各地搞规划时，经过同蒲路时，看到两边都是“小土群”的炼铁设备，真是村村点火，户户冒烟，十分壮观。可是到晚上汇报规划方案时，领导已经是疲惫不堪，甚至在半睡眠状态，哪有精力来顾及城市规划呢。

时间已经过去整整 60 年了，“青岛会议”的材料已经成为珍贵的中国城市发展的历史文献留给了后人。

我非常支持你的工作，绝对支持。我跟汪德华有一样的看法，我们本来就想做这个事——写中国的城市规划史，应该做这个事。我相信你能搞成。当然，难度是很大的，越是好的事情肯定难度就大。我看你的书，感觉到你做事情特别认真，一定要有有始有终的思想。一个人一辈子，即使只能干成一件大事，那也是很了不起的，一定要集中精力。

访问者：谢谢您的指教！今天时间不早了，下次再来听您讲述。

（本次谈话结束）

2018 年 9 月 12 日谈话

访谈时间：2018 年 9 月 12 日下午

访谈地点：北京市西城区马连道路 6 号院，鲍世行先生家中

谈话背景：与鲍世行先生于 2018 年 6 月 25 日谈话时，部分内容尚未谈完，应访问者的邀请，鲍世行先生继续进行了本次谈话。本次谈话的主题为下放四川的规划力量及设计革命运动。

整理时间：2018 年 9—10 月，10 月 12 日完成初稿

审阅情况：经鲍世行先生审阅修改，于 2018 年 11 月 23 日返回初步审阅稿，2019 年 1 月 14 日、5 月 6 日、12 月 1 日补充，12 月 8 日最终定稿

鲍世行：今天主要讲讲 1960 年代初下放四川的有关情况。当年，四川的城市规划力量是国内一支十分重要的力量，甚至可以说相当于中国城市规划设计研究院（当年叫国家计委城市规划研究院）的一个分院。

一、下放四川的一股规划力量

鲍世行：1958 年“大跃进”以后，国家进入了三年困难时期。1960 年的全国计划会议上提出了“三年不搞城市规划”。

当时，只要国家经济形势不太好，首先是压缩基本建设。总以为首要的问题是“吃饭”，有了多余的钱，才能搞建设。甚至认为，出现困难，主要是建设搞多了，建设压下来了，也就不需要规划了。与此同时，还宣布了一系列否定城市规划

的政策，例如不搞集中城市，只搞工业区规划；先生产，后生活等。

当时真是“山雨欲来风满楼”，城市规划下马的形势已经越来越明显了。在这种情况下，规划界的高层领导从战略上考虑，十分珍惜好不容易培养起来的数以百计的城市规划队伍，要想办法储备这股力量。

访问者：您所讲“规划界的高层领导”主要是指曹洪涛先生吧？当时他是国家计委城市建设计划局局长。

鲍世行：对。因此，领导层决定采取成批下放的方式，每批六十余人，而且技术工种齐全，领导干部配套，是一支可以独立开展城市规划设计工作的队伍，相当于向地方空投了一个完整的“城市设计院”。

实际上，当时主要是想把技术力量储存在成都、西安两地。这是从“三线建设”的需要出发，考虑形势好转后，在当地成立西南和西北两个分院。

访问者：提出“三年不搞城市规划”后，北京的情况如何？

鲍世行：提出“三年不搞”以后，全国城市规划形势急转直下，过去门庭若市、热气腾腾的城市设计院，一下变成门可罗雀、冷冷清清了。

当时，毛泽东提出“大兴调查研究之风”，中央派周恩来总理为首的调查组去基层调查人民公社办不办公共食堂的问题。城市规划局副局长兼城市设计院院长鹿渠清同志亲自带领一个小组，赴河北邯郸调查研究，深入基层公社，同吃、同住、同劳动。我是小组成员之一。

另有一部分人开始组织编写“城市志”，指定由胡开华同志负责。这张照片（图 2-46）是他们在讨论编写“城市志”提纲的休息时间，在城市设计院办公楼大门口摄影留念的。

但是，形势发展很快，不久后大家都投入了下放西北、西南的工作，编写城市志的工作也就“胎死腹中”了。

访问者：提出“三年不搞城市规划”后，四川的情况又如何？

鲍世行：“三年不搞”的本质是处理经济发展与城市发展的关系问题。经济发展必然有起有落，城市发展也要随着经济的发展而发展。经济发展高潮时，城市当然要发展；经济发展低潮时，城市如何发展，这是有规律可循的。一般来说，经济快速发展时，城市是以外延式发展为主；经济低速发展时，城市是以内涵式发展为主。

那时候，四川省十分重视规划队伍的建设，他们首先提出，并派四川省城市规划设计院院长崔勃群亲自到北京来迎接将要下放的规划干部。国家计委城市建设计划局则派区域规划处张器先处长把大家一直送到四川。1962 年，有 60 人左右（其中技术人员 40 人左右）前赴四川成都，被安排在四川省城市规划设计研究院。这支队伍，技术工种配套，干部配备完整，在当时是一支很显眼的

图 2–46　极其珍贵的一张历史照片：国家提出“三年不搞城市规划”前后，“城市志”编写小组成员在国家建委城市设计院办公楼前的留影（1960 年冬）

注：1960 年 9 月，建筑工程部城市设计院划归国家建委（二届建委）领导；1961 年 1 月，国家建委机构撤销，城市设计院又划归国家计委领导。由于城市设计院受国家建委领导仅不足半年时间，这张较罕见的历史照片极其珍贵。1960 年 11 月，第九次全国计划工作会议提出“三年不搞城市规划”，该照片的拍摄时间正是在这一事件的前后。

前排：董辉（女，左 1）、胡开华（左 3）、石爱妹（女，右 2）、徐华东（女，右 1）；

后排：张益民（左 1）、谢才炎（左 3）、李泽武（右 2）、伍开山（右 1）。

资料来源：鲍世行提供。

技术力量。

到了四川（图 2–47、图 2–48），当地经济情况虽然不如北京，但是气氛却没有北京那么低沉。领导对规划也很重视。当时，我被分配在规划一室，该室主要接受省计委下达的任务。接受的第一个任务，就是根据国家发展国民经济“调整、巩固、充实、提高”的八字方针，分析和整理四川省国民经济资料，并提出意见。当时正是扩大的中央工作会议（七千人会议）以后，中央抓得很紧。四川又是国内人口最多的省份（占全国人口十分之一），可以说对全国的国民经济发展起到了举足轻重的作用。

由于下放到四川的绝大多数干部都是城市设计院的，而我是从国家计划委员会城市建设计划局下放的。因此，负责分析和整理四川省国民经济资料的任务，理所当然地落在我的身上。但是，因为我从来没有干过如此宏观性质的工作，所以，这样的任务对于我来说确实是很艰巨的。我只能从试点开始，摸索前进，

图 2-47　四川省城乡规划设计研究院旧址（1958—1963 年，左图为远景，右图为近景）
注：位于簸箕街，四川省建设厅大院内的一栋两层楼房。
资料来源：四川省城乡规划设计研究院．四川省城乡规划设计研究院六十周年纪念册[R]. 2016：21-22.

图 2-48　城市设计院下放四川的部分人员曾居住过的曹家巷宿舍（1962 年，已拆）
资料来源：四川省城乡规划设计研究院．四川省城乡规划设计研究院六十周年纪念册[R]. 2016：24.

先从比较容易收集和分析的轻工业入手。从收集资料，分析问题，提出办法，一步一步开展，最后总结经验，然后再推广开来，全组人分头搞其他工业门类，最后提出总报告。

访问者：总报告提出了哪些观点或意见？

鲍世行：在总报告中，我们提出了一些国民经济发展中的规律性现象，这些正是值得我们认真对待的。现在回忆，主要有这么几点：

第一，四川在全国的地位。在当时，不仅四川的人口占全国的十分之一，而且一些与生活有关的工农业产品的产量，如粮食、棉花、生猪、食盐等产量，也都占全国的十分之一。最有意思的是，西藏和贵州的一部分地区，按惯例由四川供应川盐，但是川东地区也有同等数量的人口食用海盐，这样，四川生产的川盐产量仍然占全国的十分之一。

第二，农业是四川经济发展的基础。四川国民经济发展速度受农业发展的影响很大。一般农业丰收，整个国民经济的发展速度也快，反之亦然。

第三，四川的农业发展有很好的基础。特别是川西地区有都江堰的自流灌溉，旱涝保收，农业生产稳定。但是四川农业的发展也是不平衡的，川北、川东等地多为丘陵地形，水源没有完全保证，只能靠冬水田、囤水田解决水源问题，严重影响稳产高产。因此，只要水源和改土问题解决，提高产量有较大空间。

第四，四川的城镇大多沿大江、大河布局，因此水运发达，但铁路交通是在解放以后才开始建设的，与省外的铁路联系极为不便（当时只有宝成铁路），亟须发展与邻省联系的铁路交通。

第五，四川省发展工业的资源丰富，发展工业潜力很大，是待发展的地区。

当时全国农业正处于减产时期，四川受灾严重，由于历史的原因，总报告中较多地谈了农业是国民经济基础的问题，也正因为如此，报告受到领导的重视，农业发展成为当时的热门话题。当时，四川省委书记李井泉正在南充搞改土、水利试点，和我们的观点不谋而合。省计委杜新奇科长向我们传达了领导对总报告的好评，省国民经济资料整理和分析工作旗开得胜，一炮打响。这项工作使我全面地了解了四川的省情，为今后的工作打下了坚实的基础。

1963 年冬，我又带队参与岳池、武胜、广安地区的水利、改土规划。岳池、武胜、广安地区（简称岳武广地区）是四川省主产粮食的农业地区，素有“金广安、银岳池”之称。规划是为了认真贯彻毛泽东主席提出的“农业八字宪法”。规划工作以省水利部门为主力，主要是贯彻“以机电提灌为主”的水利电力方针，同时结合改田、改土规划和农业居民点布局规划，所以实际上也是一次“多规结合”的规划（图 2-49）。规划中，我们走遍了岳武广地区的山山水水。这既是一次接地气的规划，又是一次创造性的劳动。

到四川后的头几年，给我的印象，不是“不搞规划”，而是任务饱满，应接不暇。省规划院规划二室主要接受省建设厅的领导，这个时期主要是修改以宜宾、自贡两市的近期规划为主的总体规划和开展宜宾的中心路和自贡双牌楼的“维修规划”，同时纳溪泸州天然气化工厂生活区的修建规划也在紧张地进行。

因此，所谓“三年不搞规划”，实际上在四川并不是不搞规划，只是规划的形式和内容，根据形势的发展，创造性地作了一些调整而已。

再以后，在“三线建设”中，为了配合中央各部委来四川地区的选厂定点，我们的工作真是疲于应付。为了争取主动，我们开展了“预选厂”工作，把现场的工作提前有计划地进行。这就是在四川地区新建铁路的沿线，对适宜作为建设用地的地块，预先进行编号，并对各地块的各项建设条件（包括用地面积、水电交通、劳动力、工农业和各种协作条件）预先做好调查，以备不时之需。

图 2-49 四川省城市规划设计研究院参加岳池、武胜、广安地区水利规划工作小组留念（1964 年 1 月）
注：摄于岳池。
前排：鲍世行（左 1）、周仁权（左 3，室主任）、方文斌（右 1）；
后排：李显侠（左 1）、蒋雅琴（女，左 2）、尹进禄（左 3）、黄明伦（右 3）、沈育祥（右 2）、陈志贤（右 1）。
资料来源：鲍世行提供。

这项工作对于服务“三线建设”起到了保证作用，因而博得有关部门的好评。可以说，四川省城市规划设计院，随着经济形势的发展，不断调整自己的工作方向和内容，因而没有辜负大家的期望。

二、关于“设计革命”运动

访问者：听说在 1964—1966 年间，您曾在四川省城市规划设计研究院的“设计革命运动办公室”工作过，可否请您谈谈“设计革命”运动的情况？

鲍世行：好的。1962 年 4 月，我们从北京调到成都的时候，正是当地经济最困难的时候，市场上冷冷清清，一片萧条。但是到了次年“小春”收割以后，市场就慢慢活跃起来，街上开始出现卖“味精素面”的摊子，后来改成“小面”，再后来各个品种的面点就越来越多了，最后出现了炸油条的摊子。1963 年的暖暖春风，吹遍巴蜀大地，形势一片大好。

正是在这个时候，从 1963 年到 1966 年，先后在大部分农村和少数城市、工矿、企业、学校等单位开展了一次社会主义性质的“清政治、清经济、清思想、清组织”的教育运动，即“四清运动”。

1964 年 11 月，根据上级部署，四川省城市规划设计研究院也开始开展“设计革命”运动，院里成立了“设计革命运动办公室”，有我、郭增荣和杨明宁三人（图 2-50）专职在该办公室工作，同时有一位院领导分工领导这项工作。

在全国设计院开展设计革命运动的决定，是根据 1964 年 11 月 1 日，毛泽东主席在国家经委召开的设计院院长会议纪要上作出的批示。毛主席的批示说：“要在明年 2 月开全国设计会议之前，发动所有的设计院，都投入群众性的设计革

图 2-50　四川省城市规划设计研究院的部分同志及家属的留影（1966 年 6 月）
注：摄于成都望江楼。
左起：朱春芬（女）、杨寅（女，4 岁）、杨明宁（女）、郭薇（女，3 岁）、郭增荣、鲍世行、鲍其卉（女，3 岁）、翁可隐。
资料来源：鲍世行提供。

命运动中去，充分讨论，畅所欲言。以三个月时间，可以得到很大成绩。”[①] 当年 11 月 12 日，建筑工程部发出了《关于开展设计革命运动的指示和规划》的文件，于是全国建筑设计和城市规划部门设计院的设计革命运动就轰轰烈烈地开展起来了。

1965 年 3 月 16 日至 4 月 4 日，国家建委召开全国设计工作会议，交流和总结五个月来运动的经验，会议认为，设计工作革命化的两个基本问题，是设计人员的思想革命化和领导工作的革命化。因此，设计革命的目的在于批判“一部分技术骨干和设计人员严重的资产阶级思想”，解决“许多设计单位的领导权”问题。

这次会议认为，设计人员前进的道路上存在着两个“敌人”，一个是个人主义，另一个是“本本主义”。个人主义是资产阶级思想中最本质的东西。本本主义是脱离实际、脱离群众的设计人员的通病。走群众路线就是在设计部门内部实行干部、专家和群众三结合；在外部实行设计同生产单位、科学研究单位和制造单位相结合。这就是所谓的“内外三结合”。会议明确，设计单位的设计革命运动，就是设计单位的“四清运动”。[②]这次会议由国家建委主任谷牧同志主持，中央政治局委员彭真和中央政治局候补委员、国务院副总理薄一波到会作了重要讲话。

① 全国设计工作会议文件选编 [R]. 中国工业出版社，1965-07.
② 邹德慈 等 . 新中国城市规划发展史研究——总报告及大事记 [M]. 北京：中国建筑工业出版社，2014.

三、设计人员的思想改造

访问者：您刚才谈到批判“一部分技术骨干和设计人员严重的资产阶级思想”，在运动中是怎么展开的？

鲍世行：我看到领导报告中有批判建筑设计人员为了树立自己的纪念碑，因而贪大求洋，搞“洋、怪、飞”的建筑。但是，对于城市规划设计人员，主要还是进行正面教育，至少四川省规划院是这样做的，并没有“许多规划技术人员受到错误的批判”[①]。我想城市规划设计人员没有受到批判，有两个原因。一是城市规划多是集体劳动，并没有为自己树立纪念碑的可能。二是从1960年实行“三年不搞城市规划”以来，城市规划的任务不饱满，大多搞些调查研究，或者修改规划的工作。在这方面和建筑设计是完全不一样的。

访问者：设计革命运动对城市规划设计有没有造成影响？

鲍世行：我认为，受设计革命运动影响最大的是渡口市（今为攀枝花市）第一版城市规划。因为进行城市规划时，正是进行设计革命运动的1964年，所以可以说，这一版的渡口城市规划，完全是按照设计革命运动的思想来进行的。

对于1964年的渡口城市规划，我国城市规划界资深领导、原国家城建总局副局长曹洪涛（图2–51、图2–52）在《攀枝花开四十年》一书的序言中，曾经作过如此评价，他说：1964年，中共中央决定进行“三线建设”，在当时的国际环境下，提出“备战、备荒、为人民”，许多重要建设项目采取“大分散、小集中”的方针，甚至“靠山、分散、隐蔽”。后来由于形势的发展变化，许多单位因为交通运输不便及远离原材料、资源等不利条件，又陆续从三线搬迁出来，唯有攀枝花一枝独秀，结出了硕果。

曹洪涛先生还说，自1960年全国计划工作会议提出“三年不搞城市规划”，到1973年国家建委在合肥召开部分省市城市规划座谈会，重新启动城市规划工作，这13年中，各地做过城市规划的，唯有攀枝花一家。他认为，这个规划有利于攀枝花的建设和发展。

以上是曹洪涛先生对1964年攀枝花城市规划的高度肯定。但是，我认为，如果从全面总结经验和教训的角度来看，有些问题还是值得我们进一步深入探讨的。如果从宏观层次考虑，无论从三线布局，还是钢铁产业布点方面来说，这都是一盘好棋，特别是攀枝花附近有钢铁生产所需要的全部资料和原料，生产企业靠近资源，企业之间有多元的运输方式，从各方面来说，都是无可指责的。

---

① 当代中国的城市建设 [M]. 北京：中国社会科学出版社，1990：89.

图 2–51　全国城市规划展览期间曹洪涛先生在攀枝花规划建设展板前的留影（1996 年 7 月 3 日）
左起：应金华、曹洪涛、徐华东、陈为帮、刘仁根。
资料来源：鲍世行提供。

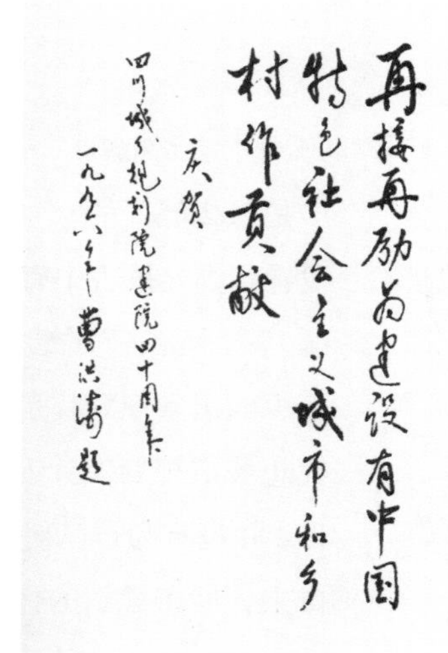

图 2–52　曹洪涛先生为四川省城乡规划设计研究院 40 周年院庆的题词（1996 年）
资料来源：四川省城乡规划设计研究院．四川省城乡规划设计研究院四十周年（1956—1996）[R]. 1996-08：文前插图．

所以攀枝花能够结出硕果也绝非偶然。

但是，从微观层次考虑，也有很多问题，值得研究。

四、1960 年代城市建设模式的一些局限性

访问者：可否请您具体谈一谈？

鲍世行：首先，对城市的认识。这个自 1964 年开始，1965 年完成，在西南三线建委和四川省建委指导下的攀枝花的城市总体规划，被小心谨慎地称为“工业区总体规划”，由此可见一斑。因为那时候正有一股否定“城市”之风盛行。当时上演的以大庆为背景的电影《创业》就大事宣传：只要工业，不要城市；只要工业化，不要城市化。其实城市化对发展经济、改善民生都大有好处。这股风直到改革开放后，才得以纠正。

其次，近期和远景的关系。城市的建设是需要一个很长的过程。所以，说它是百年大计、千年大计是不为过的（我国有一些城市，城址千年没有变化）。因此，建设城市，特别是规划城市，不仅要看到近期，而且要想到远期，甚至还要顾及远景。城市的工程往往规模较大，需要分期实施。有的工程需要长期控制，远期才能实现目标。这些都是城市规划中常用的手法。可是，有些城市领导往往只以当前的利弊来衡量，或者最多只看到任期的效果。这当然是不够的。

有的城市由于只考虑当前，不考虑远期，市政基础设施标准都很低。道路交通系统采用树枝状、公路型，路幅一般只考虑双车道，很快就不能适应交通发展的需要了。给水排水设施，只考虑室外旱厕，户外集中供水，用水标准为每人每天 40 公升，污水不设处理厂，直接经冲沟排入金沙江。

对于“干打垒”，中央下来的干部和地方干部争论很大。最后决定生产性建筑不用干打垒，只在当时的中心地区修建了一组干打垒的建筑，作为指挥部和宾馆用房，现在这些建筑已经成为历史保护性建筑。其中，最有名的是“十三栋”，是专门接待中央首长的，除了毛泽东没有到过攀枝花外，几乎所有中央首长都来此住过。20 世纪 70 年代，方毅每年都要来攀枝花一次，检查、督促钒钛磁铁矿的冶炼问题。每次来，都要给市内干部讲话。当时，他讲到“十三栋”标准间的厕所门不能关上，令人尴尬，可见标准之低。

第三，一些尚待探讨的问题，作为规划的依据，使规划的措施不能落实。例如在人口规模的计算中，考虑了实行“两种劳动制度”和“两种教育制度”后，因为干部参加劳动，学生半工半读，而计入了工人数量，为此，基本人口减少。1964 年的规划的远期人口仅考虑为 12 万人，但是到了 1969 年，实际上全市人口已经达到 14 万人。

由于当时攀枝花尚处在初创时期，问题很快暴露出来，及时进行了修改，并未造成大碍。1970 年就及时进行了“总体规划大纲”修改，1973 年进行了总体规划修改，这些问题都得到了妥善的解决。

五、“城市规划设计条例”

访问者：听说当时你们还根据上级要求，编写了“城市规划设计条例”若干条？

鲍世行：是的。当时，我们确实编写了“城市规划设计条例”。这是根据上级要求编写的。可惜，这个成果，现在已很难找到，草稿也在“文化大革命”抄家中丢失。根据记忆，这个材料来源大致可以分为三个方面。

首先，是根据上级文件的精神，特别是当时（1965 年 8 月 28 日）国务院颁布了《关于改进设计工作的若干规定》（试行草案），对城市规划作了很多原则性的规定。例如：城市规划要根据城市为生产建设、为劳动人民服务的方针和工农结合、城乡结合、有利生产、方便生活的原则进行；城市规划要以安排当前建设需要为主，适当考虑远景的发展。反对重远景、轻近期，追求大城市、大广场、大建筑、大马路的错误倾向；对原有的城镇，还要注意充分利用现有的房屋和市政设施。坚持节约的原则；对设计方案，要做好全面的经济分析比较，力求节约人力、物力、财力，合理使用建设资金，做到少花钱、多办事，最大限度地发挥投资效果；采用设计标准，要根据固本简末的原则，分清主次，区别对待，对生产工艺、主要设备和主体工程，应当尽可能采用高标准。反对片面降低标准、降低质量，造成不良后果……

还有，对非生产性的建设，要同我国现有的经济水平和人民的生活水平相适应，坚持适用、经济，在可能条件下注意美观的原则，因地制宜，力求俭朴。反对讲排场，摆阔气，片面追求美观；对改建、扩建的项目，应当最大限度地利用原有建筑物、构筑物、设备和各种设施，反对盲目地大拆大建；节约用地，对建设地点的选择，在注意工程建设经济合理的同时，还必须力求少占耕地、不占好地，尽可能利用坏地、荒地；总平面布置要紧凑、合理，提高建筑系数。不要不切实际地预留发展用地，更不得过早地征用土地。

其次，我们又认真吸取当时在建设中积累的经验，特别是“三线建设”的经验。为了吸取先进经验，我们到重庆北碚歇马场考察程子华主任蹲点的浦陵机器厂，学习“三不、四要”的经验。“三不、四要”经验的内容主要是：“不占良田好地，不拆民房和搬迁社员，不搞高标准民用建筑，要支援农业用水、用电、用肥和养殖用潲水”。

浦陵机器厂是上海内迁工厂，“浦”代表黄浦江，“陵”代表嘉陵江。浦陵机器厂选址在北碚歇马场最偏远的地方。厂里的工人说上海话，把这个地方叫“踩底”。当时，这里一切都是从上海运来的，简直是个“小上海”。当天中午我在工厂食堂用餐，吃的两个菜是肉饼子蒸蛋和红烧豆腐皮，因而勾起了我许多舌尖上的“乡愁”。但是，我又想到在如此偏僻的地方建厂，在原料运输、生产协作、产品运销等方面是否具有竞争力，尚需接受严谨的实践考验，特别是工厂职工从上海迁到内地，引起的社会问题和思想问题都需要做大量的工作。

最后，“条例”还结合了四川省规划设计研究院的特点。四川院的工作对象主要是省内的中小城市，在拟定的城市规划设计条例中，我们特别强调了下楼出院，现场设计问题，认为现场设计不仅大大提高了规划设计的质量，而且它也是设计人员联系实际，深入群众，走又红又专道路和实现思想革命化的必由之路。

六、一些难忘的个人经历

访问者：当年“设计革命”运动的过程中，正值社会经济各方面比较艰苦的特殊时期，您个人有没有一些比较难忘的经历？

鲍世行：四川省规划院从成立以来，一直坚持到现场进行规划设计，有比较好的传统。

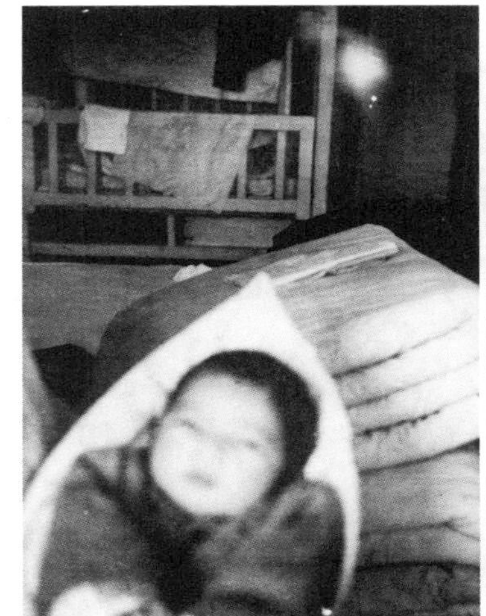

图 2-53　父女情深：鲍世行先生与女儿在一起
注：左上图为鲍世行的女儿出生后第八天所摄，这是孩子的第一张相片（“蜡烛包”），不太清楚，但房间内的环境依稀可见；右上图为孩子一百天时所摄；左下图为 1965 年 1 月带孩子去看鸬鹚，孩子很紧张；右下图为 1974 年在渡口市（攀枝花市）所摄。
资料来源：鲍世行提供。

我老伴徐华东在 1963 年 3 月生产，56 天产假后不久就出差去自贡，并关照我在小孩一百天时一定要照个相，寄给她。那时，小孩生病去医院，看完病，我不会包“蜡烛包”，手忙脚乱，小孩几乎抱不回家（图 2-53 ~ 图 2-55）。筒子楼宿舍邻居同事的爱人说，婴儿啼哭，不是饿，就是尿，可是当我喂完小孩、把完尿后，小孩仍然啼哭不止。我束手无策，只得请来邻居，打开“蜡烛包”一看，原来又尿了。

在成都时，我们举目无亲，又是核心家庭，家里没有老人，小孩只能寄养在邻居家中，周末接回家，由于是集中供水，洗衣打水只能在小孩睡着后才能抢着干。我真是又当爸，又当妈，“大姑娘上轿——头一回”，从来没有干过这些事。

个人虽然有这样那样的困难，但是大家都能主动克服，坚持现场设计。在设计革命运动中，四川院还实行自己带行李下现场，并且在现场仍然坚持每周一次体力劳动。

部里相关机构对四川省城市规划院编写“城市规划设计条例”的要求很高，曾经反复修改过几次。我想这主要是由于国家城市规划研究院在 1964 年 4 月被

图 2-54 鲍世行先生“全家福”
注：左图摄于 1964 年 7 月，是第一张“全家福”；右图为 1968 年 3 月出差回京时在天安门广场所摄。
资料来源：鲍世行提供。

图 2-55 留给孩子的纪念相册
注：该纪念相册主要是鲍世行先生的女儿（鲍其卉）在各个时期的照片，本图为其中的部分照片（每半年左右的个人照片汇总）。
资料来源：鲍世行提供。

撤销，各地的城市设计部门，人员大量精简，留下少数人员也已经大多改成为城市建设管理服务，所以我们这个百余人的省级城市规划设计研究单位在全国就变得特别突出了。

1965 年 1 月，中共四川省建设局政治部发文，批准鲍世行等十人为工程师①。

① 包括鲍世行、何先聪、樊丙庚、乐家裕、兰立金、伍畏才、沈兰茜、陈永泰、朱定邦、钟代贤。

1966年3月，四川省建设局任命四川省规划院领导班子[①]。至此，省规划院设计革命运动的“清组织”任务完成。

1966年5月16日中央发出《五·一六通知》，宣布了“文化大革命”的正式开始。四川省规划院通知外出现场规划设计人员和参加“四清”“厂社结合”试点的人员回院参加“文化大革命”。

当时，出差组问：要多长时间？院里答复：大概一两周时间。又问：行李是否带回？答复：那就带回吧。可见当时大家对“文化大革命”都不理解。四川省规划院的“文化大革命”运动就这样开始了。所以，“设计革命”运动和“文化大革命”运动，实际上是连在一起的。

访问者：谢谢您的指教！今天时间不早了，下次再来听您讲述。

（本次谈话结束）

① 四川省城乡规划设计研究院. 四川省城乡规划设计院六十周年纪念册 [R]. 2016-10.

2018年9月20日谈话

访谈时间：2018年9月20日下午

访谈地点：北京市西城区马连道路6号院，鲍世行先生家中

谈话背景：与鲍世行先生于2018年9月12日谈话时，部分内容尚未谈完，应访问者的邀请，鲍世行先生继续进行了本次谈话。本次谈话的主题为攀枝花规划建设。

整理时间：2018年9—10月，10月12日完成初稿

审阅情况：经鲍世行先生审阅修改，于2018年11月23日返回初步审阅稿，2019年1月14日、5月6日、12月1日补充，12月8日最终定稿

鲍世行：今天主要讲讲关于攀枝花规划建设的事情，这是我们下放四川的时间里最值得回忆的一个话题。

访问者：当年下放四川的规划力量，很大一部分精力投入了攀枝花钢铁工业基地的规划建设，对吗？

鲍世行：是的。开始时只是部分人员投入攀枝花的规划工作，到1972年以后，根据四川省革委《关于将省城市规划设计院下放渡口市的通知》（川革函[1971]933号，图2-56）的指示精神，就把四川省城乡规划设计研究院成建制地下放到渡口市了。这是我人生轨迹的又一次重大转变。

四川院成建制下放后，攀枝花规划设计院的技术力量大大加强，不少设计项目还获得了奖励。

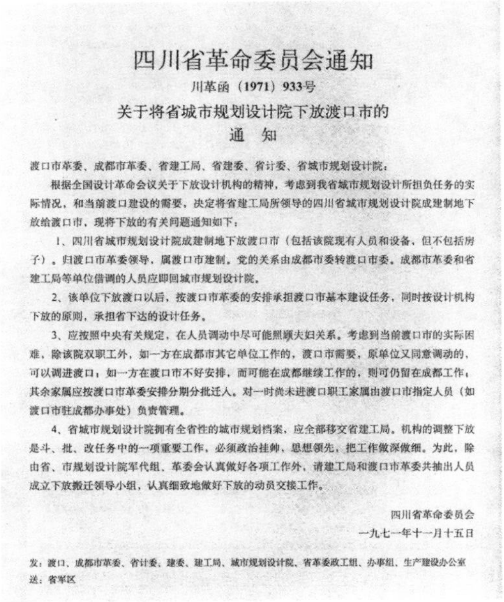

四川省革命委员会通知

川革函（1971）933号

关于将省城市规划设计院下放渡口市的

通　知

渡口市革委、成都市革委、省建工局、省建委、省计委、省城市规划设计院：

根据全国设计革命会议关于下放设计机构的精神，考虑到我省城市规划设计所担负任务的实际情况，和当前渡口建设的需要，决定将省建工局所领导的四川省城市规划设计院成建制地下放给渡口市，现将下放的有关问题通知如下：

1、四川省城市规划设计院成建制地下放渡口市（包括该院现有人员和设备，但不包括房子）。归渡口市革委领导，属渡口市建制。党的关系由成都市委转渡口市委。成都市革委和省建工局等单位借调的人员应即回城市规划设计院。

2、该单位下放渡口以后，按渡口市革委的安排承担渡口市基本建设任务，同时按设计机构下放的原则，承担省下达的设计任务。

3、应按照中央有关规定，在人员调动中尽可能照顾夫妇关系。考虑到当前渡口市的实际困难，除该院双职工外，如一方在成都市其它单位工作的，渡口市需要，原单位又同意调动的，可以调进渡口；如一方在渡口市不好安排，而可能在成都继续工作的，则可仍留在成都工作；其余家属应按渡口市革委安排分期分批迁人。对一时尚未进渡口职工家属由渡口市指定人员（如渡口市驻成都办事处）负责管理。

4、省城市规划设计院拥有全省性的城市规划档案，应全部移交省建工局。机构的调整下放是斗、批、改任务中的一项重要工作，必须政治挂帅，思想领先，把工作做深做细。为此，除由省、市规划设计院军代组、革委会认真做好各项工作外，请建工局和渡口市革委共抽出人员成立下放搬迁领导小组，认真细致地做好下放的动员交接工作。

四川省革命委员会

一九七一年十一月十五日

发：渡口、成都市革委、省计委、建委、建工局、城市规划设计院、省革委政工组、办事组、生产建设办公室

送：省军区

图 2-56　四川省革委《关于将省城市规划设计院下放渡口市的通知》（1971 年 11 月 15 日）

注：转引自《裂谷岁月（1971-2011）文集》p84。

资料来源：鲍世行提供。

一、攀枝花（渡口）钢铁工业基地的建设

鲍世行：曾经有人问我：攀枝花是什么花？我国北方没有这种花，长江流域也没有。其实也就是“木棉花”，我国南方的广州等地才有这种花，当地人把木棉花叫作“攀枝花”（图 2-57）。木棉花又叫英雄花，每到初春，满树开放碗口大的鲜花，有红的、黄的、橘黄的几种颜色，花瓣掉了以后结的果实就跟棉桃一样，但个儿大得多，里面也有棉絮。那时候，当地的矿山上有一棵很古老的攀枝花树，所以这个矿被命名为“攀枝花铁矿”，后来连这个城市也被命名为“攀枝花市”了。

访问者：在攀枝花之前，那里曾叫“渡口”。

鲍世行：是的。为什么叫渡口呢？在建设初期（图2-58），1965年4月，“为了有利于保密”，四川省人民委员会向国务院请示，国务院于当年 4 月 22 日批复同意，把那里叫“渡口市”。之所以叫“渡口”，完全是为了保密的需要。你想，如果叫“攀枝花市”，大家从名字上判断，就知道这个城市在南方，最低气温一定不能低于 0℃，这一下就把大半个中国给否定了。而如果叫“渡口”，全国很多大江大河都有不少渡口，就不容易确定“渡口市”在哪里了。实际上，那里在当时确实也是四川省内渡口最多的地方。在建设初期，由于交通繁忙，在金沙江、雅砻江两岸共建了 27 个渡口，以后随着大桥的陆续建成，这些渡口才逐步消失。后来，一直到改革开放后的1987年1月，经国务院批准，渡口市才正式更名为“攀枝花市”。

图 2-57　攀枝花市市花：攀枝花
资料来源：《金色的攀枝花》编委会．金色的攀枝花[M]. 成都：四川科技出版社，1990：文前彩页．

图 2-58　第一批开进渡口（攀枝花）的矿山采样队（1965 年）
资料来源：《金色的攀枝花》编委会．金色的攀枝花[M]. 成都：四川科技出版社，1990：4.

事实上，当时不仅城市的名称是保密的，就连各个单位的名称也是保密的。大多单位采用信箱为代号，例如："1 号信箱"是攀枝花工业基地建设总指挥部，"2 号信箱"是冶金建设指挥部，"3 号信箱"是化工系统，建工指挥部是"10 号信箱"。当地还有一些简称办法，如："9 号信箱"，简称"九指"（交通指挥部）；10 号信箱，简称"十指"。各系统的下属单位，又分别用附 1、附 2 作为代码，如渡口市第一建筑工程公司，其代号为"10 附 1"，二公司就是"10 附 2"。很有意思。

访问者：攀枝花钢铁基地的建设大致经过了哪些阶段？

鲍世行：我认为，攀枝花的建设可以大致分成几个时期：从 1960 年代开始建设，到 1970 年攀枝花钢铁厂第一座高炉投产，作为第一期"初创时期"；从 1970 年到 1978 年，钢铁冶金企业完成第一期工程，作为第二期"发展时期"；1979 年以后作为第三期，可以称为"新的发展时期"。

二、选址问题

访问者：攀枝花钢铁基地的建设，首先涉及选址问题，您是否参与过当年的选址工作？

鲍世行：我没有亲身经历过攀枝花钢铁基地的选址，但由于在四川和攀枝花工作和生活了近 20 年时间，对攀枝花钢铁基地的建设一直十分关注，搜集和学习了不少资料，因此对攀枝花钢铁基地的选址情况还是比较了解的。

攀枝花钢铁基地的建设被纳入国家建设计划，是在1958年的中共中央政治局扩大会议（“成都会议”）之后。根据会议精神，由国家计委牵头，组织了建筑工程部、水电部等多部门参加的联合选厂工作组，赴云南、贵州、四川进行厂址调查。1958年6月，在对12处场地进行考察后，联合选厂工作组推荐西昌三柏树为最佳厂址，并进行勘测设计。

1958年7月，有关部门编制完成了《利用攀枝花地区铁矿建设大型钢铁厂的规划》，报告提出：利用攀枝花的铁矿和六盘水的煤，可在西昌、昆明、眉山、威宁建设4个大型钢铁厂，形成西南钢铁工业体系。第一期工程拟在西昌三柏树建设，年产钢300万吨，远景发展600万～1000万吨。同年9月，冶金工业部向中央报请批准西昌钢铁厂任务书，提出西昌钢铁厂规模为年生产铁400万吨、钢350万吨，分两期建成。由此，西昌工业基地建设正式上马。

遗憾的是，此后一段时间，因国民经济出现严重困难，西昌钢铁工业建设陷入停顿。1964年5月，中共中央开会讨论“三五”计划的同时，对“三线建设”进行了战略部署，由此，“三线建设”成为全党、全国的头等大事，在毛泽东主席等中央领导的亲切关怀下，西南地区钢铁工业基地建设也得以重新上马。

1964年6月19日，周恩来总理召集有关部门开会，传达中央关于西南地区钢铁工业基地建设的重要指示，并进行工作部署。

1964年6月23日，国家计委和国家经委等有关部门、中共中央西南局、中国科学院，以及云南、贵州、四川三省的300多位领导干部和专家学者会聚成都，考察组正式成立。国家计委副主任程子华同志任组长，杨超、王光伟和熊宇忠同志任副组长。考察组下设冶金、煤炭、电力、林业、农业、铁道、交通、地质、劳动、布局、军工、综合12个专业组，负责各专业体系规划布局。

这次考察工作的要点是决定以攀枝花及其相邻的云、贵、川三角地带为主体，工业开发以钢铁、煤炭为主，同时配置电力、交通、化工等。考察组踏勘了西昌地区的小庙、礼州、牛郎坝，乐山地区的黄田坝、太平场、九里，德昌的宽裕、王所，米易的挂榜、丙谷，攀枝花弄弄坪等11处厂址后，提出以弄弄坪、牛郎坝为推荐厂址，以100万吨铁、80万吨钢、60万吨钢材为初定规模。建议钢铁工业在弄弄坪附近的金沙江两岸约60平方公里（平方千米）范围内摆设，弄弄坪为钢铁联合企业区，攀枝花为矿山区，大水井为洗煤、电力区，宝鼎山为煤矿区，新庄为石灰石矿区。交通方面则以铁路为主，公路为辅。“三五”期间规划修建成昆、川黔、滇黔三条铁路，形成西南环形交通（图2-59）。

1964年8月，中共中央西南局听取攀枝花考察组汇报，研究厂址问题。会议围绕厂址选择争论激烈，多数同志认为攀枝花弄弄坪近矿、近煤、近水、近林，主张在弄弄坪建厂；少数同志认为西昌地势开阔、场地平坦，主张建厂于牛郎

2019年3月5日 星期二

编辑/郑红革 zjwz_zhg@163.com 电话/65000238

作家文摘

纪实 3

1965

秘密上马攀枝花特区

·鲍世行·

攀枝花特区作为大三线建设中的重要一环，自1965年3月获得中共中央批准建设以来，距今已近半个世纪。由于当年的严格保密性，其前期重大决策过程在很长一段时期内鲜为人知。

初期决策：戛然而止的"抒情诗"

1958年3月，在成都召开的中共中央政治局扩大会议上，毛泽东提出"一手抓粮，一手抓钢"的国民经济发展方针。会议讨论通过了《关于1958年计划和预算第二本账的意见》。所谓"两本账"，第一本账是公开宣布必须完成的，第二本账是争取完成、不公开的。

据时任冶金工业部部长的王鹤寿回忆，会议上，毛泽东向他问起西南地区的矿产资源情况，他回答说："攀枝花至西昌一带蕴藏着丰富的钒钛磁铁矿，已探明的工业储量约10亿吨，有条件建设一个大型钢铁厂。"毛泽东听后表示赞成。会议期间，冶金工业部向中共中央上呈《钢铁工业的发展速度能否设想更快一些》的报告，明确建议在第二个五年计划后期，分期分批建设四川攀枝花钢铁厂等几个大型钢铁厂。毛泽东称这个报告是"一首抒情诗"。会后不久，攀枝花钢铁基地的建设纳入国家建设计划。

6月，国家计划委员会组成的联合选厂工作组在对12处场地进行考察后，推荐西昌三柏树为最佳厂址并进行勘测设计。9月，冶金工业部提出西昌钢铁厂规模为年生产铁400万吨、钢350万吨，分两期建成。由此，攀枝花地区工业基地建设正式上马。

1962年，国民经济出现严重困难，攀枝花开发建设全面停止。直到1964年三线建设才又重新提上中共中央的工作日程。是年5月10日，在中共中央工作会议召开前夕，毛泽东在国家计委领导小组汇报"三五"计划设想时指出："攀枝花钢铁厂还要搞，不搞我总不放心，打起仗来怎么办？""攀枝花建不成，我睡不好觉。"接下来的中共中央工作会议上，毛泽东委托周恩来负责攀枝花的开发建设。

周恩来提出五点意见

1964年6月19日，周恩来责成国家计委牵头组织中央各部，联合前往攀枝花调查规划，并指定由程子华担任调查工作组组长。23日，国家计委、国家经委、中国科学院、中央有关各部、中共西南局、云贵川三省等360位专家、学者、领导干部会聚成都，攀枝花考察组正式成立。此次考察组规划的要点是决定以攀枝花及其相邻的云贵川三角地带为主体，工业开发以钢铁、煤炭为主，同时配置电力、交通、化工等。经踏勘，考察组决定将攀枝花工业布局于弄弄坪附近的金沙江两岸约60平方公里范围内，弄弄坪为钢铁联合企业区，攀枝花为矿山区，大水井为洗煤电力区，宝鼎山为煤矿区，新庄为石灰石矿区。

8月，中共中央西南局听取攀枝花考察组汇报，研究厂址问题。会议围绕

1970年6月，攀钢炼出第一炉铁水

厂址选择争论激烈，多数人认为攀枝花弄弄坪近矿、近煤、近水、近林，主张在此建厂；少数认为西昌地势开阔、场地平坦，主张建厂牛郎坝；还有部分人认为乐山农业优厚，供给方便，主张将厂建在太平场。最后，西南局决定将争论意见上报中共中央定夺。

周恩来听完考察组的汇报后说："首先，我同意攀钢、六盘水煤矿和成昆铁路是配套项目，应同时上马，同时列入国家计划；其次，关于攀钢的厂址，我是同意放在弄弄坪的。我向来不赞成选择厂址的传统观点。苏联专家选定的武钢、包钢厂址都过于宽广，厂内各车间距离过大，场内铁路太多、太长。难道不能放弃那些传统观点，选用一个面积较小的厂址，把厂内布置得更加紧凑、更加经济合理吗？希望钢铁厂总图布置专家们好好地研究这个问题；第三，同意急速建设试验场；第四，攀钢的设计规模第一期为150万吨，产品方案和最终规模都请冶金工业部研究确定；第五，自力更生制造全部设备。"

9月，根据"继续选点比较，进一步作好基地规划"的指示，国务院再次组织攀枝花工业基地考察组进行基地的选点和进一步规划。

毛泽东拍板

中央考察组回京后，向毛泽东主席、中共中央呈送了《关于攀枝花地区资源情况简报》等情况报告。简报说，这个地区从长远和全局来看，确实是一个后方战略工业基地的理想场所，厂址地势都很隐蔽，无论从国防安全看，或者从经济合理看，条件还是比较好的。

11月26日，毛泽东听取三线建设汇报，他对规划表示满意。当李富春副总理谈到在弄弄坪建厂仍存争议，有同志主张将厂址放在乐山时，毛泽东说："乐山地面虽宽，但无铁无煤，如何搞钢铁？主张乐山方案的，是怕土石方大。平时多流汗，战时少流血，我们抗美援朝打赢，就是靠钻洞子。""攀枝花有煤有铁，为什么不在那里建厂？钉子就钉在攀枝花！"

1965年1月19日，周恩来批示："攀枝花成立特区政府仿大庆例，政企合一，成立党委，由冶金部党委为主，四川省委为辅实行双重领导。"3月20日，攀枝花特区党委、攀枝花特区人民委员会正式成立。为便于保密，国务院于4月22日下发通知，将攀枝花特区改称渡口市。自此，攀枝花开发建设开始大规模展开。　（摘自《文史精华》2019年第1期）

图 2-59　鲍世行先生的回忆文章《秘密上马攀枝花特区》
注：载于《文史精华》2019 年第 1 期，本图为《作家文摘》的转载。
资料来源：鲍世行提供。

坝；还有部分同志认为乐山农业优厚，供给方便，主张将厂放在太平场。几种意见不能统一。会后，中共中央西南局、攀枝花考察组联合向周恩来总理和李富春副总理汇报了有关情况，周总理赞同西南局关于"继续选点比较，进一步做好基地规划"的意见。

1964 年 8 月 24 日，李富春、薄一波向中央呈送了《关于建设攀枝花钢铁基地的报告》。报告提出，在成昆路沿线可以建设几个钢铁厂，包括攀枝花一个，西昌、德昌地区一个或两个，在云南、贵州靠近煤矿的地方建设两个，可以利用运煤的空车从攀枝花地区运回铁矿石。在第三个五年计划期间，先开始建设攀枝花钢铁厂。报告还提出：西南工业基地的建设关键在铁路。

1964 年 9 月 7 日，国家计委和中共中央西南局根据"继续选点比较，进一步做好基地规划"的指示，再次组织攀枝花工业基地考察组进行攀枝花基地的继续选点和进一步规划。考察组共 400 多人，仍由程子华任组长。10 月，中共中央西南局再次听取攀枝花工业基地规划布局和厂址选择汇报，西昌方案因地震和水源问题被否决，会议主要围绕弄弄坪方案开展讨论，中共中央西南局、四川方面存在诸多困难，投资较大，主张将厂放在乐山，攀枝花只搞煤矿和铁矿。

国家计委、冶金工业部等部门的同志则认为乐山无矿无煤，运程遥远，不利生产。两种意见争论激烈，仍然没有形成统一认识。

1964年10月，为解决攀枝花基地厂址选定和规划问题，李富春、薄一波两位副总理率领中央各部委和四川、云南两省负责人20余人，亲临攀枝花地区沿线实地考察。回到北京后，他们向中央呈送了《关于攀枝花地区资源情况简报》《关于攀枝花铁矿铁钛分离的科学实验工作情况简报》和《关于攀枝花地区钢铁厂厂址的选择情况简报》。关于厂址选择的《简报》称："考虑到国防安全和经济合理，以及建设速度的要求，应当在尽可能使采矿、冶炼、轧钢采用新技术的条件下，分散建设五六个钢铁厂，冶金工业部根据这个指导思想，在四川的西昌、乐山、宜宾地区和贵州的威宁地区，一共踏勘了十八个厂址，经过比较以后，推荐以下五个。"这里所提五个厂址就是盐边的弄弄坪，西昌的牛郎坝，乐山的太平场，宜宾的安符坝，威宁、水城、宣威一带。《简报》指出：工作组对以上钢铁工业的布局基本取得了一致意见，只是关于乐山地区是否建设一个钢铁联合企业有不同的看法。不论在哪里建厂，都要先把矿山建设起来，这是个先决问题。在滇黔线和成昆线南段可以先一步通车的条件下，应当先开发攀枝花铁矿，这样，先在弄弄坪建设钢铁化肥联合企业，可能是比较合理的。

11月12日，攀枝花工业基地考察组、冶金工业部联合向毛泽东、刘少奇、周恩来呈送了《攀枝花钢铁基地的厂址选择及建设规划问题的简报》。简报详细介绍了攀枝花的自然条件、矿产资源和沿成昆、滇黔、川黔三条铁路分散建立弄弄坪、牛郎坝、太平场、安符坝、昆明、威宁等六个钢铁厂的规划，提出了首先在弄弄坪建厂的意见。

11月26日，毛泽东主席召见周恩来总理和李富春、薄一波副总理，以及程子华副主任，听取"三线"建设汇报。先由程子华介绍了"攀枝花总体布局""弄弄坪建厂规划""区内煤电平衡"等问题。汇报中说，在滇黔路和成昆南段可以先一步通车及先开发攀枝花铁矿的条件下，建议先在弄弄坪建设钢铁、化肥联合企业。毛泽东主席对规划表示满意。当李富春谈到在弄弄坪建厂仍存争议，有同志主张将厂放在乐山时，据薄一波回忆，毛主席大为不满，说："乐山地址虽宽，但无铁无煤，如何搞钢铁？攀枝花有煤有铁，为什么不在那里建厂？钉子就钉在攀枝花！"

1965年1月6日，冶金工业部部长吕东向薄一波、李富春副总理报告了攀枝花建设最近的情况。薄一波副总理在报告上作出"首先建设弄弄坪可以定下来"的批注，周恩来总理又批注："已与（李）富春、（薄）一波、（余）秋里、谷牧等同志谈定。西南三线建设，凡已定了规划经中央批准的，即由国家经委

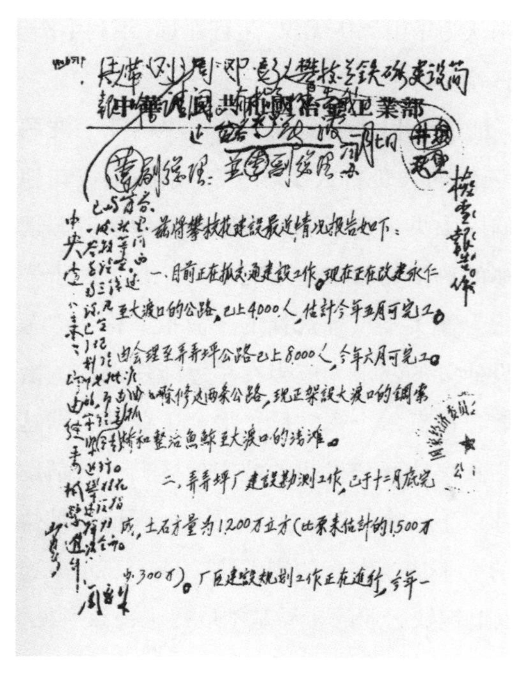

中華人民共和國冶金工業部

攀枝花建設最近情况報告如下：

一、目前正在抓緊建設工作。現在正在改建永仁至大渡口的公路，已上4000人，估計今年五月可完工。

由会理至弄弄坪公路已上8000人，今年六月可完工。

二、弄弄坪厂建設勘測工作，已于十二月底完成，土石方量为1200万立方

图 2-60 周恩来总理关于攀枝花建设的批示（1965 年 1 月 16 日）

资料来源：鲍世行，陈加耕．攀枝花开四十年[M]. 北京：中国建筑工业出版社，2005：文前插图．

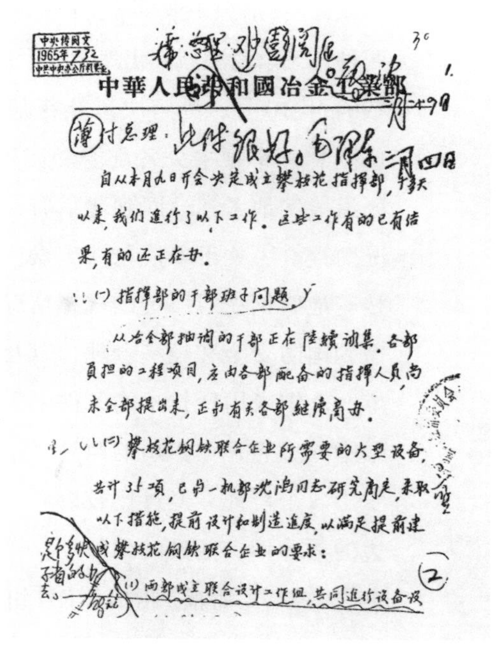

中華人民共和國冶金工業部

薄付总理：此件很好。毛泽东 三月四日

自从本月九日开会决定成立攀枝花指挥部，半个月以来，我们進行了以下工作。这些工作有的已有结果，有的还正在办。

（一）指挥部的干部班子问题。

从冶金部抽调的干部正在陆續调集。各部负担的工程项目，应由各部配备的指挥人员尚未全部提出来，正和有关各部继续商办。

（二）攀枝花钢铁联合企业所需要的大型设备，共计35项，已与一机部沈鸿同志研究商定，采取以下措施，提前设计和制造進度，以满足提前建成攀枝花钢铁联合企业的要求：

（1）两部成立联合设计工作组，共同進行设备设

图 2-61 毛泽东主席关于攀枝花特区筹备工作的批示（1965 年 3 月 4 日）

资料来源：鲍世行，陈加耕．攀枝花开四十年[M]. 北京：中国建筑工业出版社，2005：文前插图．

负责抓紧进行。攀枝花建设指挥归冶金部。”（图 2-60）然后，再转给毛泽东主席、刘少奇副主席、邓小平总书记等传阅圈定。至此，关于“在弄弄坪建厂”和“攀枝花建设指挥归冶金部”，最终形成了统一意见。

1965 年 3 月 4 日，毛主席收阅吕东、徐驰给薄一波副总理的关于攀枝花特区筹备及工作打算的书面汇报时，批示：“此件很好。”（图 2-61），攀枝花特区正式成立。为了便于保密，国务院于同年 4 月 22 日下发通知，将攀枝花特区改为渡口市。

三、1960 年代的首轮规划

访问者：攀枝花钢铁基地的建设发生在 1960 年国家提出“三年不搞城市规划”之后，当时有没有开展专门的城市规划工作？

鲍世行：攀枝花是国家“三线”建设的重点地区，因此，一开始就有城市规划的，可以说攀枝花的建设一直是在城市规划的指导下进行的。

攀枝花的第一次规划是在 1964 年进行的，规划的根据主要是中央已经确定的一些建设项目，确定了弄弄坪（图 2-62、图 2-63）、攀枝花—密地和巴关河（后

图 2-62　1960 年代的弄弄坪
资料来源：雷雨声．“弄弄坪”，一个美丽的笔误 [N/OL]．攀枝花市档案信息网．2017-09-14[2018-10-31]．http://www.pzhda.gov.cn/xxgk/daldpzh/667278.shtml.

图 2-63　弄弄坪今貌
资料来源：百度图片 https://www.pzhqss.com/forum.php?mod=viewthread&tid=1203&extra=page=1.

称河门口）三块用地作为建设用地。弄弄坪地区建设钢铁厂、化肥厂、机修厂、汽车修配厂和三个居民点。攀枝花—密地地区在矿山脚下布置选矿厂，建设三个居民点，其中两个供矿山职工使用。巴关河（后称河门口）地区，地处宝鼎煤矿对岸，布置洗煤厂和电厂，并建居民点三个。宝鼎煤矿区，在井口布置居民点三个。

访问者：第一版规划工作，有哪些规划人员参加？

鲍世行：金经元参加了，吴小亚参加了。四川省是樊丙庚参加了。

访问者：1960 年代，除了“三年不搞城市规划”的影响之外，在“工业学大庆”“农业学大寨”的时代背景下，大庆工矿区“不建集中城市”的指导思想对全国各地的城市规划建设也有深远的影响，攀枝花钢铁基地的规划是否也是如此呢？

鲍世行：攀枝花第一次规划工作的成果的名称是“攀枝花工矿区总体规划”，从名称就可以看出“否定城市”“否定城市规划”思潮的影子，攀枝花的规划也受到了影响。当时，正是开展“设计革命”运动的时候，也是大庆开展大会战、全国“工业学大庆”的高潮时期。大庆的经验被总结为：不建集中城市，不搞市中心、厂前区、大马路，先生产、后生活，居民点各项设施采用低标准等。这些指导思想，都作为攀枝花第一次规划的基本原则，写入了规划文本。

攀枝花的首轮规划，还特别提到“要体现亦工亦农的原则，为消灭城乡差别、工农差别、体力劳动与脑力劳动的差别创造条件”。该规划还考虑了两种劳动制度（固定工和轮换工结合）和两种教育制度（普通中学与技校、半工半读、半农半读结合），考虑了勤工俭学顶替一部分基本职工，各项设施采用低标准，降低了用地指标。但是，由于只考虑了当前建设需要，为长远发展考虑不足，规划人口和规划用地规模过小，因此，规划的各项指标后来很快就被突破了。

尽管如此，必须强调，“攀枝花工业区总体规划”是来之不易的。为什么这么说呢？首先，攀枝花位于四川与云南交界处的金沙江河谷地区的崇山峻岭之中，地理环境十分独特，且平地起家，附近没有城市可以依托。这给规划工作带来了许多困难。在规划前期的选厂定点中，曾组织多部门、多专业的专家学者组成考察组数百人反复进行考察，足迹遍及四川、云南、贵州诸省，参加人数之多，调查范围之广，研究问题之宽，综合分析、多方案比较之深入，都是空前的。

其次，规划中充分分析了用地条件和钢铁工业城市的特点，千方百计节约用地，尽量使城市布局合理。在当时“不搞集中城市”的大形势下，整个城市仍相对比较集中，没有搞成布局极其分散的“羊拉屎”式的城市而给生产、生活带来不便。此外，虽然这个规划被称为“工业区总体规划”，但它把城市看作一个完整的整体，工厂接近原料产地，工厂之间协作方便，居住区和厂区接近。规划不但满足了当时建设的需要，还为今后的发展留出了余地，其远见已经为历史所证明。只有了解了这些背景，才能深刻理解当时攀枝花的城市规划是多么不容易。

历史证明，在西南三线建设委员会和四川省委的指导下所完成的第一版攀枝花规划，有利于攀枝花的建设和发展。

四、1970年代的第二次规划

鲍世行：1970年成昆铁路建成通车，攀枝花钢铁公司一号高炉出铁，国家提出了攀枝花钢铁公司二期扩建的任务，1970年代攀枝花建设进入了一个新的发展时期，需要大量城市规划的技术力量。在此背景下，上级决定将四川省城市规划设计院成建制地由成都迁往攀枝花，成立渡口市规划设计院。我和老伴徐华东（图2-64），还有不少同事，是1972年去攀枝花的，我们参与了攀枝花的第二次规划。

访问者：攀枝花的第二次规划，当时面临着什么样的时代背景？

鲍世行：在我们去攀枝花的时候，当时城市发展中的矛盾已经逐渐突出起来，可以概括为几个方面：

首先，城市人口有了很大发展。1964年规划的远期人口规模为12万人，但是到1969年，城市现状人口已经达到14万人，突破了预计的规模。其原因：一是原来设想的压缩城市人口规模的措施实际上很难实现；二是由于新职工多、

图 2-64　鲍世行先生夫妇参加四川省城乡规划设计研究院 40 周年纪念活动留影（1996 年 10 月）
资料来源：鲍世行提供。

劳动生产率低下，工厂定员还不能按设计要求实行。

其次，工业用地规模大幅度增加。其原因是企业生产规模比预计的大，还有一些新增的项目，造成了生产协作条件和综合利用范围的变化。此外，市政公用设施、铁路站场和仓库也有比较大幅度的增加。

再次，城市布局混乱。由于执行“先生产，后生活”的方针，生活区的发展滞后，生产用地挤占了生活用地，致使工厂被居住建筑包围，两者犬牙交错，城市布局混乱。

另外，建设标准过低。1964 年规划的各项市政、公用设施和建筑标准都比较低。例如道路系统采用树枝状、公路型，路幅也比较窄，已经远远不能适应日益发展的交通运输的需要。又如给水排水只考虑室外旱厕，户外集中供水，且没有考虑设污水处理厂，污水由冲沟排入金沙江。居住建筑大多是临时搭建的“席棚子”。这样的建设标准当然不能满足发展的需要。

在这种情况下，攀枝花需要有一个正规的规划设计队伍，及时作出城市发展的规划，以解决当时出现的各种问题。

访问者：这一轮规划主要有什么特点?

鲍世行：在城市规划程序方面，攀枝花规划是有创新思想的。早在 1970 年，编制了《渡口市总体规划纲要》，根据计算预测将城市人口的发展规模修改为 30 万 ~ 35 万人，把城市用地范围的 6 个片区扩大为 8 个片区；1973 年，根据国家计划和针对亟待解决的问题，修订了《渡口市城市总体规划》；到 1974 年，又根据总体规划，编制了各个片区的《片区规划》。

这里必须说明，1973 年编制的总体规划，采用的是万分之一比例的地形图。而对于一个山区城市来说，万分之一的图纸是很难完全满足直接指导规划管理和

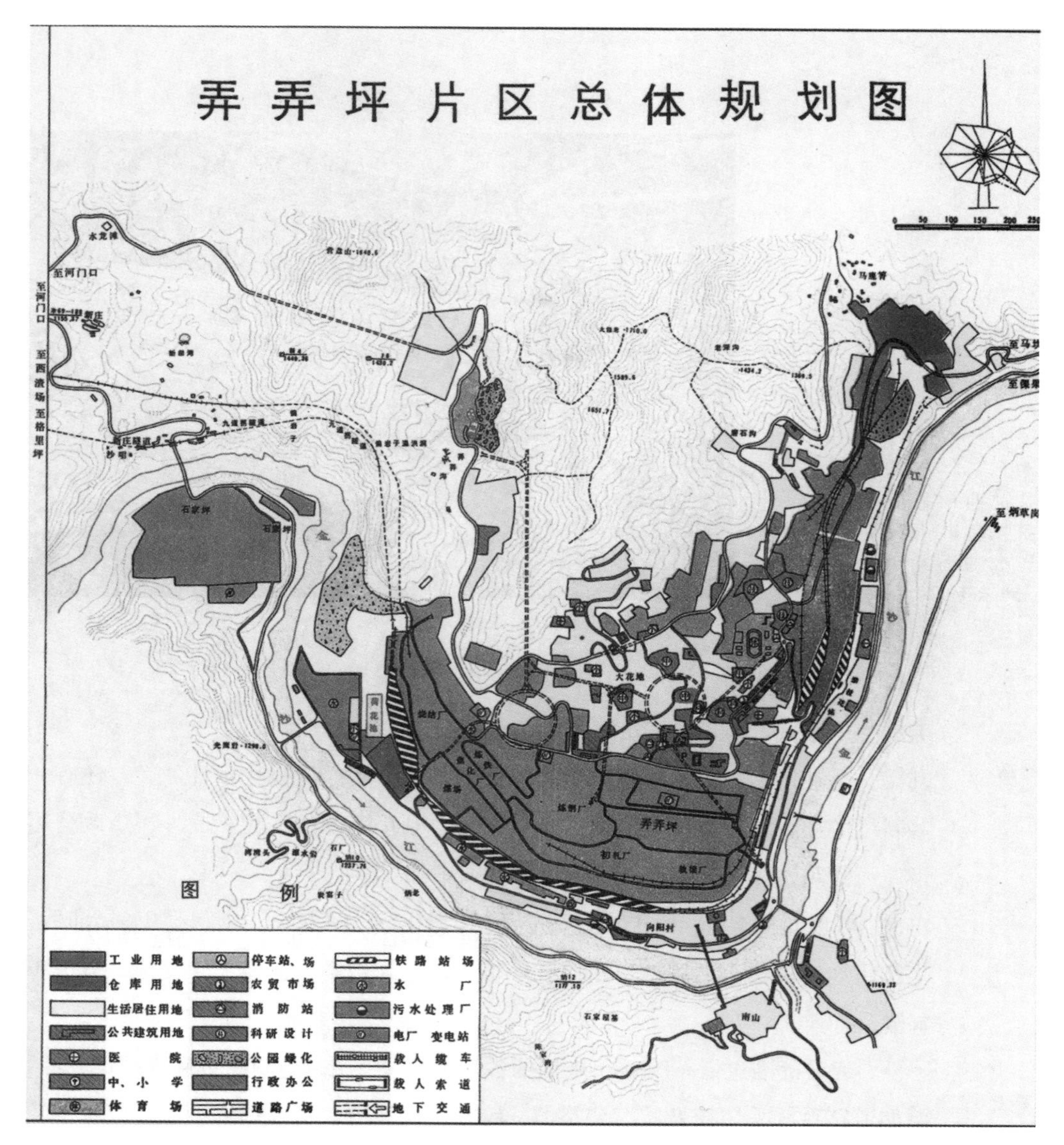

图 2–65　弄弄坪片区总体规划图（1986 ~ 2000 年）
资料来源：鲍世行，陈加耕．攀枝花开四十年[M]. 北京：中国建筑工业出版社，2005：76.

衔接详细规划的要求的。所以，在总体规划完成后及时进行五千分之一图纸的“片区规划”是完全必要的。另一方面，攀枝花作为一个组团式布局的城市，分区明确，片区相对独立，因此，在总体规划完成后，开展“片区规划”也就成了顺理成章的事了（图 2–65）。

这种“片区规划”相当于后来在规划界提出的“分区规划”。攀枝花的“片区规划”实践，在学术上是有创新价值的，它为后来 1980 年代国家制定《城市规划法》时“分区规划”制度的出台，作出了应有的贡献。

由于城市的快速发展，1978 年我们进行了新一轮的城市总体规划（图 2–66、图 2–67）。这次总体规划的目的是修订、补充、综合和提高上一次的规划，是一次螺旋式上升的规划。例如根据形势的发展，把城市发展的性质由“钢铁工

图 2-66 渡口市现状图（1978 年）
资料来源：鲍世行，陈加耕．攀枝花开四十年[M]．北京：中国建筑工业出版社，2005：73.

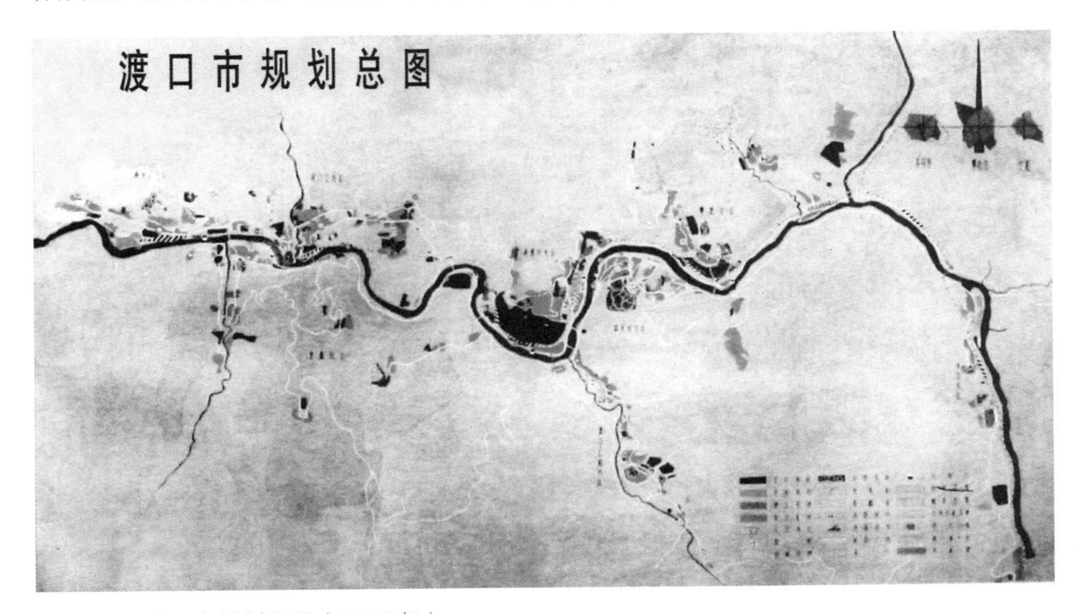

图 2-67 渡口市规划总图（1978 年）
资料来源：鲍世行，陈加耕．攀枝花开四十年[M]．北京：中国建筑工业出版社，2005：73.

业城市”修改为“冶金工业城市”，由此可以看出对工业综合利用的重视。经过认真的计算，城市人口的发展规模到 2000 年确定为“控制在 50 万人”。这就使城市规划更加符合客观实际。这个规划经攀枝花市人大通过后，上报四川省人民政府批准，并获省部级奖励。

攀枝花市的总体规划是从万分之一的图纸开始，在总体规划的基础上，进行了各个片区的五千分之一的图纸规划。最后在较大范围内，两万五千分之一的图纸上进行综合、平衡。这样的总体规划有片区规划作为坚实的基础和后盾，内容丰富充实。 在宏观上经过了综合平衡，在微观上又能指导规划管理和具体的

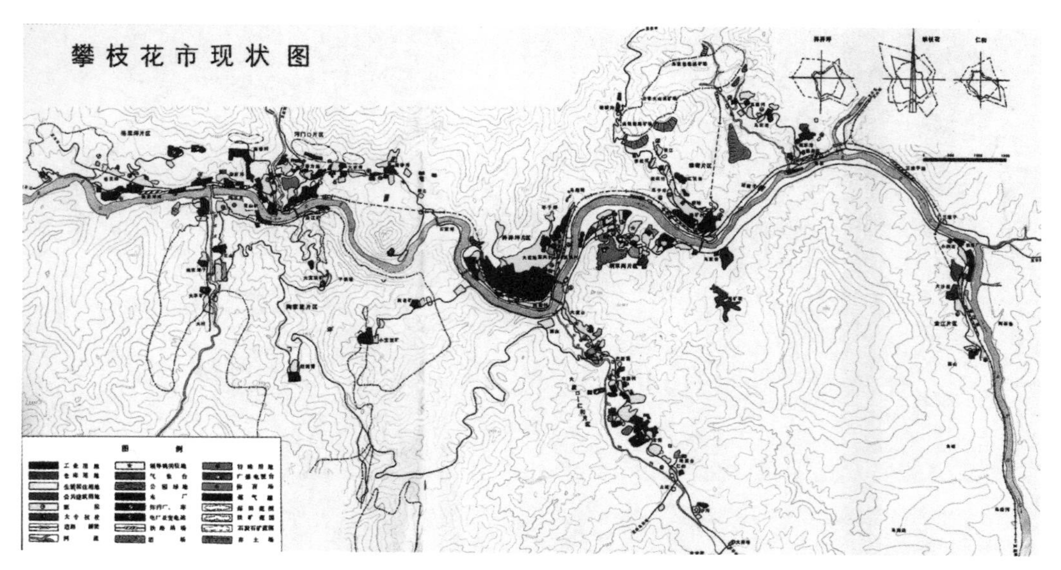

图 2–68　攀枝花市现状图（1986 年）
资料来源：鲍世行，陈加耕 . 攀枝花开四十年 [M]. 北京：中国建筑工业出版社，2005：74.

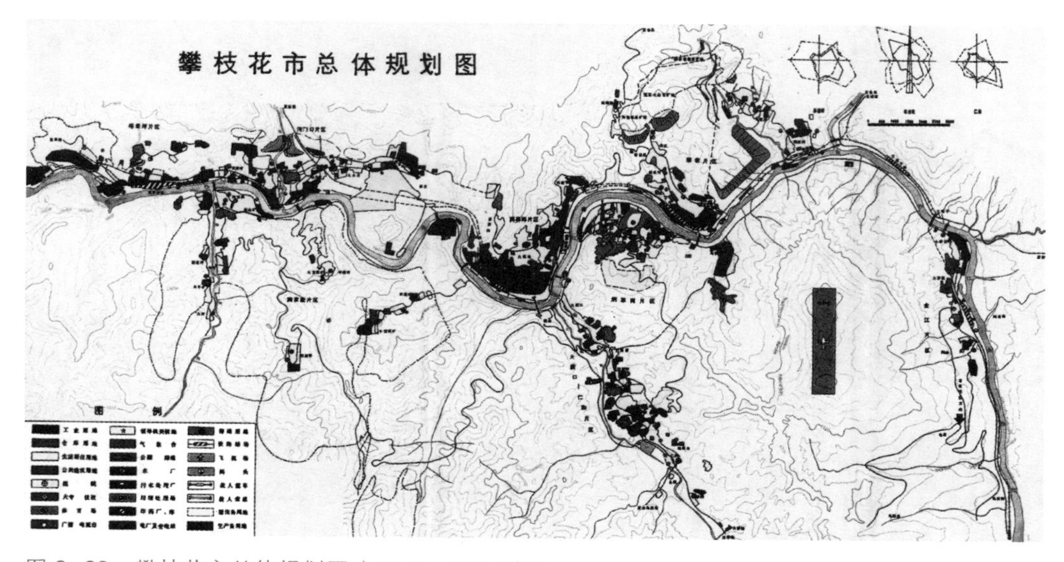

图 2–69　攀枝花市总体规划图（1986—2000 年）
资料来源：鲍世行，陈加耕 . 攀枝花开四十年 [M]. 北京：中国建筑工业出版社，2005：74.

建设，因此，得到省、部领导的好评，获省、部级奖励。后来到 1986 年前后，攀枝花总体规划又进行了修编（图 2–68、图 2–69）。

五、攀枝花大梯道：城市公共开敞空间名片

鲍世行：关于攀枝花，还有一个话题值得一说，这就是那里很有名的攀枝花大梯道。早在 1981 年，由同济大学、重庆建筑工程学院和武汉建筑材料工业学院合编的

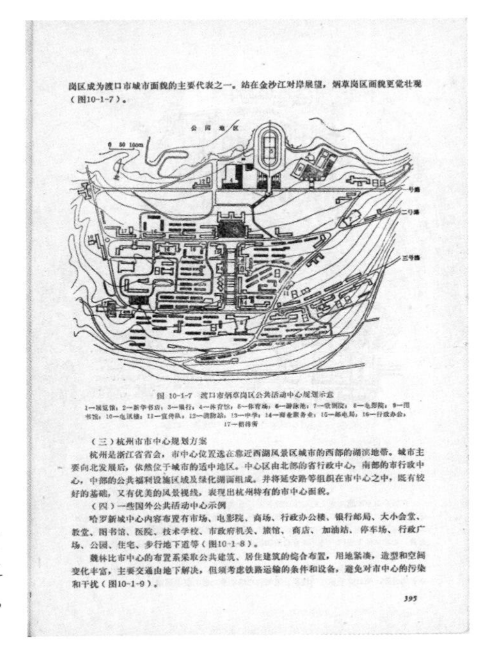

岗区成为渡口市城市面貌的主要代表之一。站在金沙江对岸展望，炳草岗区面貌更觉壮观（图10-1-7）。

图 10-1-7 渡口市炳草岗区公共活动中心规划示意

1—展览馆；2—新华书店；3—银行；4—体育馆；5—体育场；6—游泳池；7—歌剧院；8—电影院；9—图书馆；10—电讯楼；11—宣传队；12—消防站；13—中学；14—商业服务业；15—邮电局；16—行政办公；17—招待所

（三）杭州市市中心规划方案

杭州是浙江省省会，市中心位置选在靠近西湖风景区城市的西部的湖滨地带。城市主要向北发展后，依然位于城市的适中地区。中心区由北部的省行政中心，南部的市行政中心，中部的公共福利设施区域及绿化湖面组成。并将延安路等组织在市中心之中，既有较好的基础，又有优美的风景视线，表现出杭州特有的市中心面貌。

（四）一些国外公共活动中心示例

哈罗新城中心内容布置有市场、电影院、商场、行政办公楼、银行邮局、大小会堂、教堂、图书馆、医院、技术学校、市政府机关、旅馆、商店、加油站、停车场、行政广场、公园、住宅、步行地下道等（图10-1-8）。

魏林比市中心的布置系采取公共建筑、居住建筑的综合布置，用地紧凑，造型和空间变化丰富，主要交通由地下解决，但须考虑铁路运输的条件和设备，避免对市中心的污染和干扰（图10-1-9）。

395

图 2-70 全国统编教材《城市规划原理》（第一版）对攀枝花（渡口）炳草岗公共活动中心规划的介绍页

资料来源：同济大学，重庆建筑工程学院，武汉建筑材料工业学院合编．城市规划原理 [M]. 北京：中国建筑工业出版社，1981：395.

全国统编教材《城市规划原理》（第一版）就曾对攀枝花大梯道作过专门的介绍（图 2-70）。

为了能够更加生动和具体地说明问题，我请设计人亲自来作介绍，她就是我的夫人徐华东，她是教授级高级城市规划师，从四川回来以后一直在中国城市规划设计研究院工作。

访问者：好的，鲍先生。

徐华东：在介绍炳草岗规划以前，我有必要首先介绍一下炳草岗在攀枝花城市中的地位。整个攀枝花的城市布置是在东西长达 70 多公里的金沙江两岸。在攀枝花总体规划中确定以“片区”为规划单元，全市有 8 个片区，其中 4 个布置在金沙江北岸，其余 4 个布置在金沙江南面。这就形成了攀枝花市组团式的城市布局。这种布局形式是由两个原因造成的：一是山区地形复杂，可建的用地分散；二是资源分布的情况也决定了城市的布局。所以，必须按照有利生产和方便生活的精神，因地制宜地进行布置。

金沙江北面自东到西，形成了四大板块：一是攀枝花—密地片区，是铁矿石采选和机修基地；二是弄弄坪片区，是钢铁工业生产中心；三是河门口片区，是以石灰石采掘、熔炼为主的建筑材料工业生产基地；四是格里坪片区，是进行木材储运和加工的基地。攀枝花的规划布置适应了这种地理格局，在金沙江南岸同样也形成了四大片：一是金江片区，位于成昆铁路干线上，是攀枝花的门户，下游是以化工为主的片区；二是炳草岗片区，是全市的行政、文化中心；三是

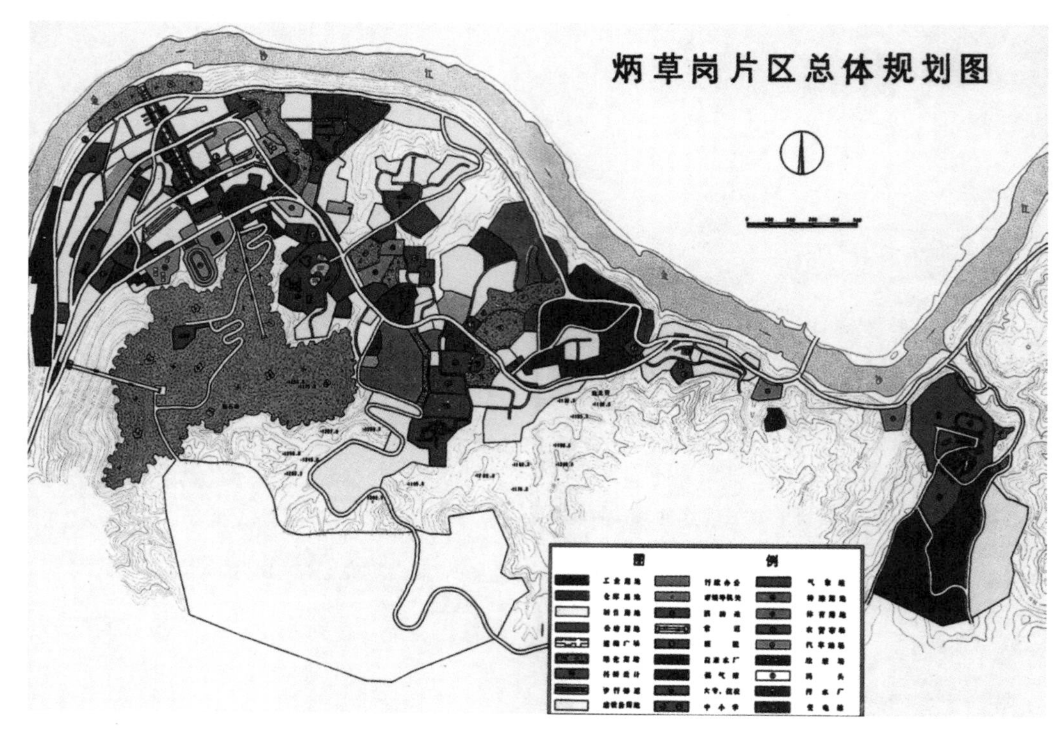

图 2–71　炳草岗片区总体规划图（1986—2000 年）
资料来源：鲍世行，陈加耕．攀枝花开四十年 [M]. 北京：中国建筑工业出版社，2005：76.

大渡口—仁和片区，是以地方工业为主的片区；四是宝顶片区，是煤炭工业生产基地。攀枝花的四大片区是生产、生活的综合体，它在生活服务方面是相对独立的整体；在生产方面，片区与片区之间的联系又相当密切，整个城市组成一个有机的整体。

下面说说炳草岗片区性质定位的不断发展和变化情况（图 2–71）。攀枝花自从开始建设以来，总共进行过五次城市总体规划。第一次城市总体规划是在 1965 年 9 月开展的。这个《攀枝花工业区总体规划》是在攀枝花特区建设指挥部领导下，由国家建委城市规划局和四川城市规划设计院与有关单位配合编制完成的。规划强调工业企业布局要求靠山、分散、隐蔽。工业建设要和农业生产互相配合，工业建设要少占地，少用人。骨干工业集中布置在弄弄坪、宝顶、河门口、攀枝花—密地和大渡口—仁和五个片区。城市规划考虑了“以农业为基础”的方针，将炳草岗辟为农场，为农业生产发展留有余地。

第二次城市总体规划，鉴于城市人口发展很快，已经近 14 万人，突破了原来规划的 12 万人的规模，需要对居住用地和一系列市政设施作相应的调整。1970 年提出《渡口市市政规划纲要》，将原来规划的 5 个片区扩大为 8 个片区，新增了格里坪、金江和炳草岗 3 个片区。这次规划奠定了渡口市城市用地布局的基础。也就是在这次规划中，确定将渡口市行政中心由大渡口迁至炳草岗。1972 年四川省规划设计院成建制下放到渡口市，组建成立渡口（攀枝花）市规划设计院，城市规划技术力量大大加强，于是，次年立即开展新的一轮城市总体规划。

在1970年代初期，攀枝花市正处在边建设、边生产的时期，每年有较大的建设量，仅居住建筑每年建设量多达 30 万 ~ 40 万平方米。这对于当时的一个中等城市是不小的数字。为此，急需进行详细规划来妥善地安排建设。

攀枝花的详细规划主要集中在当时建设量比较集中的炳草岗片区。当时我们对整个炳草岗片区约 4 平方公里地区进行了片区规划，并在此基础上，对攀枝花步行梯道、一号居住街坊、二号居住街坊等重点地段进行了更为深化的修建性详细规划，以指导近期建设。

炳草岗片区是攀枝花的市中心地区，大梯道位于该地区的中轴线上，南端正对全市性市民广场，位置十分显要。原来这里是一条长达 250 多米的大冲沟，两端高差达 28.5 米，平均坡度为 11.2%。规划梯道为商业街性质的林荫梯道，道路断面 30 米，中间和两侧都有绿化，绿化面积占梯道面积的 50%。梯道随自然地形形成 9 个平台，它们之间用宽敞的台阶相连（图 2–72）。

访问者：当年你们怎么会想到搞一个大梯道呢?

徐华东：在这以前，曾把这条道路规划为车行道。市建委一些同志说：这里那么多东西向车行道，没有一条南北向车行道是不行的。可是，规划的南北向道路的纵坡高达 12.75%，超过了《城市道路技术规定》中关于城市干道最大纵坡为 8% 的规定，车行极不安全，并且车行道路建成后形成深路堑，路面与两旁建筑基底高差极大，建筑与道路的相对关系不易处理，也难以形成商业街的气氛。

考虑到充分结合地形，利用地形，为山区城市创造一种独特的景观，在这里规划一条南北向的绿化、休闲性质的商业步行街道是十分必要和可行的。同时，可在附近地段妥善地解决南北向的交通和商业货运等具体问题。经过多方解说，才使这个方案最终确定下来。

从目前的实践效果来看，在山区城市中规划商业性步行梯道颇具开创性，特别是在攀枝花这样一个高差很大的山区城市，大梯道使得城市特色更加凸显，也为广大城市居民创造了一个优美的休闲环境。如今，攀枝花步行梯道人流熙熙攘攘，很是热闹，已成为该市市中心颇具特色的去处。

访问者：徐先生，谢谢您的介绍！

鲍世行：2008 年 2 月，正是攀枝花开的时节，周干峙先生莅临攀枝花大梯道实地踏勘（图 2–73、图 2–74）。他在市民广场朝着大梯道伫立良久，最后感慨地说：谁说我们中国的城市规划师不行？我们搞出来的是世界水平！

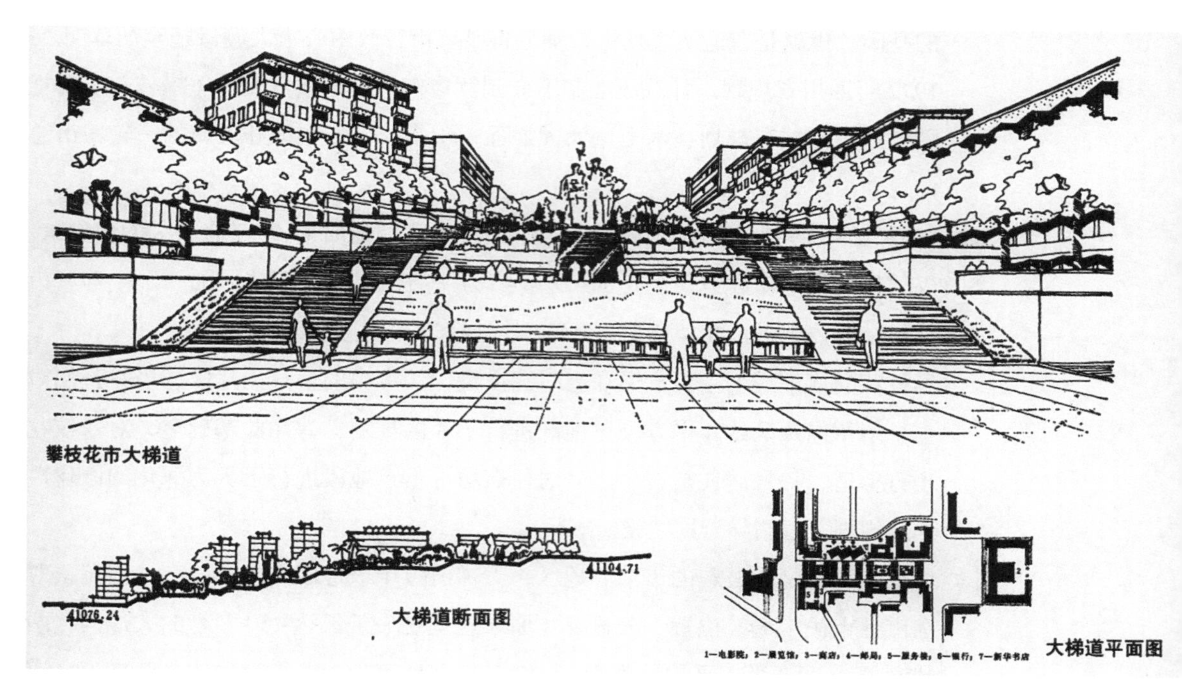

图 2-72　攀枝花大梯道的设计图
资料来源：鲍世行，陈加耕．攀枝花开四十年 [M]. 北京：中国建筑工业出版社，2005：69.

图 2-73　陪同周干峙先生在攀枝花现场踏勘时留影（2008 年 2 月 16 日）
左起：鲍世行、周干峙、王景慧、应金华、汪科。
资料来源：鲍世行提供。

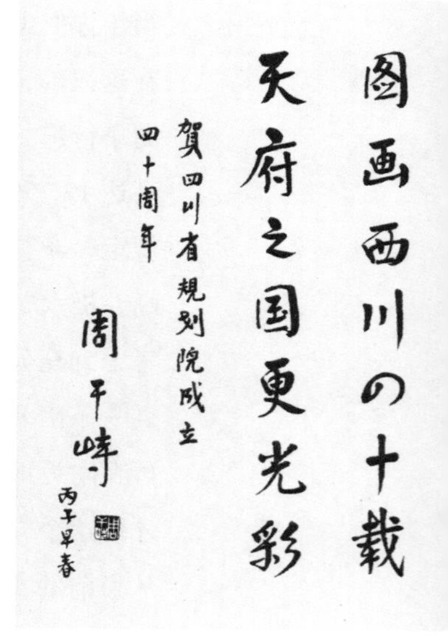

图 2-74　周干峙先生为四川省城乡规划设计研究院 40 周年院庆的题词（1996 年）
资料来源：四川省城乡规划设计研究院．四川省城乡规划设计研究院四十周年（1956—1996）[R]. 1996-08：文前插图．

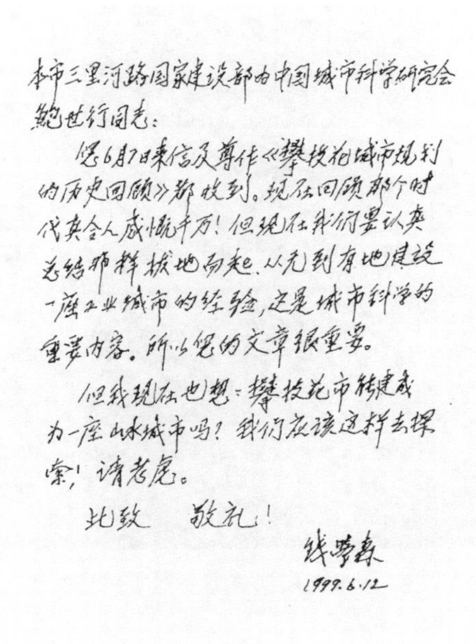

本市三里河路国家建设部内中国城市科学研究会
鲍世行同志：
您6月7日来信及尊作《攀枝花城市规划的历史回顾》都收到。现在回顾那个时代真令人感慨千万！但现在我们要认真总结那样拔地而起，从无到有地建设一座工业城市的经验，这是城市科学的重要内容。所以您的文章很重要。
但我现在也想：攀枝花市能建成为一座山水城市吗？我们应该这样去探索！请考虑。
此致 敬礼！
钱学森
1999.6.12

图 2-75　钱学森先生关于鲍世行先生所写《攀枝花城市规划的历史回顾》一文致鲍先生的信（1999 年 6 月 12 日）

资料来源：鲍世行，陈加耕．攀枝花开四十年[M]．北京：中国建筑工业出版社，2005：62.

访问者：在当年“左”的思想比较盛行，经济又十分困难的情况下，攀枝花的规划建设为什么会开展得比较好呢？

鲍世行：攀枝花规划编制工作之所以取得了一些成绩，我认为主要得益于攀枝花在城市规划方面有着强大的技术支撑。当时，一个小小的渡口规划建筑设计院，却有着全国在城市规划方面最强的技术力量。

1978 年，国家城市建设总局组织国内各省城市规划技术队伍到唐山进行震后重建规划，我们带去了一支 15 人的队伍，是工种最齐全、技术力量最强的队伍，成为当时震后重建规划的技术骨干力量。大家戏称我们“宁可‘守寡’，不愿‘改嫁’（改行）”，即使在“文革”时期，我们仍坚持着城市规划管理和城市规划设计。我想我们绝不“改嫁”，只因我们以“初心”为大。这次唐山震后重建规划的大会战，也大大地锻炼和考验了我们的技术力量。对于攀枝花的城市规划，钱学森先生也十分赞赏（图 2–75）。

六、编写《城市规划资料集》

徐华东：我想补充一件事。1977 年初，国家城建总局城市规划司发出通知，把编写《城市规划资料集》（当时称为《城市规划设计手册》）的任务交给了攀枝花城市规划设计院（当时称“渡口市城市规划设计院”），当时真是大喜过望，激动不已。1977 年，正是城市规划第二个春天来到之际。春节一过，我们就出发，长途跋涉，从四川渡口来到北京，接受任务。一到北京，在凛冽的寒风中，怀着激动

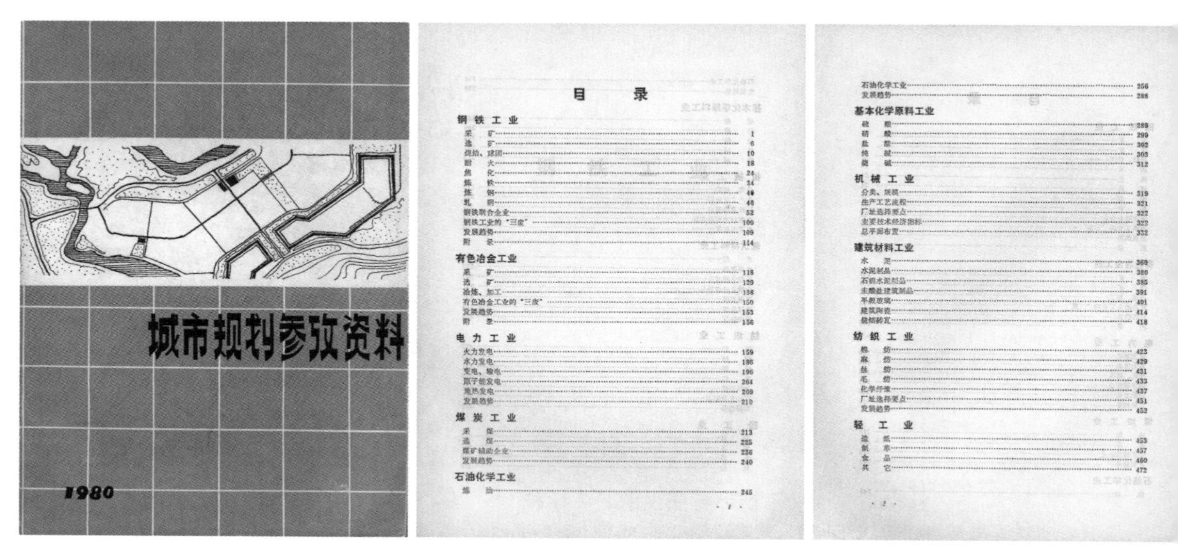

目　录

· 1 ·

· 2 ·

图 2–76　《城市规划参考资料（厂址选择）》封面及目录（1980 年）
资料来源：鲍世行提供。

的心情，我们从北京站跑到天安门广场摄影留念。

国家城建总局安排这项任务，是考虑到为了迎接城市建设的高潮，各地纷纷成立城市规划设计机构，但是经过了十年"文化大革命"，思想上、物质上都准备不足，特别是有关规划设计的参考资料奇缺，国家城建总局城市规划司提出编写《城市规划资料集》工具书，真是十分必要和及时的。但是，《城市规划资料集》内容繁杂，绝非一个地方的设计单位所能承担。而且中华人民共和国成立二十余年来，对于此类综合的工具书，一直无人问津，担此拓荒性质的重任，我们内心是忐忑不安的。

工作是从编写《城市规划参考资料（厂址选择）》开始的（图 2–76）。该书是按照钢铁工业、有色冶金工业、电力工业、煤炭工业、基本化学工业、石化工业、机械工业、建材工业、纺织工业和轻工业这十个工业门类划分的，并按生产规模、工艺流程、厂址选择、技术经济指标、总平面布置和发展趋势分别叙述。此书以图、表为主，图文并茂，便于查阅。

在此基础上，我们又编写了《城市规划资料集》上、下集（图 2–77），内容包括自然资料、社会资料，用地方面包括生活居住用地、对外交通用地、工业用地、仓库用地，绿化用地以及环境保护等，特别是国内、国外众多实例，数目繁多，不胜枚举。此书由北京大学、南京大学、同济大学、西安冶金建筑学院和湖北省、辽宁省、浙江省以及西安市、兰州市、银川市等规划设计单位提供相关资料，最后由应金华和我总其成，所以该书实际上是大合作的成果。

《城市规划资料集》上、下两集，历时 6 年，最后于 1982 年由中国建筑工业

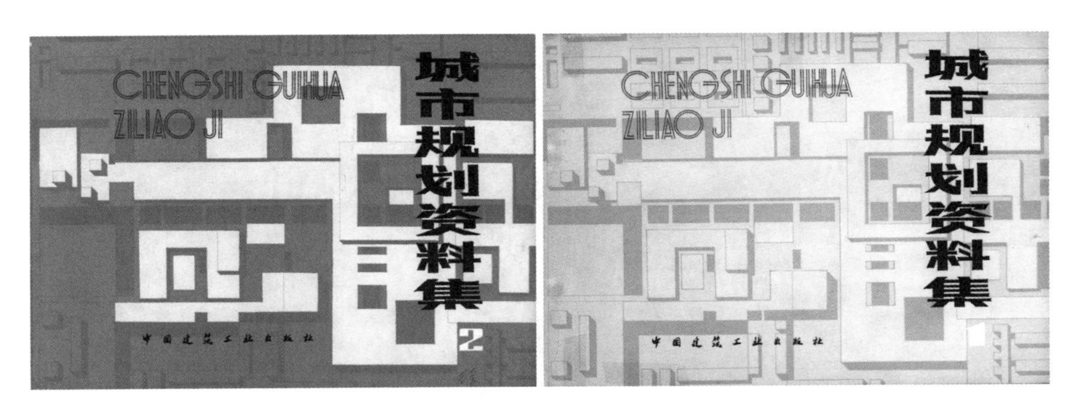

图 2–77 《城市规划资料集》（两册）封面（1982 年和 1983 年）
资料来源：鲍世行提供。

出版社出版，得到广大城市规划设计人员的欢迎和好评，并于 1983 再版。《城市规划资料集》的出版，使城市规划设计人员的案头有了一本可以检索、查考的手册，填补了城市规划资料的一个空白，是我国城市规划方面里程碑式的一件大事。

七、重新归队

鲍世行：下放容易，回来难。我们从四川重回北京的道路曲折漫长（图 2–78 ~ 图 2–82）。早年下放四川的时候，主要是考虑将来在条件成熟时成立“分院”，或者将来有条件时，成建制调回，这样，技术力量才不致散失。真可谓用心良苦！

但是，实际上，后来的形势急转直下，到 1964 年 4 月，连“老窝”——中国城市规划设计研究院（当时称“城市设计院”）也给端了。另一方面，事物的发展并不是那么理想，因为人调走了，人事关系就属于地方了，再要调回，谈何容易。而且下到地方后，政治运动一个接着一个，先是“四清运动”，后来是“设计革命”运动，最后是“文化大革命”。

所以，等到改革开放，真正急需技术干部时，调回来就不是那么容易了。1976 年唐山大地震发生后，我们先是参加唐山抗震救灾规划，后来又参加天津的规划，都没有成功调回北京。夏宗玕曾经对我们说：你们到了天津，就等于到北京了。结果呢，我和张启成、郭增荣参加完天津规划后，又回了攀枝花。大家都说：再见了。当时感到一点希望都没有了。

最后，通过四川省委组织部，才调回了 5 个人，包括张启成（他的爱人方云在其他单位工作）、郭增荣两口子（郭增荣和朱春芬）、我们两口子（鲍世行和徐华东）。下放的时候有 60 人左右，最后只回来了不到 6 个人。

访问者：你们回北京来是在什么时间？

图 2-78　中国城市规划学会风景环境学术委员会 1996 年年会留影（1996 年 10 月）
注：摄于四川省城乡规划设计研究院办公楼前。前排左 5 为朱畅中，右 4 为鲍世行。
资料来源：四川省城乡规划设计研究院．四川省城乡规划设计研究院六十周年纪念册[R]. 2016-10：48.

图 2-79　四川省城乡规划设计研究院 40 周年庆祝大会现场（1996 年 10 月）
资料来源：鲍世行提供。

图 2-80　参加四川省城乡规划设计研究院 40 周年院庆时题词留念（1996 年 10 月）
资料来源：鲍世行提供。

图 2-81　参加四川省城乡规划设计研究院 40 周年院庆时的一张留影（1996 年 10 月）
注：前排中（左 3）为鲍世行，右 2 为徐华东；后排右 1 为张启成。
资料来源：鲍世行提供。

图 2-82　参加中国城市规划设计研究院 40 周年院庆时的一张留影（1994 年 10 月）
注：右 1 为鲍世行，右 2 为徐华东。
资料来源：鲍世行提供。

鲍世行：1981年。

访问者：几月？

鲍世行：我是6月回到北京的，因为我的女儿要参加当年的高考，所以先回来了。徐华东是12月回来的，略晚些。

在全国支援唐山、天津抗震救灾规划的时候，四川省城市规划设计研究院成为一支十分显眼的规划力量。应该讲，早年规划界高层领导的深谋远虑发挥了重要作用。

访问者：谢谢您！

（本次谈话结束）

2018年10月9日谈话

访谈时间：2018年10月9日下午

访谈地点：北京市西城区马连道路6号院，鲍世行先生家中

谈话背景：与鲍世行先生于2018年9月20日谈话时，部分内容尚未谈完，应访问者的邀请，鲍世行先生继续进行了本次谈话。本次谈话的主题为唐山震后重建规划。

整理时间：2018年10月，于10月18日完成初稿

审阅情况：经鲍世行先生审阅修改，于2018年11月23日返回初步审阅稿，2019年1月14日、5月6日、12月1日补充，12月8日最终定稿

鲍世行：今天讲讲唐山震后重建规划的事情。1976年7月28日，河北省的唐山—丰南一带发生了里氏7.8级的毁灭性地震，震中位于唐山老市区的路南区，一座百年城市毁于一旦，超过24万人逝去，民用建筑倒塌90%以上，公共建筑几乎全部被毁。

一、唐山大地震及其应急救援

鲍世行：唐山因煤而兴。事情也真巧，正是百年前的1876年，李鸿章委派唐廷枢[①]创办

① 唐廷枢（1832.5.19—1892.10.07），生于广东香山县唐家村（今广东省珠海市唐家湾镇），清代洋务运动的代表人物之一，是洋务派实业家。他创办了中国第一家民用企业——轮船招商局，创办了第一家煤矿——开平矿务局，创办了第一家较具规模的保险公司——仁济和保险公司，主持修建了第一条铁路——唐胥铁路（唐山到胥各庄），主持钻探出第一个油井，主持铺设了中国第一条电报线。李鸿章在他的悼词中说："中国可无李鸿章，但不可无唐廷枢。"

开平矿务局，这是唐山城市的胚胎，为了煤炭外运，修建了唐胥铁路（这是我国第一条标准轨距铁路）。此后，我国第一家铁路工厂——唐胥铁路修理厂（今唐山机车车辆厂）、我国第一家水泥厂——启新洋灰公司（今启新水泥厂）、我国第一家卫生陶瓷厂——启新洋灰公司西分厂（今唐山陶瓷厂）等工厂陆续出现，由于有了资源和交通，一些新兴的工业首先在这个城市落地、生长起来。这是一个因洋务运动兴起而诞生，并在 1949 年以后得到大发展的新兴城市。据统计，1975 年生产原煤 2690 万吨，钢 87 万吨，市区工业总产值 23.8 亿元，市区人口 69.8 万人。但是，这个近 70 万人口的城市却毁于一旦，夷为平地（图 2–83、图 2–84）。

唐山大地震发生后，抗震救灾指挥部是在公共汽车车厢里办公的。指挥部立即招募地、市两级机关干部，统一调配，分配工作。地区干部震前刚刚搬入新居，因为是四层楼建筑，又是丝毫没有抗震设防的预制混凝土小楼板住宅，震后全部夷为平地，干部几乎全军覆没。这种没有抗震设防的预制小楼板住宅，被群众称为“棺材板”。市里干部一般住简易平房，多数幸免于难。工人居住的平房，屋顶有厚厚的煤渣保温层。住户多系窒息而死。因此，每户只要有一人尚存，就能救活全家。可怜招待所的外地来客就没有这个运气了。

不久，抗震救灾指挥部提出“发动群众，依靠群众，自力更生，就地取材，因陋就简，逐步完善”的建房方针。许多省市运来木材、竹竿、油毡、苇席、草袋等建筑材料，市民们行动起来，在解放军的帮助下，迅速建成了 40 万套简易住房，一夜之间唐山变成了地震棚的城市，这成了唐山震后一大景观。

地震以后，水、电、交通、通信设施均受到严重破坏，水、粮食都要从外地送来，特别是供水管道全部被破坏。北京重型机械厂连夜改装 30 辆水罐车，7 月 30 日就将清水运到了唐山。震后次日，上海送来了水龙带，将唐山水厂仅存的 3000 余吨清水送到了人口密集的地区。启新水泥厂修好了一眼水井，解决了 10 万人的饮用水问题。吃饭问题也一样，开始，人们只能冒险到废墟里扒粮食，很快附近省、市昼夜赶制熟食，用飞机空投到灾区。粮食运来后，大家同吃一锅饭，同睡一张大通铺，和睦相处。

8 月 2 日，专家表示，近日京津冀地区没有发生 6 级以上地震的预兆，3 日，华国锋同志给毛主席写报告，希望前去灾区视察，当日毛主席就同意了。4 日上午，华国锋同志乘专机到达唐山。这时，唐山机场成了抗震救灾的生命线。这个中等的军用机场，最多的一天飞机起降多达 350 次，平均每两分钟一次，但是震后机场设备严重损坏，余震不断，地面有裂缝，情况混乱不堪。

关于唐山重建，华国锋同志提出：“新唐山一定比震前的唐山更宏伟，更美好，

图 2-83　唐山大地震后的城市面貌（1976 年）
资料来源：致唐山|唐山大地震 42 周年祭——缅怀逝者，致敬重生 [N/OL]. 搜狐网 . 2018-07-28[2018-10-31]. http://www.sohu.com/a/243879174_707245.

图 2-84　正在废墟里拼命挖掘搜救的官兵（1976 年）
资料来源：致唐山|唐山大地震 42 周年祭——缅怀逝者，致敬重生 [N/OL]. 搜狐网 . 2018-07-28[2018-10-31]. http://www.sohu.com/a/243879174_707245.

更漂亮，要成为布局合理，功能齐全，整齐美观的现代化城市。”可是当时正值“文化大革命”后期，“批林”“批孔”“反击右倾翻案风”等一系列政治运动如火如荼地开展。这是当时的主要政治背景。

二、唐山震后恢复重建的总体规划

鲍世行：唐山地震似一声警钟，振聋发聩，惊醒了大家，国人痛感 1960 年的“不搞城市规划”和“拆庙搬菩萨”的失误。鲜血和生命换来的教训是“必须承认科学，尊重科学”。各地城市规划人员纷纷要求技术归队，奔赴唐山抗震救灾前线。

1976 年 8 月中旬，国家建委从上海、沈阳、北京、河北等地紧急派遣设计人员 60 余人，自带行李、帐篷和工具，组成以曹洪涛局长为组长，周干峙为副组长的专家组进驻唐山，编制唐山震后重建总体规划（图 2-85）。

访问者：鲍先生，您讲的这个专家组的情况，主要依据是什么？据有的前辈讲，在唐山震后恢复重建的早期，主要有辽宁省、上海市和河北省 3 个规划小分队，前两个小分队的组长分别是沈阳市规划院院长董长祚和上海市规划局副局长孙平。您讲的专家组与 3 个规划小分队是什么关系？

鲍世行：我讲的主要是根据当时唐山市规划部门负责人的回忆。有的老同志讲的规划小分队和唐山市规划部门所讲的专家组，实际上是一回事。当时，曹洪涛局长是专家组的组长，是更上层的领导，周干峙对唐山抗震救灾规划做了不少工作，上海的技术人员就是他去联络到的。在丰润新区的规划中，周干峙也出了不少主意，丰润新区规划把地震断裂带作为工业区和居住区中间的隔离地带，这个布局方案是得到了大家的肯定的。

访问者：在总体规划阶段，唐山震后恢复重建规划工作的重点是什么？

鲍世行：唐山震后恢复重建的总体规划主要研究了以下问题：①是否在老市区重建问题；②放弃路南区问题；③确定建设丰润新区问题；④调整东矿区问题。

首先是老市区存废之争。对于唐山老市区的规划，当时有两个方案：其一是放弃唐山（老市区），易地重建，其优点是可以避开活动的地震断裂带，减少清理废墟的任务，从而加快建设速度：其二是立足唐山，避开局部地质不良区域，就地重建，其优点是可以减少征地和迁移的巨额投资，也有利于保持唐山的城市风貌和特色。经过反复权衡，再三比较，最后采取了第二个方案。这个方案经过历史的考验，证明是正确的，也符合历来国际上震后重建处理的惯例。

其次是放弃“路南区”的问题。唐山市中区京山铁路以南，称“路南区”，该区是城市早期自发形成的，布局混乱，且接近震中，工程地质条件差，震毁严重，并大量压煤，规划决定放弃路南区，不再重建。只保留部分有代表性的地

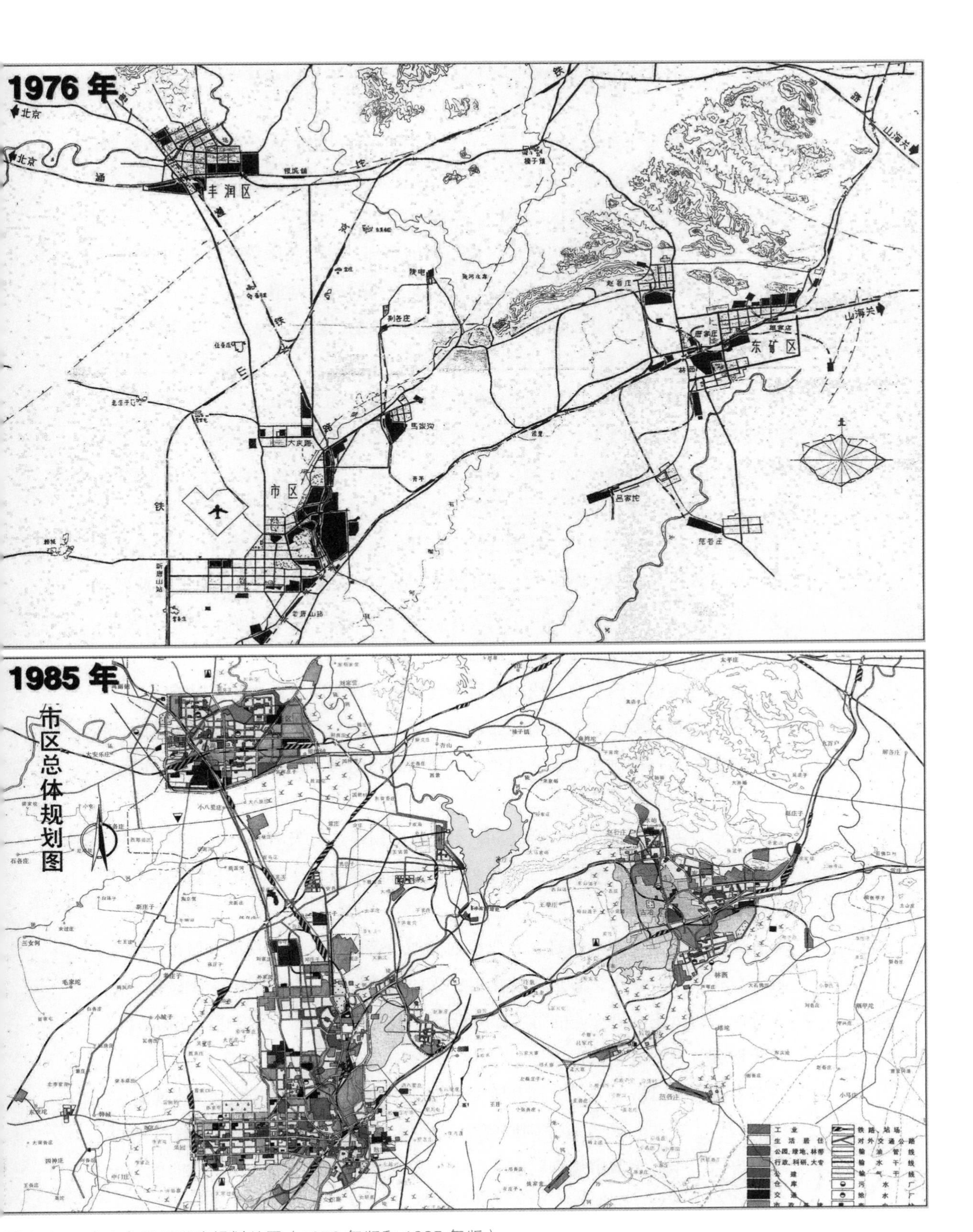

图 2-85　唐山市震后重建规划总图（1976 年版和 1985 年版）

资料来源：中国城市规划设计研究院．唐山市城市总体规划（2011-2020）之历版总体规划比较图[R]. 中国城市规划设计研究院项目组．2011-03.

震遗址，并结合唐山南部采煤塌陷区，进行生态恢复，将其建成为富有文化内涵的风景区。

再者是规划建设丰润新区的问题，也就是在市中区以北25公里外的丰润规划建设新区。因为丰润地区地质条件较好，地震破坏较轻，规划选定丰润县（今为丰润区）城东侧建设新区。

最后是调整东矿区的问题。东矿区位于唐山东部，是百年来煤矿开采的地区，规划考虑基本在原址恢复重建，并对不合理的布局进行调整。

唐山是随煤炭资源的开发而逐步形成和发展起来的，素有“煤海”“钢城”“电邑”“瓷都”之称。重建规划充分考虑了煤炭、钢铁、机械、纺织、陶瓷、建材、电力工业的发展优势，因而确定唐山的城市性质为重工业城市。

访问者：经过震后恢复重建规划，“新唐山”呈现出什么样的规划布局结构？

鲍世行：经过规划，唐山形成了老市区、丰润新区、东矿区三片的组合结构，互相之间以干道、铁路连接，形成“三足鼎立”的整体。

老市区人口控制在25万人，用地27平方公里，是唐山的政治、经济、文化中心。丰润新区人口10万人，用地9.62平方公里，是以纺织、机械、电子为主的工业区。东矿区人口30万人，用地20平方公里，是煤矿城镇。规划明确，城市的发展方向是向西、向北发展。京山铁路改线后，向西、向北绕行。

访问者：为了应对地震灾害的发生，唐山震后恢复重建规划采取了哪些防震措施？

鲍世行：城市的防震措施要从“大处着眼，小处入手”。在规划方面，唐山重建的防震措施主要包括：控制老市区人口规模，城市用地选择，避开地震断裂带和沙土液化地区。

在建筑设计方面，防震措施主要包括：工业与民用建筑均按8度设防，通信、供电、消防、供水等城市生命线工程，在8度设防标准的基础上，采取建筑结构适当加强的措施。

此外，还有大量防震措施是在专业规划上加以落实的，例如：增加城市对外交通出口；多水源供水，管道柔性接口；采取多电源和环路供电；水库按抗震要求加固，河道按百年一遇的防洪标准设计；将易燃、易爆、剧毒仓库迁出市区，防止地震时发生次生灾害。

1977年5月14日，党中央、国务院原则批准了《河北省唐山市城市总体规划》。批文说：“中央、国务院原则同意你们的报告。可照此实行。”这是自1960年提出“三年不搞城市规划”以来，第一个批准的城市规划方案。当时的城市规划处在一个特殊的时期，因而由中央和国务院联合予以批准，这在我国城市规划历史上尚属首次。

访问者：鲍先生，您说的这个批复文件，您是在哪里看到的？据有的前辈讲，唐山震后规划是中央以电话方式批准的，时间也是 1977 年 5 月 14 日，还不知哪个说法更准确？

鲍世行：这个材料是唐山市规划局规划科科长赵振中提供的。凡是参加过唐山规划的人都知道赵振中，有关唐山抗震规划的资料，大都是他提供的，他的名字也特别好记。他们有一篇文章《唐山震后规划过程简述》[①]提到了这个批文。

批文中还提到："你们《关于恢复和建设唐山规划的报告》中提出的指导思想，体现了伟大领袖和导师毛主席关于'备战、备荒、为人民'的战略思想和'以农业为基础、工业为主导''搞小城镇'的方针，体现了敬爱的周总理提出的'城乡结合''工农结合''有利生产''方便生活'的原则。"

另外，1970 年 12 月，毛主席对兴建长江葛洲坝水利枢纽工程曾作过重要批示："赞成兴建此坝，现在文件设想是一回事，兴建过程中将要遇到一些现在想不到的困难问题那又是一回事。那时，要准备修改设计。"毛主席这个批示精神，对唐山的恢复和建设是完全适用的。

党中央和国务院对唐山规划的批复是在特殊事件、特殊情况下作出的，行文方式也很有特色，但我还没看到过原始档案，希望你进一步查档核实，如能找到原件则更好，很有史料价值。

访问者：好的，鲍先生。目前我主要研究 1950 年代的城市规划史，将来研究唐山灾后重建规划时，一定注意这个问题。另外，还想向您请教：在唐山灾后重建规划工作中，您具体承担了哪些工作？

鲍世行：我没有亲身参加总体规划阶段的工作，上面的这些情况是我搜集和学习有关资料所了解到的，我参与唐山灾后重建规划主要是在详细规划阶段。

三、唐山震后重建规划之详细规划和专业规划

鲍世行：在党中央、国务院批准唐山总体规划后，1978 年 3 月，国家建委和河北省建委又及时地组织北京、四川、湖南、陕西、河北等 14 个省市的专家 100 多人，对唐山城市规划进一步加深加细。

当时，我和伍畏才带领的四川攀枝花城市规划院工作组共十余人奔赴唐山抗震前线。在当时支援唐山的所有规划队伍中，我们院的工作组是人数最多、工种最齐全的一支队伍，因而被分配搞详细规划工作。

唐山的详细规划，共分成三个组。我们和北京来的"部里"（当时为国家城建总局）城市规划设计研究所是一个组，负责搞老市区，由城市规划所的胡开华

---

① 王刚，赵振中，姜永清，李娜．唐山震后规划过程简述 [J]. 西部人居环境学刊，2014（4）：84–91.

和我担任组长和副组长。记得当时胡开华曾打趣地说："鲍世行和伍畏才都是工程师了。"四川省城市规划设计研究院在1964年"四清"运动以后，提拔了几位工程师，我是其中之一；而"部里"的城市规划设计研究所自1960年代以后一直没有提拔过工程师。

另外两组，一组是湖南省来的，负责丰润新区；另一组是陕西来的，负责东矿区。湖南和陕西来的技术人员，都只有寥寥几人。从工作分配中，也可以很明显地看出他们对四川来的技术力量的重视，因为从工作量和复杂性来说，老市区当然是排在首位的。

当时的工作条件已经比1976年要好多了。我们住在唐山市第二招待所。该所因为在大城山脚下，地基条件比较好，因此建筑破坏相对较小，本来是三层的楼房，第三层全部被剪切走了，改成两层来使用。

访问者：当时的详细规划存在哪些挑战？

鲍世行：如何深化唐山已经批准的城市总体规划方案，并且要按照总体规划确定的原则指导下一步修建规划？这对我们是巨大的挑战。当时，我们主要根据在攀枝花市开展城市规划的一些工作经验，来考虑唐山详细规划的工作方法。

首先，我们要在总体规划的基础上，把各项专项规划综合进来，并且把它细化到城市的每一个地块上。其中，老市区的居住用地，我们划分了50个"地块单元"。地块单元是按照城市干道分布的情况确定的。地块单元确定后，再分系统、分单位，把出现的矛盾逐个加以解决。

在解决矛盾时，主要确定了两条原则：首先，唐山市委明确，必须坚持原地点、原面积、原业主的原则；其次，在规划过程中，只要有条件的，则尽量给予改善。例如唐山的中小学，原来的运动场地普遍不足，这次都按标准尽可能地给予改善。商业、服务业，分别按商业街、商场或混合式进行布置。

这是一项十分细致而又复杂的工作。我们经过了3个多月的紧张的工作，采取"请进来，走出去"的方式，通过座谈、走访等办法，联系了1600多个单位，倾听他们的各种诉求，协商解决各种矛盾。回想当年那些日子，我们工作的第二招待所，天天像赶场一样，人头攒动，热闹非凡，每天都有排定的各系统的座谈会，人们急迫地期待着通过城市规划能够有一个合适的安排。

为了明确居住区各层次的规划结构，1978年4月6—11日，唐山召开了民用建筑设计方案讨论会，专家、学者百余人参加。会议由建设部戴念慈总工程师主持。会议确定，小区规划的基本模式、规模要和行政管理体制相结合：以居委会为核心，组成住宅组团；由3～5个住宅组团组成一个居住小区。小区规模1万人左右，用地16万～20万平方米；一个街道办事处，设一个居住区。居住区配有完整的为基本生活服务的公共设施，如中小学、托儿所、粮店、副食店、饭馆、百货、邮政储蓄、电影院、综合修理、书店、药店、煤气调压站、热力站点，形成了必要的公共服务系统。会上重点讨论了河北1号小区，并提出多个结构模式。

会后，确定由北京、河北、唐山、上海、辽宁等省市的建筑设计单位为唐山编制住宅通用图，由华北建筑设计院协办，组织编制影剧院、中小学等公共建筑通用图，满足唐山大规模建设的需要。

最后，我们把全部工作成果，也就是老市区的全部地块图和每一地块相应的系列技术经济指标，分别完整地交给各设计单位用以编制修建性详细规划[①]。

那时候，去唐山接受修建性详细规划设计任务的单位主要有：上海工业建筑设计院、唐山建筑设计院、西南工业建筑设计院、北京建筑设计院、河北省建筑设计院、西北工业建筑设计院和湖南省建筑设计院等单位。每一个设计院出席会议的都是院长、总工程师和相关的设计室主任。

交接会议在唐山第一招待所举行，胡开华和我代表城市规划设计单位参加会议。我们首先介绍了唐山城市的"控制性详细规划"[②]，然后发给每个设计单位，包括相关的地块图和系列技术经济指标表格。根据会议日程，第二天由我们解答各设计单位提出的问题。事先，我们对这样的尝试还有点信心不足，但到开会时，大家对地块图和技术经济指标表格都表示十分满意，这使我们大大地松了一口气，我们的工作任务也就顺利地完成了。

对于后来称为"控制性详细规划"的实践，我们第一个在唐山震后重建中做了"吃螃蟹"式的尝试，实践证明这是一次十分成功的实验。

后来，在《城市规划法》的编制中，将这个经验以法律的形式，把它作为城市规划程序中的一个阶段，加以肯定。这也可以说是唐山规划对建立城市规划设计体系的一个贡献（图2-86）。

四、邓小平同志等中央领导对唐山规划建设的指导

鲍世行：关于唐山震后恢复重建规划，还有一点值得特别一说，就是邓小平同志等中央领导对唐山规划建设的指导。

1978年9月19日，正是十一届三中全会前夕，邓小平他老人家和彭冲同志来到唐山，视察了唐山的工厂和正在建设的居住小区。他们观看了唐山规划建设模型，并对唐山的恢复建设提出了许多宝贵的意见。

---

① 当时还没有控制性详细规划和修建性详细规划等称谓，这里只是为了说明问题而使用这个说法。——鲍世行先生注。

② 同上。

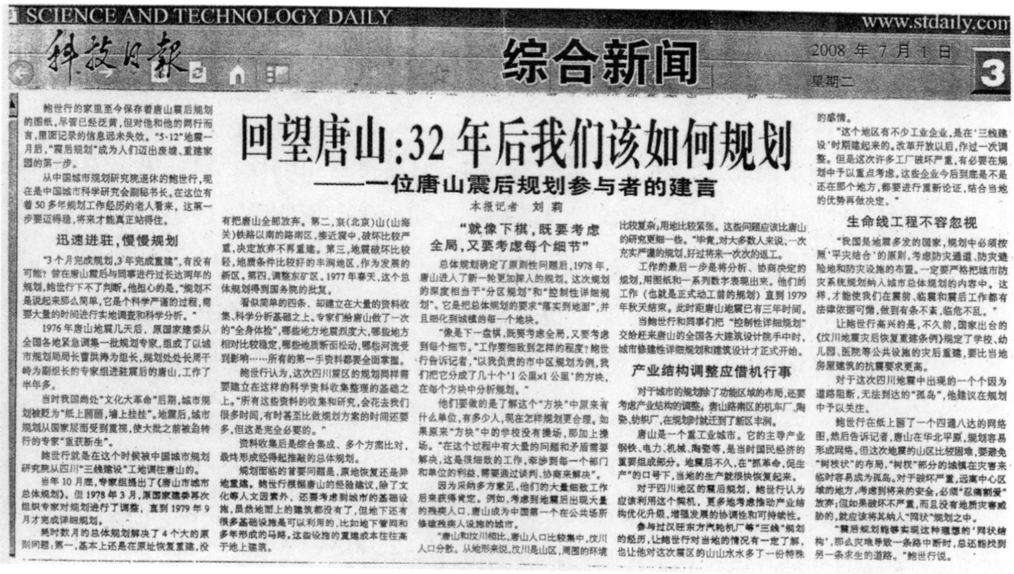

SCIENCE AND TECHNOLOGY DAILY　www.stdaily.com

科技日报　综合新闻　2008 年 7 月 1 日　星期二　3

回望唐山：32 年后我们该如何规划

——一位唐山震后规划参与者的建言

本报记者　刘莉

鲍世行的家里至今保存着唐山震后规划的图纸，尽管已经泛黄，但对他和他的同行而言，里面记录的信息远未失效。"5·12"地震一月后，"震后规划"成为人们迈出废墟、重建家园的第一步。

从中国城市规划研究院退休的鲍世行，现在是中国城市科学研究会副秘书长。在这位有着 50 多年规划工作经历的老人看来，这第一步要迈得稳，将来才能真正站得住。

迅速进驻，慢慢规划

"3 个月完成规划，3 年完成重建"，有没有可能？曾在唐山震后与同事进行过长达两年的规划，鲍世行下不了判断。他担心的是，"规划不是说起来那么简单，它是个科学严谨的过程，需要大量的时间进行实地调查和科学分析。"

1976 年唐山地震几天后，原国家建委从全国各地紧急调集一批规划专家，组成了以城市规划局局长曹洪涛为组长，规划处处长周干峙为副组长的专家组进驻震后的唐山，工作了半年多。

当时我国尚处"文化大革命"后期，城市规划被贬为"纸上画画，墙上挂挂"。地震后，城市规划从国家层面受到重视，使大批之前被迫转行的专家"重获新生"。

鲍世行就是在这个时候被中国城市规划研究院从四川"三线建设"工地调往唐山的。

当年 10 月底，专家组提出了《唐山市城市总体规划》。但 1978 年 3 月，原国家建委再次组织专家对规划进行了调整，直到 1979 年 9 月才完成详细规划。

耗时数月的总体规划解决了 4 个大的原则问题：第一，基本上还是在原址恢复重建，没有把唐山全部放弃。第二，京（北京）山（山海关）铁路以南的路南区，接近震中，破坏比较严重，决定放弃不再重建。第三，地震破坏比较轻，地质条件比较好的丰润地区，作为发展的新区。第四，调整东矿区。1977 年春天，这个总体规划得到国务院的批复。

看似简单的四条，却建立在大量的资料收集、科学分析基础之上。专家们给唐山做了一次的"全身体检"，哪些地方地震烈度大，哪些地方相对比较稳定，哪些地质断面松动，哪些河流受到影响……所有的第一手资料都要全面掌握。

鲍世行认为，这次四川震区的规划同样需要建立在这样的科学资料收集整理的基础之上。"所有这些资料的收集和研究，会花去我们很多时间，有时甚至比做规划方案的时间还要多，但这是完全必要的。"

资料收集后是综合集成、多个方案比对，最终形成经得起推敲的总体规划。

规划面临的首要问题是，原地恢复还是异地重建。鲍世行根据唐山的经验建议，除了文化等人文因素外，还要考虑到城市的基础设施，虽然地面上的建筑都没有了，但地下还有很多基础设施是可以利用的，比如地下管网和多年形成的马路，这些设施的重建成本往往高于地上建筑。

"就像下棋，既要考虑全局，又要考虑每个细节"

总体规划确定了原则性问题后，1978 年，唐山进入了新一轮更加深入的规划。这次规划的深度相当于"分区规划"和"控制性详细规划"。它是把总体规划的要求"落实到地面"，并且细化到城镇的每一个地块。

"像是下一盘棋，既要考虑全局，又要考虑到每个细节。"工作要细致到怎样的程度？鲍世行告诉记者，"以我负责的市中区规划为例，我们把它分成了几十个'1 公里×1 公里'的方块，在每个方块中分析规划。"

他们要做的是了解这个"方块"中原来有什么单位，有多少人，现在怎样规划更合理。如果原来"方块"中的学校没有操场，那加上操场。"在这个过程中有大量的问题和矛盾需要解决，这是很细致的工作，牵涉到每一个部门和单位的利益，需要通过谈判、协商来解决"。

因为采纳多方意见，他们的大量细致工作后来获得肯定。例如，考虑到地震后出现大量的残疾人口，唐山成为中国第一个在公共场所修建残疾人设施的城市。

"唐山和汶川相比，唐山人口比较集中，汶川人口分散。从地形来说，汶川是山区，周围的环境比较复杂，用地比较紧张。这些问题应该比唐山的研究更细一些。"毕竟，对大多数人来说，一次充实严谨的规划，好过将来一次次的返工。

工作的最后一步是将分析、协商决定的规划，用图纸和一系列数字表现出来。他们的工作（也就是正式动工前的规划）直到 1979 年秋天结束，此时距唐山地震已有三年时间。

当鲍世行和同事们把"控制性详细规划"交给赶来唐山的全国各大建筑设计院手中时，城市修建性详细规划和建筑设计才正式开始。

产业结构调整应借机行事

对于城市的规划除了功能区域的布局，还要考虑产业结构的调整。唐山路南区的机车厂、陶瓷、纺织厂，在规划时就迁到了新区丰润。

唐山是一个重工业城市。它的主导产业钢铁、电力、机械、陶瓷等，是当时国民经济的重要组成部分。地震后不久，在"抓革命，促生产"的口号下，当地的生产就很快恢复起来。

对于四川地区的震后规划，鲍世行认为应该利用这个契机，更多地考虑推动产业结构优化升级，增强发展的协调性和可持续性。

参与过汉旺东方汽轮机厂等"三线"规划的经历，让鲍世行对当地的情况有一定了解，也让他对这次震区的山山水水多了一份特殊的感情。

"这个地区有不少工业企业，是在'三线建设'时期建起来的。改革开放以后，作过一次调整。但是这次许多工厂破坏严重，有必要在规划中予以重点考虑。这些企业今后到底是不是还在那个地方，都要进行重新论证，结合当地的优势再做决定。"

生命线工程不容忽视

"我国是地震多发的国家，规划中必须按照'平灾结合'的原则，考虑防灾通道、防灾避险地和防灾设施的布置。一定要严格把城市防灾系统规划纳入城市总体规划的内容中。这样，才能使我们在震前、临震和震后工作都有法律依据可循，做到有条不紊，临危不乱。"

让鲍世行高兴的是，不久前，国家出台的《汶川地震灾后恢复重建条例》规定了学校、幼儿园、医院等公共设施的灾后重建，要比当地房屋建筑的抗震要求更高。

对于这次四川地震中出现的一个个因为道路阻断，无法到达的"孤岛"，他建议在规划中予以关注。

鲍世行在纸上画了一个四通八达的网络图，然后告诉记者，唐山在华北平原，规划容易形成网络。但这次地震的山区比较困难，要避免"树枝状"的布局，"树杈"部分的城镇在灾害来临时容易成为孤岛。对于破坏严重，远离中心区域的地方，考虑到将来的安全，必须"忍痛割爱"放弃；但如果破坏不严重，而且没有地质灾害威胁的，就应该将其纳入"网状"规划之中。

"震后规划能够实现这种理想的'网状结构'，那么灾难导致一条路中断时，总还能找到另一条求生的道路。"鲍世行说。

图 2-86　记者采访鲍世行先生的回忆文章（2008 年 7 月 1 日《科技日报》）

资料来源：鲍世行提供。

访问者：邓小平同志提了哪些意见？

鲍世行：主要是五个方面：

第一，城市建设要布局合理，整齐美观。"新唐山的建设，要美化一点，要异样多彩，不要千篇一律。搞一两个小区后，要总结一下经验，不断改进提高。"

第二，要重视并解决工业污染问题，煤炭和钢铁等企业的废气、余热要回收利用。

第三，邓小平在视察开滦职工住宅的施工时，看着已经建成的四层楼房说："住房的净高要降低，窗户要加大，这样层数可以搞到五层。"

第四，地下建设一定要重视，要有总体设计，地下的管道要搞好。

第五，要研究采用新型建筑材料。

小平同志的指示，对新唐山的建设产生了深远的影响。

另外，胡耀邦等同志也十分关心唐山的灾后重建。1981 年 11 月 3 日，胡耀邦同志视察唐山，提出"加快建设""压缩投资"的意见。12 月 5 日，河北省委传达了中央书记处关于唐山市恢复建设中要实行收缩的方针，12 月 6 日，副总理姚依林、国家建委韩光主任到唐山贯彻落实收缩方针工作。

当时的规划收缩，本着"控制老市区，缩小新区，利用路南区"的原则，主要是从实际出发，尽量减少占地，节约投资，为此恢复了路南区的建设。调整后的城市规划，老市区规划人口由 25 万人增加到 40 万人，用地由 27 平方公里增加到 40.88 平方公里；丰润新区规划人口由 10 万人压缩为 6 万人，用地由 9.62 平方公里压缩为 7.34 平方公里；东矿区规划人口不变，用地由 20 平方公里压缩为 5 平方公里。

在震后恢复重建规划的有效指导下，经过数年的建设，一座新唐山很快建成。据统计，到 1986 年 6 月底——唐山地震十周年之际，唐山恢复建设的总投资为 43.57 亿元，建成住宅 1122 万平方米，有 22.5 万户居民迁入新居，建成区面积 108 平方公里，城市人口已达 95.86 万人。

唐山规划中，注重结构布局和功能设施的配套，确定了合理的建筑间距，满足了防震减灾和日照的要求，因此在 1990 年荣获联合国颁发的“人居荣誉奖”。这就是“联合国人居环境奖”的前身，唐山是中国第一个获此殊荣的城市。

访问者：谢谢您！

（本次谈话结束）

2018年10月12日谈话

访谈时间：2018年10月12日下午

访谈地点：北京市西城区马连道路6号院，鲍世行先生家中

谈话背景：与鲍世行先生于2018年10月9日谈话时，部分内容尚未谈完，应访问者的邀请，鲍世行先生继续进行了本次谈话。本次谈话的主题为天津灾后重建规划。

整理时间：2018年10月，于11月12日完成初稿

审阅情况：经鲍世行先生审阅修改，于2018年11月23日返回初步审阅稿，2019年1月14日、5月6日、12月1日补充，12月8日最终定稿

鲍世行：今天接着讲天津震后重建规划的事情。1980年春节后不久，那时我还在四川攀枝花市规划设计院工作，突然通知我要到北京，接受天津规划的任务。规划组是以国家基本建设委员会专家组的名义参加的。当时还是粉碎“四人帮”后不久，“专家”的名字都还很少听到，前面加了“国家建委”更是凸显了对它的要求（图2-87、图2-88）。

一、支援天津灾后重建的国家建委专家组

鲍世行：到了北京，听说唐山地震对天津影响很大，甚至损失比唐山还大。到了天津后，对这一点体会更深。看到天津不仅干道两边都盖了地震棚，而且海河的滨河绿带、公园、体育场都盖满了地震棚。城市满目疮痍，到处都是断垣残壁。一些旧租界里的房子，看上去装修得还挺像样。但是，里面实际上都是碎砖烂瓦。

天津日報

TIANJIN RIBAO 第11385号

1980年6月 29 星期日 庚申年五月十七

天津地区天气预报
白天 多云间阴有小雨 风向 东南 风力 二、三级
夜间 阴有小雨转多云 风向 南 风力 一、二级
温度 最高 31° 最低 24°

国家建委规划专家工作组前来帮助我市

拟订城市总体规划大纲

本报讯 在党中央、国务院关怀下，国家建委最近派规划专家工作组来津，帮助天津市制订城市建设总体规划，以加快建设新天津的步伐。

长期以来，天津市的城市建设欠账多、缺口大，一九七六年又遭受地震破坏，在城市建设上问题很多，住房紧张，交通拥挤，环境条件很差。党中央、国务院十分关怀天津市的建设，指出，为适应大规模的住宅和配套设施的建设，必须首先搞好总体规划，进行技术经济方案比较，做好分期实施规划，把当前的建设和长远的发展规划结合起来。党中央、国务院的关怀，规划专家工作组的指导和帮助，必将加速我市建设。

帮助天津市搞好城市总体规划的规划专家工作组成员有国家建委城建总局城市规划研究所负责人周干峙、安永瑜，园林绿化专家程世抚，给、排水专家殷人杰，城市总体规划专家陈占祥、俞庆康，以及来自中国科学院地理研究所、同济大学、中国人民大学、化工部设计院、四川省建筑勘查设计院等单位的专家共二十多人。

国家建委规划专家工作组到津后，在市委直接领导下，从我市规划部门及各有关委、办、区、局抽调二百多名专家、工程技术人员，组成八个专业组。这八个专业组是：城市规模与布局规划组，水源和给、排水规划组，能源动力建设规划组，交通和邮电规划组，市中心区改造和建设规划组，绿化、旅游和文物保护规划组，环境保护规划组，人防、抗震和防灾规划组。另外，还组织了建材组，对建筑材料数量、品种、质量及新型建筑材料的生产建设同时进行规划。各专业组在专家工作组的具体指导下，首先对我市一九七八年编制、完成的城市总体规划纲要（草稿）进行调整、修改和补充工作。全体技术人员紧密协作，全力以赴投入拟订城市总体规划大纲，主要是从城市的性质、规模、发展方向，以及一些主要问题提出纲领性的意见，以便使单项规划工作有所遵循，并全面展开。总体规划大纲完成后，再分别进行市中心改造、交通、给、排水等十六个单项规划的调整、修改和补充工作。

（本报通讯员）

市公安局迅速处理人代会提案作出决定

移居新建住宅区户口当即办手续

昨已向各区公安分局和派出所发出通知

本报讯 陈伟达同志在《政府工作报告》中指出，由于林彪、"四人帮"的长期破坏，我市科学、教育事业遭到严重摧残，与经济建设之间的比例关系严重失调，很不适应四化的要求。因此，加快发展科学教育，大力培养建设人才，是我市经济建设的一项紧迫任务。

陈伟达同志说，实现四化，……是基础。不提高教育水平，四化……德、智、体全面发展的教育方针，……大专院校和中小学校，特别是办好……积极地恢复和发展半工（农）……

图 2–87 《天津日报》关于国家建委规划专家组的报道（1980 年 6 月 29 日）
资料来源：鲍世行提供。

图 2–88 国家建委支援天津规划专家组在天津期间的留影（1980 年秋）
前排：叶绪镁（女，左 1）、黄瑾（女，左 2）、王晶晶（女，右 1）；
后排：闵凤奎（左 1）、沈清基（左 2）、朱俭松（左 3）、郑广大（左 4）、张孝存（左 5）、赵瑾（左 6）、郭增荣（左 7）、安永瑜（左 8）、周干峙（右 7）、鲍世行（右 6）、孙栋家（右 5）、邹德慈（右 4）、胡开华（右 3）、张启成（右 2）、马福全（右 1）。
资料来源：鲍世行提供。

地震后城市经济遭到彻底的破坏，近 300 万人的特大城市，道路都没有画线。我问市城建部门，答复是因为没有钱。市民经济收入也不高，高级知识分子集中在天津大学、南开大学教师的住宅，把暖气片都拆了，为了用火同时解决吃饭和取暖问题，节省组织上发的取暖费。

专家组去天津，一个重要的任务是要使用好国家拨给的一笔专款。这笔专款是专门解决天津震后重建的。

访问者：由国家拨专款解决天津震后重建问题，是谁提出的呢？

鲍世行：据我所知，这首先是由赵武成同志提出的，他曾任天津市委书记，当时是国家建委副主任。1983 年底，当时，专款使用结束，我陪同赵武成主任去天津验收，了解专款使用情况，同去天津的还有赵武成的夫人和秘书。当时，天津的市委书记和市长都出面了。

在专家组去天津以前，已经确定国家拨给天津的抗震救灾专款为每年 8.2 亿，共 3 年，总共 24.6 亿人民币。

访问者：那么，这个数字是怎么确定的呢？

鲍世行：我听周干峙院士说（1999 年 6 月 27 日，我和他去天津开会），天津震后重建规划实际上可以分成两个阶段：第一阶段，主要是确定拨款数量，最后确定分成 3 年，每年 8.2 亿人民币，总共 24.6 亿人民币。天津为了地震后的恢复重建，希望中央拨款，当时是华国锋同志批准的，但是，到底地震损失有多大，天津市提不出来，心中无数，国家计委也提不出来，后来决定派人到天津去调查，和天津市规划局总体室乔虹主任一起算账，才提出 24.6 亿人民币这个数。第二阶段，就是派专家组来天津搞规划咨询。专家组来天津有两项任务。

访问者：具体是哪两项任务？

鲍世行：这两项任务：一是要落实专款如何使用，要确定拨款使用的结构和比例；二是对天津市规划局不久前在城市总体规划过程中提出的几个重大的原则问题、战略问题作出明确的答复。所以这次专家组的任务是规划和计划的高度结合，就是说，城市规划要真正落实到地面。

天津在 1976 年唐山地震以后，也编制了比较完整的总体规划，于 1978 年完成。但是，在规划过程中有不少问题，争论较大，这些问题往往都是两种不同的意见，双方争执不下，需要专家组从战略上考虑，给出一个既有一定远见，又切实可行的意见（图 2–89、图 2–90）。

这些问题，大致有 10 个方面：①经济发展与城镇群布局；②中心区的人口控制与用地发展；③工业布局调整；④塘沽发展中的几个问题；⑤水源问题；⑥中心区的道路交通问题；⑦市中心、副中心与城市面貌问题；⑧天津车站的位置问题；⑨海河通航问题；⑩三年建设规划中的问题。

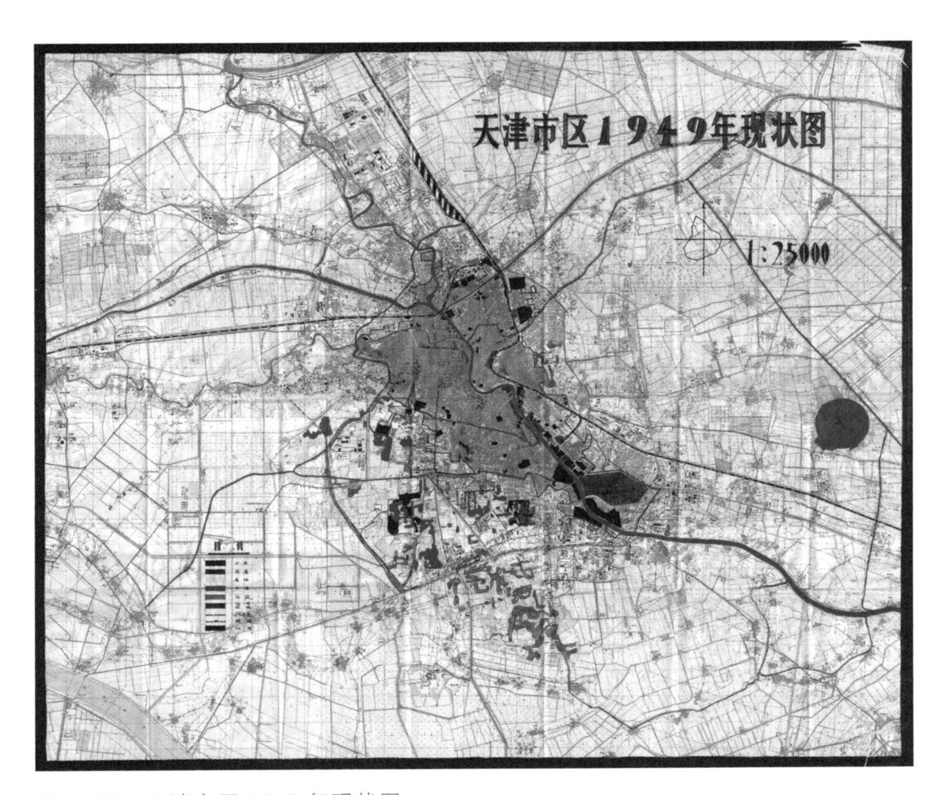

图 2-89　天津市区 1949 年现状图
资料来源：中国城市规划设计研究院档案室，案卷号：1355。

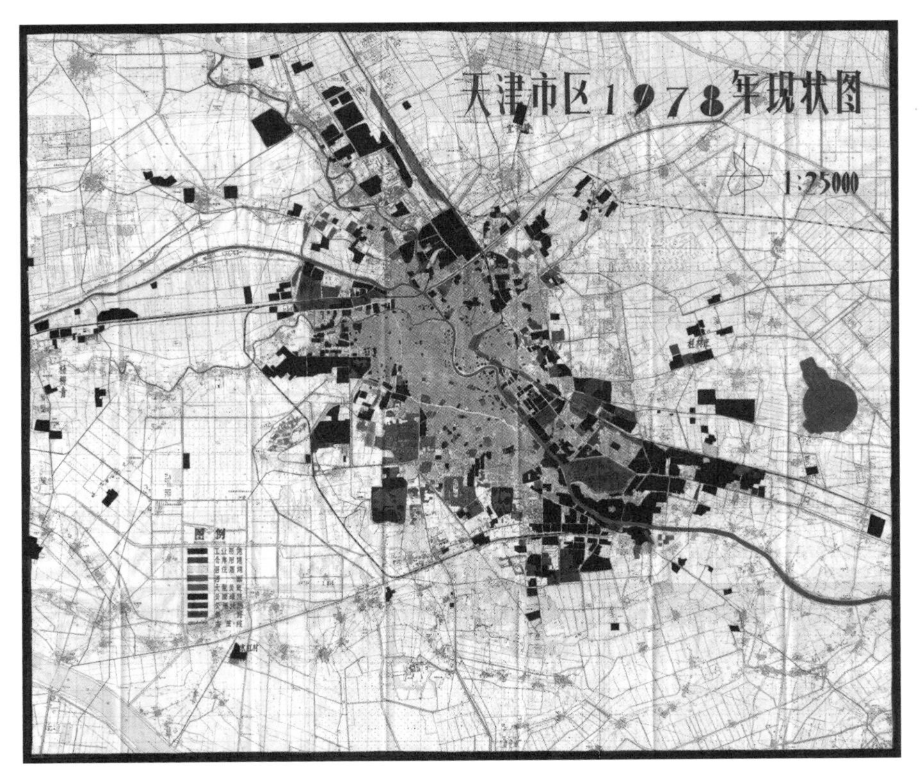

图 2-90　天津市区 1978 年现状图
资料来源：中国城市规划设计研究院档案室，案卷号：1357。

访问者：可否请您具体谈一谈这些问题？

鲍世行：好的。

二、天津的经济发展与城镇群的布局原则

鲍世行：先说第一个问题，天津的经济发展与城镇群的布局原则。首先要回答天津今后的经济发展，特别是今后20年，天津是不是会有发展？

回答是肯定的。专家组认为，解放后30年的事实说明，天津的工业产值，从解放初期的6.5亿元提高到179亿元（1979年），增长了27倍，大大超过了人口增长速度；天津向国家提供的利税总额为527.36亿元，为同期国家给天津的基建投资总额130亿的4倍。事实雄辩地说明了“发展是硬道理”，天津在今后20年的规划期内，必然会有继续发展的需要。

但是，必须指出的是，天津今后发展的突出问题是水源不足，这已成为城市发展中的严重障碍。对于这一点，专家组说得很明确。

关于在天津新建150万吨的钢铁联合企业和60万吨水泥厂，有关部门虽然已经作了大量的调查研究，但是，专家组认为，天津缺少矿石、煤炭及石灰石等资源，又受到水源、能源、交通运输的限制，这两个项目不宜在天津发展，应从大区域范围来加以平衡和安排（图2–91、图2–92）。

对于天津的城市规划布局，专家组研究提出：①根据地区范围来合理分布生产力；②今后天津的发展重点应转移到滨海地区；③控制中心区的人口规模，但在用地和空间上应保持一定的弹性；④有重点地发展近郊卫星城镇；⑤远郊县镇是后备的发展地带。

从现在的角度看，把天津的发展重点转移到滨海地区，是很有远见的做法；控制中心区的人口规模也是十分必要的；限于当时的经济实力，提出近郊发展卫星城镇，也是不得已的办法。但是，专家组没能从生态观点出发，提出在远郊合适的地区发展生态涵养区的问题，这是受到时代的局限，是十分遗憾的。

在谈到城市布局形态时，我想谈一件有趣的、大家感兴趣的事情。在城市布局形态方面，学术界有两个词被广泛地引用，一个是“羊拉屎”，它是说明城市的布局过于分散，另一个词是“摊大饼”，它是说明城市无限制地向外蔓延。

这两个词的共同特点，都是非常形象生动地描绘了城市布局的不合理的现象。“羊拉屎”一词流行是在批判“三线”建设时期，错误执行“山散洞”政策造成的极度分散的城市布局现象；“摊大饼”，最初流行于北方地区，可当时不

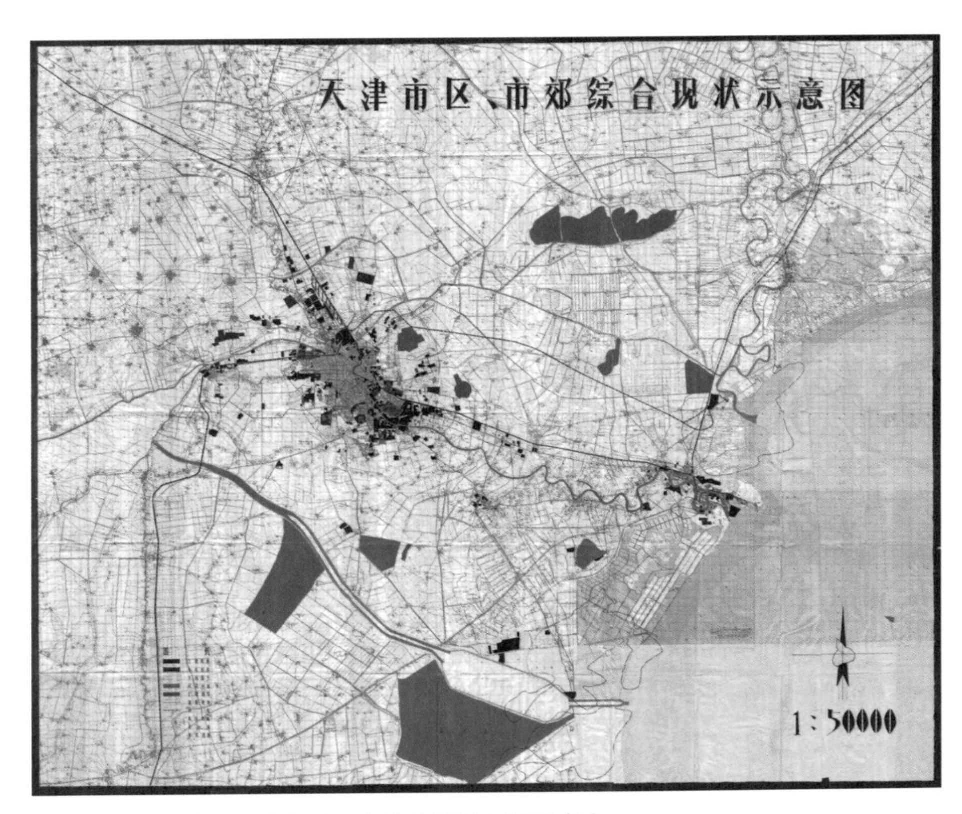

图 2-91　天津市区、市郊综合现状示意图（1980 年）
资料来源：中国城市规划设计研究院档案室，案卷号：1366。

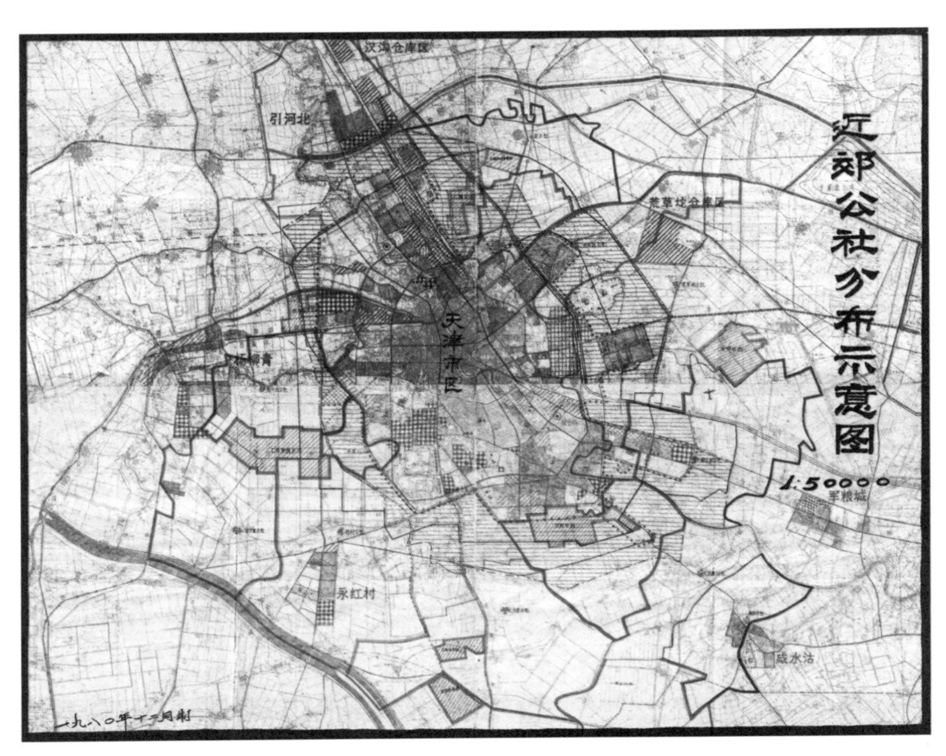

图 2-92　天津近郊公社分布示意图（1980 年 12 月）
资料来源：中国城市规划设计研究院档案室，案卷号：1366。

图 2–93　天津市中心区土地使用现状图（1980 年）
资料来源：中国城市规划设计研究院档案室，案卷号：1365。

是叫“摊大饼”，而是称作“摊煎饼”。这种称谓，似乎比“摊大饼”更具体，更形象。但是，后来这个词在全国流行时，由于南方人没有见过煎饼，也不知道摊煎饼是怎么摊的，于是，慢慢地就改成“摊大饼”了。

三、中心区的人口控制和用地发展问题

鲍世行：再说第二个问题：中心区的人口控制和用地发展问题（图 2–93、图 2–94）。当时，总体规划中有两个比较关键的问题，一个是人口控制，另一个是用地发展。争论最激烈的是：人口规模控制在 300 万人，还是压缩到 250 万人？用地范围是

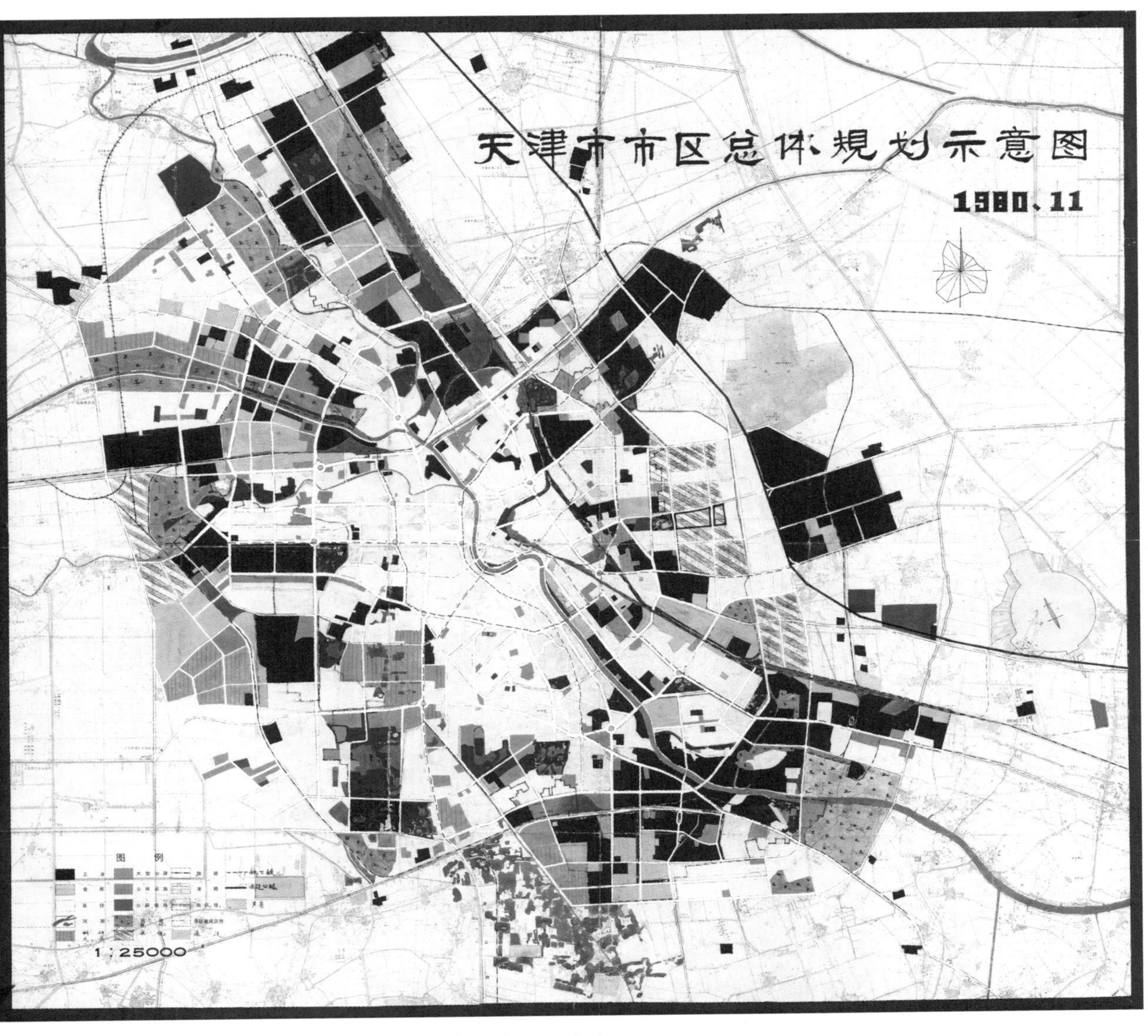

图 2-94　天津市市区总体规划示意图（1980 年）
资料来源：中国城市规划设计研究院档案室，案卷号：1363。

严格箍住，还是适当扩大？这两个问题争执不下，需要专家组作出明确的回答。

关于人口控制，中心区当时人口已接近 300 万人，问题很多。20 年后，是否可能把人口压缩到 250 万人？

专家组估计，20 年内，自然增长约 10 万人，机械增长约 40 万人。其中农转非 15 万人，技术人员输送 25 万人，因此，如果要将人口压到 250 万人，还需迁走 50 万人。算了一下，这样至少要 40 亿元投资，包括提供工作岗位和修建基础设施。这种可能性是不大的。因此，专家组认为，在 20 年内，人口规模压缩到 250 万人是不现实的。而控制在 300 万人左右，是比较合适的。

关于用地发展，当时，天津中心区建成区的用地面积为 160.89 平方公里，对于

20 年后的规划用地范围，有两个方案：一是认为规划用地就是现有的用地，必须严格箍住；另一个是认为还是要适当扩大。

专家组经过调查认为，继续扩大规划用地势在必行，不得不为。因为天津当时人均城市用地仅 53.2 平方米，城市欠账很多，不扩大用地是无法解决的。仅就住宅而言，3 年的 600 万平方米完成后，按需要还要建设 3000 万 ~ 3500 万平方米。

为此，今后在土地使用上一定要精打细算，并对今后建设的住宅层数、密度、容积率必须制定出明确的政策。专家组还认为：为了节约用地，今后建设一定数量的高层住宅是完全必要的。

四、工业布局的调整问题

鲍世行：第三个问题是工业布局的调整问题。天津市规划局在总体规划中对天津的 4001 个工厂的现状作了细致的调查研究，特别重点研究了污染扰民的情况，并提出了处置的初步意见。

专家组认为，在当时的经济条件下，要对天津的工业布局大动干戈、大搬大迁是不现实的，只能采取在现有基础上调整、改善的方针。旧区内分散的厂点，虽有扰民的不利一面，但也有便于上下班、分散交通压力的有利一面。例如日本东京都的 23 个区内，有工业厂点 8 万多个，比天津多 20 倍。

为此，对旧有 3500 个厂点作了分类处理，有计划迁出 141 个厂点，余下大部分明确可永久保留或就地改造。

我认为，专家组的意见由于受到天津市规划局总体规划提供资料的影响，多局限于工业的污染扰民方面，没有更多涉及产业结构调整和升级的问题。这是不足之处。

五、塘沽发展中的几个问题

鲍世行：第四是塘沽发展中的几个问题。专家组认为，塘沽是一个发展中的城市。解放前，产业结构以盐业和化工为主，解放后，两次扩建新港，1970 年代以后，建起海洋石油工业的后方基地，1979 年人口已发展到 27 万人，估计今后 20 年，港口要扩建，海洋石油正在勘探，塘沽肯定要继续发展。经测算，到 2000 年，人口将增加到 50 万人左右。

对于塘沽，在规划布局上提出了下面的意见：①港口无疑是塘沽发展的主要因素。②岸线处理应从实际出发，统筹兼顾，合理分配。③天津碱厂的碱渣已经成为塘沽一害，由于渣场不断扩大与新港地区的发展矛盾很大，专家组认为必须下决心采取措施，予以解决。④要特别重视在津、塘之间组织便捷交通，中期争取建设高速公路。

我认为这些意见都是十分正确的。特别是港口和高速交通的建设，是很有远见卓识的。解决碱厂渣场问题也是刻不容缓的事情，都是点到要害上的。

六、水源问题

鲍世行：第五是水源问题。先说说天津水源的基本情况：①海河、滦河流域人口和耕地约占全国的十分之一，而年径流只占百分之一，且年际变化幅度大，分布极不均衡，全流域水源均不足。对此应有充分认识。②天津地下水并不丰富，现已过量开采，造成大面积地面下沉，出现数处漏斗。因此，只能合理开采有补充来源的浅层水，对深层水的开采要严加控制，并应采取回灌措施。③天津的水源主要应依靠地面水。采取逐步实现多引水，多蓄水，形成多水源城市的策略。关于天津水源，争论最大的问题是“引滦入津”的管、渠之争。“引滦入津”工程一直有“管、渠”方案之争。

专家组认为，采用管道引水，能保证质量，对于城市水源来说，好处是十分明显的。但是，考虑到目前财力、物力的困难和用水的急迫情况，渠道虽有渗漏大、易遭污染和沿途拦截的缺陷，但也有造价低、上马快、工期短的优点。因此，专家组认为管、渠并举是比较可行的方案。

对于天津的水源，从长远来看，专家组也提出了看法。这就是天津水源的新途径：一是依靠南水北调，二是依靠海水利用和海水淡化。实践证明，这也是正确的。

七、中心区的道路交通问题

鲍世行：第六是中心区的道路交通问题。天津市中心区，自 1970 年代以来，交通阻塞问题逐步严重。除了车辆数量增长速度快以外，主要是由于城市布局不合理，路网不成系统，道路建设跟不上交通运输的发展，缺口太大。

1979 年底天津市全市有机动车 5 万辆，无论从绝对数量还是每人拥有量来看，与国外大城市相比都是很小的。专家组预计，2000 年机动车将发展到 13 万 ~ 15 万辆，自行车可控制在 100 万辆左右，这个数量与经济发达国家相比，仍然不高。国外一些大城市的经验是，一般机动车超过 20 万辆时，常规路网就不能适应了。根据这个情况，专家组认为，2000 年以前，应该尽最大努力建设并完善常规道路系统，并且大力发展公共交通系统，控制自行车的发展。

天津日报 80.9.19

国家建委规划专家工作组辛勤工作

加快编制我市总体规划大纲

本报讯 帮助天津市做总体规划的国家建委规划专家工作组的成员们，来我市工作已经三个月了。几个月来，他们辛勤劳动，加快了我市总体规划大纲编制工作。他们认真负责的工作作风，受到了许多同志赞扬。

从全国各地汇集来的规划专家组的同志们一到天津，就立即投入工作。他们中多数人对天津情况不很熟悉，工作开始时碰到不少困难。他们首先进行深入调查研究，无论是白发苍苍的老工程师，还是身体单薄的女同志，都深入到天津市的许多地方，亲自查访，实地踏勘。六、七月份的天津，骄阳似火，在办公室里人们也直淌汗。但专家们为了改变天津市的旧面貌，不怕出大力，流大汗。城市规模与布局和市中心改造与建设规划组的专家们，登上百货大楼、利华大楼、友谊宾馆，俯瞰天津市的布局。为了解决城市污染问题，专家们调查了市内工业区及郊区的官港、北大港、咸水沽、军粮城、塘沽等卫星城和工业城镇。交通和邮电规划组的同志为了亲身体验交通早晚拥挤"高峰"，夹在人群中，走过东南角、西北角、大沽路、解放路等拥挤的交叉路口，访问司机、民警和有关单位。水源和给、排水规划组的专家们为解决天津市"水"这个大问题，先后到凌庄、芥园、马庄等水厂，团泊洼等水库，各个排水口及北塘、大沽两大排污河；考察了海河的来龙去脉和引滦河水路线。园林绿化专家、七十三岁的程世抚总工程师，患有高血压后遗症——半身不遂，腿脚活动不方便。他还是去了南淀、屈家店、西南洼、鸭淀水库等近郊风景点及市内所有文物、旅游、园林绿化点。专家们用自己辛勤的劳动取得了大量的第一手资料，取得了真正的发言权。

专家组的同志熟悉全国各大中小城市的规划和发展，也了解世界先进国家城市规划发展情况。他们在帮助我市搞规划时，站得高，看得远，独具匠心，提出了很多好见解。在做规划中，专家们特别注意综合经济分析。专家们认为，经济分析，是城市规划的依据。做好这个工作，才能在城市建设上扬长避短，更恰当地确定城市的性质、规模及规划发展方向。专家们对天津自然历史条件、地理位置、社会政治、经济地位、工业及人口分布、今后二十年发展方向等方面都做了技术经济分析。为了解决一些矛盾比较突出的问题，专家们还对一些专题做了经济分析比较。如引滦工程是渠道引水还是管道引水，海河通航不通航问题，都做了分析比较。关于如何认识天津市，充分发挥天津市的优势，专家们从大地区着眼考虑。他们画出京、津、唐区域草图，在规划工作一开始就把眼界放宽，从京、津、唐大区域、华北地区、全国的角度认识天津市，把天津作为我国北方的经济中心进行规划建设。这样，总体规划就将更符合天津市的实际。

（本报通讯员）

图 2–95 《天津日报》关于国家建委规划专家组工作情况的报道（1980 年 9 月 19 日）
资料来源：鲍世行提供。

专家组还认为：要为 21 世纪发展高速交通留有余地。城市常规路网的通行能力是有一定限度的。东京在 20 世纪 50 年代中期，机动车达到 20 万辆时，提出了修建快速道路的建议。估计到 20 世纪末以后，天津修建快速道路系统也是不可避免的。为此，规划上应该留有余地，并着手准备必要的资料，为今后开展规划提供可靠的数据（图 2–95）。

八、市中心、副中心及城市面貌问题

鲍世行：第七个问题是市中心、副中心及城市面貌问题。专家组认为，天津城市面貌的特征应该是繁华、丰富、整洁、有序。天津当时的中心区，以海河为自然轴线，河汊纵横，桥梁连绵，弯曲的河湾、多变的道路网以及历史上各国租界遗留下来的多样风格的建筑，形成了城市风貌的基础。天津今后仍应继承这些特点。

关于市中心，天津历史上已经形成了和平路劝业场地区的商业中心，并在海河河湾处修建了集会型的中心广场，已经成为天津的市中心地区。专家组认为，没有必要另起炉灶。海河是天津的象征，要在调查研究的基础上，做好两岸详细规划，保留一部分质量较好、具有特色的建筑，有的可以改变使用性质，充分加以利用。

金钢桥及大光明桥附近是两个次要的重点。金钢桥旧城东北角一带集中了天后宫、玉皇阁、文庙、望海楼等有保留价值的建筑，应配置一些新的公共建筑和绿地，但要保持传统建筑艺术风格。宫南、宫北街可恢复为具有天津地方特色的商业街。道路以不拓宽为宜。

关于副中心，根据国内外特大城市的经验，规划和建设具有一定规模、水平和吸引力的副中心是非常必要的。天津的大型商业、文娱设施集中在和平路劝业场一带，情况是比较突出的，为此应该考虑副中心的建设。根据总体规划的要求，经过多方案比较，最后确定可以设丁字沽和中山门两个副中心。

副中心的规划设计中要妥善处理人车交通分流，建设步行街，并设必要的公交车场及停车场。为使换乘方便，还应考虑今后建设地铁、高架道路、架空人行天桥等交通设施的可能性。

九、铁路车站的位置问题

鲍世行：第八个问题是铁路车站的位置问题。天津车站是在原址改建还是迁到京山三线新建，城市规划界一直存在着分歧。天津站是天津的主要客运站，也是个客货混运站。它始建于 1888 年，已经是个百年老站，1910 年扩建，1950 年经过一次整修，也已 30 年了。当时客货运量增长迅速，矛盾十分突出，必须进行改建。但是原址改建和迁址新建各有利弊。

在原址改建的优点是：可以充分利用已经有相当规模的客运设备。东、西货场和原有站房拆除后，站台可以扩建，能力可达到发 100 对客车的需要。站前为旅客服务的公共设施，已形成一定的规模和系统，可充分利用。编组场和专用线，原址扩建也可继续使用。原址改建的缺点是：由于客站布置不够合理，改造后调车作业和机车出入库要跨越正线，上下行互相干扰，行车速度提不高。

迁往京山三线新建的优点是：新建的站场可以按技术作业的要求合理布置，并为今后发展留有余地。施工时，旧站可照常运营。旧站迁出后，有利于这个地区的改造，当地的道路及路口可以比较畅通。迁建的缺点是：建设新站投资较大（需 2.2 亿元，比原址改建多 3000 万元），建设周期长，而且过渡期矛盾较多。专家组（图 2–96 ~ 图 2–98）认为，车站的位置问题不能摇摆不定，否则，既影响天津站的改建，也影响老站地区的旧城改造。综合两个方案，专家组认为，天津站接近海河及市中心，交通方便，便利旅客，因此，采取原址改建方案比较现实。

天津站位置的确定，在我国城市规划界影响较大，它是一次标志性的事件，具有里程碑性质。在天津规划以前，我国的城市规划为了追求规划布局的完整，一般都采取城市用地发展后就搬迁车站的模式。这种模式不但浪费投资，而且使车站不断远离市中心，给市民带来不便。它的实例就是长沙车站。所以，人们说长沙车站是国内最后一个搬迁的车站，而天津车站是第一个不搬迁的车站。

图 2-96　国家建委规划专家组在天津调研期间的留影（1980 年）

注：王健平（左 2）、张启成（左 3）、王有智（女，左 4）、孙栋家（左 6）、邹德慈（右 5）、胡开华（右 3）、鲍世行（右 1）。

资料来源：鲍世行提供。

图 2-97　“五一”劳动节时国家建委规划专家组在天津盘山风景区的留影（1980 年 5 月 1 日）

前排：王有智（女，左 1）、鲍世行（左 3）、胡开华（左 4）、王健平（右 4）、张启成（右 2）；

后排：孙栋家（左 4）。

资料来源：鲍世行提供。

图 2-98 “五一”劳动节时国家建委规划专家组在天津调研的留影（1980 年 5 月 1 日）
前排：鲍世行（左 1）、张启成（左 2）、王健平（右 2）；
后排：胡开华（左 2）、邹德慈（左 3）、王有智（女，左 4）、孙栋家（右 3）。
资料来源：鲍世行提供。

在国外，一般火车站都和市中心紧密结合，这样不仅可带来市中心的繁荣，更重要的是方便了上下车的旅客，这些优点将在天津车站中得到体现。

十、海河通航海轮问题

鲍世行：第九个问题是海河通航海轮问题。海河是否恢复海轮通航到市中心，是天津城市规划中一直有争议的问题。解放前，到天津的海轮可进入海河，在塘沽和天津停泊。1958 年后，上游来水逐年减少，为了保证生产、生活用水，在河口修建挡潮闸，海河的功能逐渐变成以蓄水为主。1976 年，修建四新桥，通航 600 年的海河正式断航。

恢复海河通航的方案是考虑 3000 吨级海轮进入海河。优点是：因为日本、中国香港、东南亚货轮多为 3000 吨级货轮，1980 年进出天津市的 1300 万吨货物中可用 3000 吨级货轮运输的约占 300 万吨。这样每年可节省运费 3300 万元。

但是海轮进入海河的方案存在问题：①目前海河水源不足，水量不够，通航后必然增加进盐量，影响水质；②下游桥梁需提高净空，增加投资。

因此，专家组认为：在海河水源、水量和船闸防盐措施没有解决以前，3000 吨

图 2-99　国家建委规划专家组在天津调研期间的留影（1980 年）
注：安永瑜（左 1）、叶绪镁（女，左 2）、孙栋家（左 3）、周干峙（右 2）、鲍世行（右 1）。
资料来源：鲍世行提供。

级海轮进入海河是不现实的。目前，海轮的吨位都在不断提高，城市的货运码头都在向下游迁移，这是国际上的普遍趋势。现在看来，不再恢复海轮进入天津中心区，是完全正确的。

此外，还有第十个问题，是一个总结性的表述，没必要专门来谈了。

总的来讲，专家组认为天津的规划是在特殊时期，在特殊的条件下，由特殊的规划人员进行的一次特殊的城市规划。说它是特殊时期，因为当时正是“文化大革命”刚刚结束，粉碎“四人帮”以后不久，国民经济遭到很大的破坏，整个天津一片狼藉，百废待兴。在国家决定拨专款进行震后重建时，首先，派遣专家组抓紧进行城市规划，这也是十分正确的。

专家组调集了全国城市规划工作者中的精英（图 2-99、图 2-100），由周干峙任组长，安永瑜任副组长，周干峙后来是两院院士。专家组的成员共二十余人，年长的几乎都有国外学习的经历，中年的都是各地城市规划基层第一线的骨干。后来大都留在北京工作，成了规划工作的骨干。其中，高龄专家有 73 岁的园林绿化专家程世抚老先生，那时他的夫人刚离世，他本人又患有半身不遂的后遗症，腿脚行动不便，仍坚持要亲自到市内各地区考察，还亲自设计高尔夫球场，想为天津建设国内第一个高尔夫球场。

那时候，专家组共分成城市规模和布局，水源和给水排水规划，能源动力建设规划，交通和邮电规划，市中心区改造和建设，绿化、旅游和文物保护，环境保护规划，人防、抗震和防灾等 8 个小组，分别有市规划局和有关人员参加。

图 2-100　国家建委天津规划专家组与炊事班人员的留影（1980 年秋）
前排：周干峙（左 4）、黄瑾（女，右 4）、王晶晶（女，右 3）、孙栋家（右 2）、叶绪镁（右 1）。周干峙先生两侧的 6 位穿白色衣服者为炊事员。
后排：郑广大（左 1）、闵凤奎（左 2）、沈清基（左 4）、朱俭松（左 5）、安永瑜（左 7）、赵瑾（左 8）、郭增荣（右 7）、胡开华（右 6）、邹德慈（右 5）、鲍世行（右 4）、张启成（右 3）、张孝存（右 2）、马福全（右 1）。
资料来源：鲍世行提供。

我和陈占祥、余庆康两位总工程师分在市中心区改造和建设规划组。

当时，刚提出改革开放不久，大家热衷于向国外的先进理论学习（图 2-101、图 2-102）。20 世纪 70 年代，日本城市交通拥挤的情况，与我们今天的情况相似。当时，他们派遣考察组到世界各地区考察，并且拍摄了纪录片。我们国家共买了两部他们的纪录片，分别由建设部和公安部保存。建设部的那一部，就供我们放映学习。现在回想起来，1980 年代初的那段时光，真是我国城市规划的第二个春天。

图 2–101　老一代城市规划工作者的一张留影（1994 年 10 月 18 日）
注：摄于中国城市规划设计研究院 40 周年院庆时。
左起：徐钜洲、鲍世行、沈远翔、王文克、石成球、赵师愈、赵士修、张启成。
资料来源：鲍世行提供。

图 2–102　全国第一次历史文化名城会议在西安召开时的留影（1983 年）
注：前排左 2 为陈业，左 4 为罗哲文，右 2 为赵士琦；第 2 排右 1 为鲍世行；第 3 排左 3 为安永瑜。
资料来源：鲍世行提供。

图 2–103　波兰专家萨伦巴与中国同志留影（1984 年）
注：在西苑旅社。陈锋（左 1）、鲍世行（左 2）、汪志明（左 3）、萨伦巴（右 3）、陈晓丽（女，右 2）。
资料来源：鲍世行提供。

十一、地理科学与城市规划结缘

鲍世行：讲到这里，我再谈一个问题——地理学科和城市规划结缘。改革开放以前，在计划经济的条件下，我国的城市规划工作基本学习苏联的一套，城市规划的工作者，主要由建筑和工程两个专业组成，此外还有一个专业，被称为“城市经济”，主要研究城市人口、城市用地和城市的服务设施的指标和体系，这个工作在城市规划工作中也是不可或缺的。

1958 年的“青岛会议”提出了开展区域规划工作的要求。那时候，波兰专家萨仑巴曾经来华，宣传开展区域规划的重要性。改革开放以后，城市规划行业加强了在规划前期的研究工作，其中区域研究是重要的内容之一，波兰专家萨伦巴又来到了中国（图 2–103、图 2–104）。这项工作也是逐步开展起来的。

举个例子说吧，1980 年，天津的规划，涉及“京津塘”地区的研究，但是那个“塘”指的是塘沽，只涉及天津的滨海地区。到 20 世纪 80 年代，开展“京津唐”区域规划，那个“唐”，就是唐山了。因为在研究北京的产业结构时，涉及首钢的搬迁问题，在当时，这就是一个争论很大的问题，所以必须深入研究首钢搬迁至唐山的具体方案。因为唐山接近铁矿山，同时沿海又有港口，对从国外输入矿石和产品出口都很方便。当然，2008 年的奥运会是个机遇，如果没有这个机遇，首钢的搬迁可能还要拖上多少年。

到 20 世纪 90 年代，中国城市科学研究会开展京津冀地区研究，地域范围进一步扩大了，除了北京和天津外，河北省包括了 9 个城市，这 9 个城市，有省会石家庄，有名城承德、保定、邯郸，有沿海城市唐山、秦皇岛、沧州，以及张家口、廊坊等。地理界的学者介入城市规划，大大加强了城市规划的区域研究工作。

同时，改革开放初期，百废待兴，地理学科也正在寻找学科发展的方向，大学地理系学生毕业后的出路不能只局限于当地理老师和编辑工作。这方面，地理界的先驱是北京大学的侯仁之先生和南京大学的宋家泰先生，故有“南宋北侯”

图 2–104　与萨伦巴交谈中（1984 年）
注：在西苑旅社。
左起：鲍世行、萨伦巴。
资料来源：鲍世行提供。

图 2–105　与侯仁之（左）在一起的留影（199
年 12 月 29 日）
注：在中国城市科学研究会第三届理事会上，河北廊坊，
右为鲍世行。
资料来源：鲍世行提供。

之说。正是由于这些耆宿创导，工作显得十分顺利。在工作中，我与侯、宋两位先生都有较多联系，但因为和侯先生在同一城市，联系当然会更多一些。侯先生编撰的《中国历史城市地图集》中的天津城市历史地图就是由我提供的。这是我 1980 年在天津工作时收集的一部分资料。

我和侯先生的直接接触，还是我在《城市规划》杂志编辑部主持工作期间。当时对侯先生大作中引用的古诗有“玻璃”两字，很是费解。因为杂志出版在即，我就亲自骑自行车到北京大学燕南院侯先生家请求核对，侯先生搬出原作查找，确认“玻璃”是水面的意思。当时，正下着鹅毛大雪，我手脚都已冻僵，侯师母再三表示感谢。从此，侯先生就与我亦师亦友，他的严谨学术作风也深深地影响了我。

有一次，中国城市科学研究会在河北廊坊召开第三届理事会（图 2–105），我在小车班要了小车亲自把侯先生接到会场，作学术报告，一路上侯先生谈笑风生，饶有兴致地谈起日寇侵占北京时，他和孙道临被关在监狱里的经历。侯先生和孙道临是燕京大学同学。出狱后，一次孙道临说起，在狱中侯先生曾说过，他在英国念书时曾读到《尼罗河传》一书，使他感慨万分，因此决心一定要写一本《黄河传》。

此后，因为工作关系，侯先生一直从事北京历史的研究，特别对于北京的水资源有独到的见解，深受学界好评，这和他当年作为青年学子就有如此的学术责任感，是不无关系的。

访问者：谢谢您！

（本次谈话结束）

2018年10月19日谈话

访谈时间：2018年10月19日下午

访谈地点：北京市西城区马连道路6号院，鲍世行先生家中

谈话背景：与鲍世行先生于2018年10月12日谈话时，部分内容尚未谈完，应访问者的邀请，鲍世行先生继续进行了本次谈话。本次谈话的主题为海峡两岸城市发展研讨会。

整理时间：2018年10月，于11月12日完成初稿

审阅情况：经鲍世行先生审阅修改，于2018年11月23日返回初步审阅稿，2019年1月14日、5月6日、12月1日补充，12月8日最终定稿

访问者：鲍先生，在您的工作经历中，还有一件挺重要的事情，这就是每年一届在大陆和台湾交替举办的海峡两岸城市发展研讨会（图2-106）。您是这项活动的发起人之一，可否请您讲一讲这项活动的起因？

一、发起“海峡两岸城市发展研讨会”活动

鲍世行：作为一名大陆学术团体的工作者，我一直想为海峡两岸城市发展的学术交流做一些工作，可事情的由来却十分偶然。

1993年5月，应王如松先生的邀请，我参加了在天津召开的一个国际城市生态建设学术研讨会。王先生告诉我，台北中兴大学都市计划研究所的黄书礼先生（图2-107）也将参加这次会议。我很高兴，因为当时还很少有机会与台湾的

图 2-106　第 2 届海峡两岸城市发展研讨会活动留影（1995 年 9 月）
注：左为在上海浦东新区考察，右 1 为鲍世行。右为在南京熙园孙文临时大总统办公处，左 3 为鲍世行，右 1 为谢鸿年。
资料来源：鲍世行提供。

同行进行学术交流。在那次会议上，我主要介绍了大陆在“山水城市”方面的一些理论研究和建设实践，很多专家对此反响强烈，会后钱学森先生还在给我的信中予以鼓励①。

这次会议晚饭的时候，我和黄书礼先生坐在一起。我和黄先生虽是初次见面，但却一见如故，好像都有说不完的话。在交谈中，我就谈了想请他们到大陆来看一看，如果能搭建一个两岸同行之间交流的平台，那是最好的。黄书礼先生是台湾都市计划学会的理事，他答应回去以后在都市计划学会的理事会上对此事进行研究，然后给我正式回音。

那时候，黄世孟先生（图 2-108）是台湾都市计划学会的理事长，他对此非常支持。于是，我们就先请台湾的同行首先来大陆参观参观。

1993 年 9 月，以台湾都市计划学会理事长黄世孟先生为团长的“赴大陆城市规划访问交流代表团”一行 10 人来大陆访问。代表团在北京、西安等地和当地专家、学者进行了座谈，然后从重庆沿长江下去，参观了三峡。就在这次访问中，双方商定为了进一步加强交流和合作，以“海峡两岸城市变迁与发展”为主题，举办学术研讨交流，争取首届研讨会在台北举行。

访问者：也就是说，1993 年 9 月这次台湾代表团来大陆访问，还不算是第一届？

鲍世行：对。1993 年这次，只是在正式举办研讨会之前的酝酿活动。后来到 1994 年，才由他们请我们到台湾举办第一次的两岸城市发展研讨会。

---

① 钱学森先生给鲍世行先生的书信全文如下：“鲍世行秘书长：5 月 20 日信收到。又得佰元稿酬，谢谢！您在国际城市生态建设学术研讨会上成功地作了报告，受到包括国际友人在内的热烈欢迎，我谨向您表示祝贺！至于我那篇城市论文 [指《社会主义中国应该建山水城市》] 不过是将梁思成先生、吴良镛教授、贝聿铭先生等的思想用‘山水城市’一词表达出来而已，发明权应归他们几位大师！现在既然明确地提出‘山水城市’，那中国人就该真建几座山水城市给全世界看看，您似应考虑如何推动此事。对吗？此致！敬礼！钱学森，1993 年 5 月 24 日。”资料来源：鲍世行提供。

图 2–107　与黄书礼（中）在一起的留影（2005 年 8 月）
注：第 12 届研讨会（宁波），右 1 为鲍世行。
资料来源：鲍世行提供。

图 2–108　与黄世孟（右 2）在一起的留影（2005 年 8 月）
注：第 12 届研讨会（宁波），中为鲍世行。
资料来源：鲍世行提供。

二、第一届“海峡两岸城市发展研讨会”概况

访问者：可否请您回忆一下第一届海峡两岸城市发展研讨会的有关情况？

鲍世行：1994 年 5 月，首届“海峡两岸城市发展研讨会”在位于台北的台湾大学召开。研讨会主题确定为“变迁与发展”，一切都是从零开始，还是先从互相了解开始。应台湾都市计划学会的邀请，大陆方面共 8 名代表赴台，由中国城市科学研究会廉仲理事长任团长，北京城市规划设计研究院柯焕章院长为副团长，我为秘书长，成员包括夏宗玕、王如松、王同旦、李广琦和周岚。我们与台湾的专家学者一起，参加了首届研讨会。

第一届研讨会，大陆方面是由两个学会一起参加的，一个是中国城市科学研究会，另一个是中国城市规划学会。当时，我们特意邀请了中国城市规划学会的夏宗玕秘书长参加。廉仲理事长是团长，他从行政级别上来说是副部级干部，说明大陆方面对这个团是非常重视的，这样就组成了一个很强的代表团。因为过去没有举办过这种研讨会，国台办也非常重视，还专门派了局长跟我们谈话。去台湾时，正好发生了“千岛湖事件”，两岸民间的情绪非常紧张。当时还有好几个去台湾的团，甚至到了深圳以后又回来了。但是我们很凑巧，最终到了台北。所以说，万事开头难。

当我们到达台北机场时，台湾都市计划学会派林峰田先生来迎接我们。我记得非常清楚，林先生见到我们的第一句话，就是用“一波三折”来形容我们的这次成行。

访问者：在第一届研讨会上，两岸参会代表当时的情绪如何？

鲍世行：我记得，当时在台湾，这是一个非常盛大的活动。在台北举行第一次聚会的时候，台湾同行说，在台湾还从来没有这么多同行在一起聚会。我印象非常深刻。台湾方面对这次会议很重视。会议期间，台湾大学的校长在他的办公室亲自接

见了大陆代表团的主要成员，并合影留念。这次会议的程序也安排得很好，就成为以后每次会议的范例了。

三、海峡两岸学术交流未来展望

访问者：海峡两岸城市发展研讨会已经举办过20多次，晚辈也有幸参加过好几次，其中有3次是在台湾举办的。

鲍世行：据说去年没有办成，停了一年？

访问者：是的。但今年又成功举办了，研讨会得以延续，总共已经举办24届了（表2-1、图2-109）。

历届海峡两岸城市发展研讨会基本情况一览 表2-1

届次	会议时间	地点	主题	代表团情况	
				大陆	台方
1	1994年5月	台北，台湾大学	两岸都市变迁与展望	团长：廉仲 共8人	——
2	1995年9月	江苏，南京	面向新世纪	——	团长：辛晚教 共17人
3	1996年9月	台北，逢甲大学	城市现代化与国际化城市	团长：张启成 共12人	——
4	1997年9月	四川，成都	城市与文化	——	团长：施鸿志 共20人
5	1998年9月	台南，成功大学	都市营销	团长：林家宁 共18人	——
6	1999年9月	安徽，合肥	城市环境建设与管理	——	团长：施鸿志 共21人
7	2000年9月	台北，新竹	城市规划与管理	团长：陈为帮 共19人	——
8	2001年8月	吉林，长春	21世纪的城市发展	——	团长：王鸿楷 共20人
9	2002年8月	台南，成功大学	两岸城市发展的契机与展望	团长：顾文选 共20人	——
10	2004年8月	山西，太原	21世纪的城市发展	——	团长：林建元 共32人
11	2004年12月	高雄，中山大学	21世纪的城市发展	团长：王景慧 共14人	——
12	2005年8月	浙江，宁波	城乡统筹，协调发展	——	团长：林建元 共33人
13	2006年11月	新竹，中华大学	城市交通建设与区域治理	团长：周干峙 共24人	——
14	2007年8月	福建，厦门	区域协调发展、城镇群协调发展规划和海峡西岸城镇群协调发展规划	——	团长：冯正民 共26人
15	2008年7月	台中，逢甲大学	健康创意及永续之城乡发展	团长：邹德慈（名誉）、李迅 共17人	——

续表

届次	会议时间	地点	主题	代表团情况	
				大陆	台方
16	2009年9月	河南，郑州	城市安全与可持续发展	——	团长：冯正民 共29人
17	2010年9月	台南，长荣大学、成功大学	低碳城市与可持续发展	团长：赵宝江 共22人	——
18	2011年9月	湖北，武汉	城市转型与创新发展	——	团长：彭光辉 共29人
19	2012年9月	新竹，中华大学	智慧城市，精明增长	团长：李兵弟 共21人	——
20	2013年9月	贵州，贵阳	生态文明，城乡统筹	——	团长：彭光辉 共29人
21	2014年8月	宜兰，宜兰传统艺术中心	绿色乐活，智慧城乡	团长：单晓刚 共19人	——
22	2015年9月	江苏，苏州	新型城镇化：理想与实践	——	团长：边泰明 共30人
23	2016年8月	台中，逢甲大学	因应气候变迁之城乡治理	团长：孟庆禹 共18人	——
24	2018年9月	天津，天津大学	韧性城市，永续发展	——	团长：黄世孟 共21人

资料来源：李浩整理。

鲍世行：太好了。这项活动的成果正在扩大。

访问者：您怎么认识“海峡两岸城市发展研讨会”所取得的成果？

鲍世行：这么多年以来，我觉得很重要的一条，就是台湾和大陆规划界同行之间感情的交流，这是第一位的。当然，学术也非常重要，但是我觉得收获最大的是感情交流这个方面，在这十几年里，双方已经成为非常好的朋友了（图2–110）。

访问者：对于这项活动的未来发展，您有何期望或建议？

鲍世行：我觉得两岸同行应该共同研究一些问题，可以有不同的模式。另外，研究的焦点可以更明确一点。

大陆现在正处在城市化的高速发展阶段，台湾也经历了这个过程，他们用三十年的时间经历了美国一两百年的历程，而我们现在正处在这么一个阶段，所以台湾的很多经验对我们而言是非常宝贵的。

我从20世纪50年代开始参与城市规划到现在，就有这样的一个认识：城市规划变得越来越难了。要从调查研究开始，要考虑到各种各样的可能，会发生一些什么问题。

我觉得，城市规划要搞得好，最主要的是要对城市是一个什么样的东西有深刻的认识。它是怎么发展起来的？比如说城市化的问题，我觉得，一个城市的人口增加，绝对不是一条线这么发展的。可是我们现在可能有很多人认为城市发展就是这么一条线。我是看着上海成长起来的，它就像潮水一样，涨潮、退潮，

图 2–109　第 24 届海峡两岸城市发展研讨会留影（2018 年 9 月 26 日）
注：前排中左 5 为黄世孟，右 4 为解鸿年。
资料来源：中国城市科学研究会提供。

图 2–110　与辛晚教（右）在一起的留影（2005 年 8 月）
注：第 12 届研讨会，宁波，左为鲍世行。
资料来源：鲍世行提供。

图 2–111　拜访鲍世行先生留影
注：2018 年 6 月 25 日，北京市西城区马连道路 6 号院，鲍世行先生家中。

退潮的时候人口就减少了，经济可能也要停止一下，然后再涨潮，再退潮，就是这样发展下去的。

我是很乐观的，因为两岸的交流还是有很多的基础。如果基础、环境各方面都改善的话，必然会推动我们两岸之间的这种交流。另外，我觉得我们交流的方式、交流的内容，应该不断地拓宽。比如合作研究、互相交流讲学等，都是非常需要的，还是有很多内容值得交流的。总的来说，两岸的气氛是越来越好了（图 2–111）。

访问者：谢谢您！

（本次谈话结束）

崔功豪先生访谈

我是地理背景出身，人文地理、经济地理，特别是城市地理，跟城市规划的关系最为密切，或者说城市地理的某些方面是城市规划工作的理论基础。所以，我对城市研究也一直关心。另一方面，南大的吴友仁先生是国内最早研究城市化的学者，我们把城市地理的研究与城市规划联系在一起，无论是城市地理还是城市规划，首先要研究城市，研究城市化。过去搞城市规划是不注意研究城市化的。现在城市规划要遵循城市发展规律，因此城市化研究及其规划也成为城市规划的重要内容。

（拍摄于2017年12月06日）

专家简历

崔功豪，1934年5月生，浙江宁波人。

1952—1956年，在南京大学地理系学习。

1956年6月毕业后，在南京大学留校任教至今，期间于1956—1958年在北京铁道学院运输经济学高级研修班学习，1985—1986年赴美国阿克伦大学进行学术访问。

2004年退休。现为南京大学城市规划设计研究院名誉院长。

2016年荣获中国城市规划学会颁发的“中国城市规划终身成就奖”。

2017年12月6日谈话

访谈时间：2017年12月6日上午

访谈地点：江苏省南京市鼓楼区，南京大学城市规划设计研究院崔功豪先生办公室

谈话背景：《八大重点城市规划——新中国成立初期的城市规划历史研究》（上、下卷）和《城·事·人》访谈录（第一至五辑）正式出版后，于2017年10月寄呈崔功豪先生审阅。崔先生阅读有关材料后，应访问者的邀请进行了本次谈话。

整理时间：2017年12月11日

审阅情况：经崔功豪先生审阅修改，于2018年4月28日定稿并授权出版，2018年5月2日补充

崔功豪：我的籍贯在宁波，出生在上海，上小学、中学都在上海。在中学时，我是在一个教会学校学习，这个学校最早是基督教教会创办的，叫“怀恩中学”，意思是怀念上帝的恩惠。后来等我上高中的时候（1949年），南京已经解放了。在高中三年，有个“反帝爱国运动”（反对美帝国主义的爱国运动），因为教会都是美国人办的，搞“反帝爱国运动”以后，就把学校的名字改了，改叫“培青中学”，意思是培养青年人。那时候，教会学校不准上街游行，教会学校也不参与政治，当时学校的政治老师是个地下党，在他的领导组织下，我们这些高中生成为反帝爱国的积极分子（图3-1）。

1952年，中学毕业，当年是全国第一次统一招生，我考入大学。我记得，当时所有录取者的名单都是在报纸上公布的。我进入了南京大学的地理系。到1956

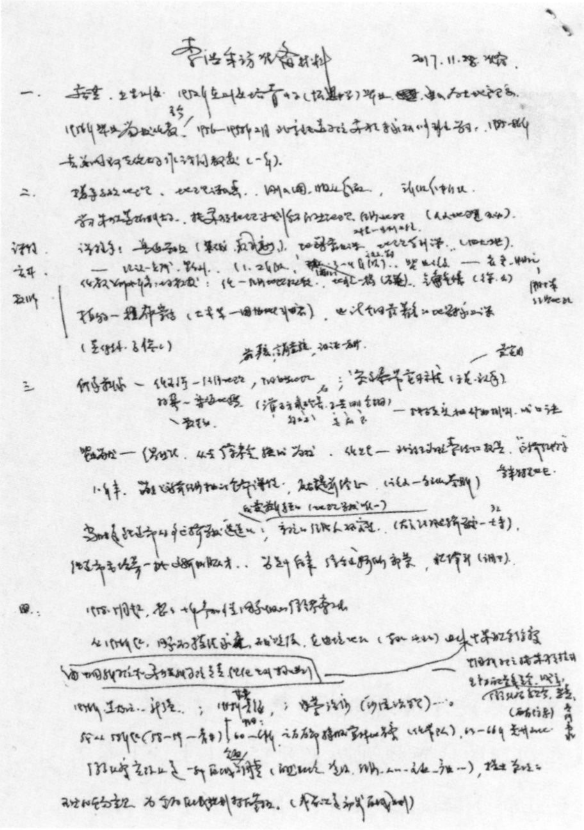

李浩来访准备材料　2017.11.28 准备.

一. [illegible]

二. [illegible]

三 [illegible]

四. [illegible]

图 3-1　崔功豪先生手稿(2017年12月6日访谈提纲，首页
注：2017 年 11 月 28 日准备。
资料来源：崔功豪提供。

图 3-2　崔功豪先生正在接受访谈（2017 年 12 月 6 日）
注：访谈地点是南京大学城市规划设计研究院崔功豪先生办公室。

年毕业，就留校任教，后来也一直在地理系。我留校任教以后，又马上到北京铁道学院，向苏联专家学习，参加一个运输经济学的高级研修班。学习的时间本来应该是两年，到 1958 年 7 月才结束，后来因为“反右”，很多课程都停了，最后连苏联专家的课也停了。到 1958 年 1 月，我就提前从北京回来了。

从北京回来以后，我就一直留校任教，在南京大学当老师。到了 1985 年、1986 年，我作为访问学者，在美国的 Akron 大学（中文翻译叫阿克伦大学）地理系访问交流。后来，因为跟他们学校的马润潮教授（美籍华人）一起发表了该系第一篇发表在美国最高等级地理刊物上的文章（也是中国大陆学者在该刊的第一篇），就被升到了访问教授。从美国回来以后，我继续在学校任教，一直到退休。我是 70 岁退休的，因为我们是教育部批准的博士生导师，可推迟到 70 岁。退休以后，我还在积极参加一些专业和学术活动。以上就是我学习和工作情况的简单履历（图 3-2）。

一、教育背景

李　浩（以下以“访问者”代称）：崔先生，当年您怎么会报考南京大学地理系呢？

图 3-3　竺可桢先生题写的南京大学地理学系石碑
资料来源：崔功豪提供。

图 3-4　南京大学东大楼旧貌
资料来源：崔功豪提供。

崔功豪：当时，我的志愿本来是学化工，而且当时我是班干部，大家都去买报、看报，看录取消息时，我还在区里开会呢。我记得，当天上午，我开会回来，路上买了份报纸，一看，怎么都找不到我的名字。心想：是怎么回事？我的成绩还是可以的，很惊讶！

结果，等我回到学校，学校的黑板上写出来了，我被录取到的是南京大学地理系。当时我一愣，这个地理系是干什么的呀？不了解。当时，我刚入团（当时称“新民主主义青年团”，后改为“共产主义青年团”）不久。家人反对，亲戚朋友也反对，说：地理学什么呀？山川、河流？后来我说，既然国家设了这个专业，那肯定会有用的，当时就以这种心态进到地理学专业了。

访问者：南京大学地理系是全国第一个地理系，对吧？

崔功豪：对。南京大学地理系是 1902 年成立的，当时是全国最早、最大的地理系（图 3–3、图 3–4）。

我怎么会被录取到地理系呢？后来，我从中学打听到，中学的时候，我是地理课代表，地理这门课学得特别好，准备高考复习的时候，我都给班上的同学辅导地理。正因如此，我们的老师在高考志愿表上作了推荐。后来我再见到这位老师，我对他说："姜老师啊！是你把我搞到地理系去的！"

虽然我是指导志愿入的学，但那时候的思想是服从组织分配，所以还算很安心。当时，我们那一届是第一次全国统招，招收了 80 个人，实际报到 72 个人，而且，我们这一届的同学，年龄差距比较大，从十几岁到三十几岁，来源复杂，有应届高中生，也有国民党的青年军（复员军人），有小商店的老板……五花八门，什么人都有。由于这种情况，进入学校以后，个别人自由散漫，不好好学习，不守学校规定，但当时我们学校的规矩很严，学校每次在布告栏发布公告，都有勒令退学和警告的通知，所以在一年以后，有不少同学离开了。我们系当时是闹专业思想比较严重①的系，所以到一年后，我们只有五十几个人了。

到了 1956 年年底的时候，全国院系调整，四川大学地理系撤销了，他们学校地理系一年级的学生和部分愿意来的老师，全部编入南大地理系。因此，那时候，我们班上的同学实际上是两部分人组成的：一部分是南大高考招进来的，一部分是从四川大学合并进来的，一共七十几人。

访问者：四川大学距离挺远的，他们的地理系合并到了南京？

崔功豪：是的。他们全部是乘船过来的，我们还去迎接。他们大概是 11—12 月才到，来了两个教授和全部一年级的同学。就这样，南京大学地理系又恢复到之前七十几个人的规模了。

二、经济地理专业锻炼

访问者：在南京大学地理系，您是学什么专业的？

崔功豪：我们考入南京大学地理系的时候，大家都叫地理学专业。到了三年级开始分专业，一个是经济地理专业，一个是地貌专业。我在经济地理专业，我们是全国第一批经济地理专业的毕业生。

访问者：当时，你们学习的专业课主要有哪些？

崔功豪：当时，南京大学地理系是全国最好的，我们主要是学苏联，采用莫斯科大学的教学计划，也就是按照莫斯科大学地理系的教学计划来培养，所以课程门类比较杂。

当时的课程大概有几个系列。除了数学、政治、外语（俄语）、体育等学校公共课以外，首先一个系列是地学的基础课，还不是地理学，是地学，涉及地质、地形、气象、气候、植物、天文、水文、土壤、地图学，还有水利工程。当时，我们都觉得很奇怪：怎么还学水利工程？这门课是请华水（华东水利学院）的

① 意思是对专业学习有抵触情绪。

老师（留苏）给我们上课，关于河道整治什么的都要学习。

第二系列的课程是地理的大板块，比如地理的基础课——“概论”，比如自然地理概论、经济地理概论。还有地理的中国及世界部分：中国气候、中国土壤、中国水文、中国地质……中国经济地理、世界经济地理、中国自然地理、世界自然地理，全部都学，真的是“上知天文，下知地理，兼及中外”了。

当时，我们专业的课程是全校各专业中负担最重的，每天平均下来六节课，每周上六天，课程非常多，学习非常紧。所以，我们这批学生地理的基础特别强，反而“经济”方面的课程却并没有怎么学。

访问者：为什么会出现这种情况呢？

崔功豪：因为当时是学苏联的，苏联的地理学体系是把经济地理和自然地理截然划分开，没有综合地理学，也没有人文地理。在苏联的观念中，人文地理是为帝国主义服务的，人文地理带有阶级性，所以不能学。就南京大学地理系而言，“人文地理学”这门课是到“文革”以后才开始兴办的。

访问者：崔先生，在您的学术生涯当中，跟城市规划工作密切相关的，很突出的特色就是区域观念。那么，您在大学学习的时候，有哪些课程对您形成这种区域观念有比较深远的影响？

崔功豪：南大地理系首先给我们建立了整个自然环境的概念。整个课程教学，除了“天”以外，地理环境的东西我们都比较熟悉，自然地理环境和经济地理环境，再加之对中国和世界的地理环境都有学习。所以，一遇到什么问题，就会从整体环境的角度去思考。就城市规划工作而言，比如建设用地评价，我们太熟悉了，如洪水淹没线、地基承载压力等，我们做得比城市规划专业还系统，再比如风向、风玫瑰这套，我们都学过，对“热岛效应”很理解。第二，在我们当时的课程中，涉及区域的课程非常多，有中国经济地理、中国自然地理等。

很有意思的一件事：曾经有一次评中部地区某个城市的总体规划，邀请专家讨论评审。其中请了一位从中山大学毕业、在东北师大工作的徐效坡教授来参加评审，他在发言中就谈到了对这个城市的系统认识和建议。规划界一位专家听了他的发言很吃惊：你们怎么这么厉害？以前从来没来过这个城市，怎么会搞得这么清楚？那位教授说：我们学地理的都学过区域地理。华东区、华中区、华北区……包括全国的概念都有。你提到哪一个城市，我们马上就有一个关于这个城市的区域性概念。地理出身的区域性的概念非常强，有综合性和区域性的特点，擅长把一个地区的自然、经济、人文等各方面都结合在一起，来讲这个区域的整体情况。而城市一定是在区域中定位的。当时，我们的课程中还没有城市地理这个课，但是城市的内容在区域里都有。

另外，我们还有一个很强的特点就是强调实践，南大地理专业 4 年中每年都有

图 3–5　崔功豪先生七十华诞恭贺文集《区域·城市·规划》（封面）
注：2004 年 4 月，中国建筑工业出版社出版。
资料来源：崔功豪给访问者的赠书。

实习。一年级基础课，每个礼拜都要走出校门，考察南京。所以，当时学校里有好多系的同学都很羡慕我们：一到礼拜天就出去了。早上一个大卡车，每个人发面包或者馒头、酱菜，带上水壶，就上车了。南京周围所有的山地我们全部跑过。一年级叫教学实习——普通地质教学实习；二年级叫自然地理教学学习（到江西庐山）；三年级是专业的生产实习；四年级是毕业论文实习。所以，我们理科的学生野外的实践能力很强。这方面的训练比较多，知识面就非常广（图 3–5）。

当然，当时学苏联也有个缺点，就是把自然和经济完全隔离开了，没有综合观念。对于这个问题，后来是怎么解决的呢？我们学习区域地理的时候，把自然和经济这两个方面结合起来了，就把这个问题解决了。

访问者：大学三年级分专业时，您为什么会被分到经济地理专业，而不是地貌专业呢？

崔功豪：当时，南京大学地理系的系主任任美锷教授是学部委员（院士）。他在解放前曾经做了大量经济地理工作，他写了一本当年中国唯一的经济地理书，叫《建设地理学》，1947 年出版的。

我们进入南大的时候，一年级任教授教我们“经济地理概论”这门课，他的知识面非常广博，讲话深入浅出，条理清楚，言简意赅。这个课讲下来，如果能全部记录的话，那就是教材，不需要修改，讲得非常好。所以，大家对经济地理的印象非常深。

到第三年级选专业的时候，大部分同学都想要进入经济地理专业，但这样肯定不行，因为有两个专业呢，只能分成两部分。后来由于配备干部，有的同学就

图 3-6　任美锷先生（1913—2008）
资料来源：马文荣．任美锷：剑锋出磨砺梅馥发苦寒[N/OL]．嘉兴学院网．http://edu.zjol.com.cn/system/2014/09/29/020281978.shtml．

被调到地貌专业去了。所以，那时候我们对经济地理非常感兴趣，这跟我们的老师有非常大的关系，他讲得非常好。

访问者：您说的这位系主任，全名是什么？

崔功豪：任美锷。他是英国留学的博士，后回国任教，他太聪明了，在地理学方面做了很多开创性的工作，得过英国皇家地理学会英国维多利亚奖章，中国唯一的，后来当选为中国科学院院士（图 3-6）。

新中国成立初期，“左”的思想比较突出，任教授写了一篇文章，受到批判。他们这些老知识分子有这方面的情结，很胆怯，政治上很敏感。从此以后，他不搞经济地理了。我 1956 年毕业留校的时候，任教授还是地理系主任兼经济地理教研室主任，后来他坚决不再搞经济地理了。他后来搞自然地理，也搞得非常有名，成为著名的海洋地理学家和喀斯特地貌专家。任美锷先生给我们留下了比较好的印象。

崔功豪：在大学三年级时，我参加过一个实习，当时的长江流域规划办公室委托南京大学进行整个湘江流域规划的调查，实际上是为湘江流域规划（流域性的区域规划）做前期工作，主要就是对湘江流域的自然与人文地理作全面的调查研究，调查研究之后提出一些意见，然后再进行规划。

当时，自然地理方面的调查是由任美锷先生亲自带队的，同时也带了经济地理专业的部分学生实习。经济地理老师负责经济地理方面的调查。经济地理教研室的老师和经济地理专业的学生全部都参加了这个工作。我们把湘江分成上游、中游、下游共三段，上游以郴州为中心，中游以衡阳为中心，下游以长沙为中心。上游组是苏永煊教授带队的，中游组是沈汝生教授带队的，我被分在下游组，下游组是宋家泰教授带队的。

我的第一个区域性的实习就是在湘江流域，调查包括长沙、株洲、湘潭在内的整个湘江下游地区。所以，我很早就对长株潭城市群非常熟悉，我的毕业论文

图 3-7　工作中的宋家泰先生
资料来源：崔功豪提供。

图 3-8　与宋家泰先生在湖北宜昌调研（1983 年）
注：右 2 为宋家泰，右 1 为崔功豪。
资料来源：崔功豪提供。

写的就是湘潭、株洲经济地理。这个实习不仅对全体同学都是非常好的锻炼，而且对我们今后工作的影响很大。宋家泰先生给我们留下了很深的印象，他有很好的教学方法。这时候应该是 1955 年（图 3-7 ~ 图 3-10）。

访问者：在您三年级的时候，宋家泰先生已经是教授了吗?

崔功豪：当时他是副教授。为了实地培养学生，我记得，他在工作会议上说：为了培养你们的独立工作能力，我今天亲自搞调查，搞一个县的调查，你们注意学习，第二个县就由你们学生们自己来做。后来的每个县，就由每个学生作为主持人、组织者来进行，就相当于由我们自己负责一个项目、负责一个县。

当时，我们感到压力很大，非常紧张。调查访问是非常有弹性的，虽然事先有提纲，但需要随时调整。有的同学搞了个提纲，写了 10 个问题，准备一个个地问。宋老师说：这样不行，回答你的人会觉得很被动，你问什么，我答什么，问的人也会感觉很枯燥。一定要从被访问者每次的回答中发现新问题，继续深化。这个技术怎么能学到呢?

后来，我就跟另外一个同学金其铭——他是我的同班同学，后来在南京师范大学任教（是中国人文地理，特别是乡村地理方面的著名学者，已去世），我们两个人商量办法，一个人记问，一个人记答，比如我记宋老师问什么问题，他记人家回答什么问题，人家回答了问题后，宋老师又再提出什么问题……就这样，他们一问一答，我们全部记录下来，然后再整理思考。

当时，我是班上的干部，第二个县就是我来牵头做的。宋老师调查的是浏阳县（今为浏阳市），我调查的是醴陵县（今为醴陵市），我来组织这个调查怎么搞，为同学分配任务，布置具体要求，最后由我进行汇总。经过这样的实践，我们班上的同学从组织能力到调查能力都得到了很好的锻炼。所以，宋老师给我们印象最深刻的就是他非常灵活的教学方法，而且很有实效，我们很快就掌握了

图 3-9　与宋家泰先生在一起讨论南京广州路干河沿地段改建详细规划方案（1977 年）
注：坐姿中右为宋家泰，站姿中左 3 为郑弘毅、左 4 为崔功豪。
资料来源：崔功豪提供。

图 3-10　宋家泰先生八十寿辰留影（1995 年 5 月 5 日）
注：前排坐姿者为宋家泰先生。
后排站立者：胡俊（左 1）、葛本中（左 2）、张晓玲（左 3）、顾朝林（左 4）、武进（右 3）、葛幼松（右 2）、蔡建辉（右 1）。
资料来源：崔功豪提供。

怎么样进行调查，怎么样来组织调查，怎么总结，怎么样写报告，因为每个县调查完了以后还要写个正式书面报告。对我们来讲，大学生活是非常丰富多彩的。

三、从南京大学毕业后留校任教

访问者：崔先生，你们是新中国院系调整之后正宗的第一批大学生。当时您怎么会留校任教呢？

崔功豪：那时候，我实际上对野外调研工作非常感兴趣，所以毕业时填的志愿是中国科学院综合考察委员会。综合考察委员会又是怎么回事呢？这其实也是学苏联的。以前，苏联有个生产力配置委员会，实际上是“二战”以后，为了发展苏联经济，对少开发或未开发地区，例如西伯利亚，在资源考察基础上进行以资源开发为中心的生产力布局而组织的机构。中国仿照它成立了综合考察委员会，是 1956 年成立的。这个委员会需要去野外跑，实地调研，我很喜欢跑野外，结合在湖南考察的经历，就觉得非常有意思。

当时，我是班上的团支部书记，我们班上有一个组织委员叫徐培秀，她是个女同学，四川大学合并过来的，她本来准备留校的。因为我们是班干部，到毕业分配的前两天，学校老师提前跟我们讲：你们三个，组织委员徐培秀留校，团支部书记崔功豪到北京综考会（综合考察委员会），还有一个宣传委员，到北京科学院地理所。都定下来了，我们就等着公布名单。等到公布名单这一天，一念名单，结果是：崔功豪在南京大学地理系，徐培秀去综合考察委员会（后来也去了地理所）……当时，我们都愣住了，怎么回事？怎么会突然变了？

后来知道，任美锷先生在北京参加了一次全国性的大会，在开会期间遇到了北京铁道学院的李校长，他们谈到中国的铁路在技术方面要向西方学习，经济方面更弱，中国的运输经济和交通经济等方面非常弱。那时候，北京铁道学院正好聘请了一位苏联专家，叫吉米特里耶夫，他写的书在中国翻译出版，叫《运输经济学》，学校要办一个运输经济学的高级研修班，主要培养铁路系统的人才，从铁路系统的老师里选拔以后到研修班进修。

任先生头脑非常快，他知道交通的问题对经济发展各方面都很重要，他就对北京铁道学院校长讲道："能不能给我们一个名额？"校长说："行。"所以，任先生打长途电话给我们学院的党总支书记，他是负责分配的，他们商量后说："让崔功豪去吧。"因为我的俄文比较好（在大学，我们学两年俄语，当时不准学英语，当时中学毕业全部学的英语，我们要求学一年专业英语，学校没同意，就改学俄语了）。我那时候刚入党不久，服从分配。我就是这样在南大留校任教的。

访问者：您刚才说到金其铭老师是您的同学，除了他之外，您还有哪些主要的同学？

崔功豪：我们的同学有很多了。班长佘之祥是中科院江苏分院的院长，是全国最著名的农业地理方面的专家；沈道齐，他的夫人，曾经当过南京市政协副主席、全国人大代表，地理非常强，搞城市规划也很强。陈宗德，全国政协委员，在外交部西亚非洲所，他本来在外交学院。郭来喜在中科院地理所，是我国旅游地理研究的创始人之一……这几个最强了。我们有好多同学都很厉害（图 3-11）。

访问者：当时除了您之外，还有其他同学留校吗？

崔功豪：我们这一届地貌、经济地理两个专业中共留校 7 人，经济地理 2 人，后又从外调来 1 人，共 3 人。我们系同一届毕业的同学中出了 3 位院士：一位就是王颖（女），她是地貌学专业毕业的，也在南京大学留校任教，2001 年当选为中国科学院院士。一位是李吉均，在兰州大学工作，是搞冰川的专家，1991 年当选为中国科学院院士。还有一位同学应该算一半，因为他一年级时跟我们在一起，二年级以后被选拔留苏，他就走了——他就是中国地质科学院院长、地质部总工程师陈毓川，1997 年当选为中国工程院院士。

图 3-11　我国城市地理学届的部分专家学者留影（2012 年 6 月 30 日）
前排：叶舜赞（左 1）、周一星（左 2）、崔功豪（左 3）、严重敏（左 4）、许学强（右 3）、马裕祥（右 2）、姚士谋（右 1）。
后排：顾朝林（左 2）、闫小培（右 1）。
资料来源：城市化与城市发展国际学术研讨会在上海举行[N/OL]. 中国地理学会网，http://www.gsc.org.cn/n1313394/n1330240/14077018.html.

因为当时我们是第一届学生，那时候，全国各地到处都需要人才，这届同学的影响就比较大。当时在国内地理界，谈到经济地理，谈到地貌，领头的肯定就是我们这一届的同学——1956 年毕业的这一批。

四、到北京铁道学院“运输经济学”高级研修班进修

崔功豪：我留校以后，马上就到北京铁道学院进修去了。我大学毕业一个月以后，就到北京去了。

访问者：可否请您讲一讲北京铁道学院运输经济学高级研修班的有关情况？

崔功豪：这是一个两年制的研修班。前去进修的人员主要由两种人组成：一是在职的教师，二是在读的铁道学院的研究生。这个班共 20 个人，因为铁路专业系统的学校很少。当时，除了北京铁道学院和唐山铁道学院这两个学校是本科外，其他的学校都是大专，比如南京铁路运输学校、东北锦州铁路运输学校等，所以从这些学校抽一部分老师去进修。进修班的其他人员，都是北京铁道学院的研究生和教师。

那时候，铁路系统以外的学员，就我一个人。我那时候也糊里糊涂的，毕业时才 22 岁，又做一次学生。后来，我有一个体会：要是进修的话，绝对要参加

工作以后再去。否则的话，学习方法还是跟学生时候一样，你不知道自己的强项和弱项在哪里，不会根据自己的问题来学习。

苏联专家的课，每个礼拜只有 4 小时，两次课。其他时间我干什么呢？我就把铁道经济及运输经济的专业基础课和专业课都学了，学了很多铁道技术经济的知识。这些学习经历，后来成了我搞铁路交通规划的基础。我之所以对交通那么熟悉，正是那时候的基础。所有的课程我都学了，而且学得很安心。

我不像其他那些学生，他们还有一些别的牵挂。我就是一个人，整天听课，把所有的课程都听完。我也参加实习，跑到火车头里面去考察，知道了蒸汽机车的构造，就连排火车班次、列车运行图什么的，我也全学了。从专业技术课的角度，除了电信没学，凡是经济系的专业课和专业基础，我都学了，公路、港口、航道和综合运输也学了，老老实实地学，用了差不多一年半的时间。

我是 1956 年去的，到 1957 年开始“反右”，那时都是对本单位的人员“反右”，我们都是“外来户”，没有任何牵挂，所以我们就很自然地变成了工作人员，专门作记录、整理。我们不会偏向什么人，也不会发言，我们就根据党的号召，参与整理记录。当然，我们这批人也很好用。

到了 1957 年的下半年，苏联专家讲课我已经可以大概听懂了，当时也有翻译。但问题来了，“反右”后期，苏联专家的课停了，我们在那儿就没有什么意思了。我就给学校打报告，我要求提前回来。后来，北京铁道学院同意了，就像现在的论文答辩那样，当时的系主任方举教授（留苏博士）又请了两个教师，我作汇报，通过了，就结束了。我是在 1958 年 1 月份回来的。

访问者：讲授运输经济学的这位苏联专家，您对他有什么印象？

崔功豪：他的课讲得非常好。

访问者：他是位男士？

崔功豪：男的，年龄大概 60 岁左右，是苏联一位非常著名的运输经济学专家。他出版了两本书，当教材在使用。最重要的是，他给我们提供了一种概念：第一，交通的问题不仅是交通而已，运输经济学的概念是把交通和国民经济的发展紧密地联系起来；第二，交通的问题不是哪个部门的问题，一定是综合交通的概念。铁道学院有一门课叫综合运输学，我也学了。这两个概念非常强，我们学的时候既是谈运输经济本身的问题，也结合了技术，结合了社会。这位苏联专家讲课非常有水平。

访问者：他讲课，主要讲理论，还是也结合着讲中国的实际问题？

崔功豪：与中国的实际的结合不是很多，大量结合的是苏联的实际，但关于运输经济学的理论讲得很清楚，这个印象比较深。

五、近 10 年的野外生活之一：参加中苏青海甘肃综合考察队

崔功豪：在北京铁道学院的研修结束以后，接着是近 10 年的野外考察生活，从 1958 年一直到 1966 年。这 10 年，我认为是我成长过程中非常重要的阶段。很重要的一点就是：一个人的成长跟他所在的背景分不开。我是在南大地理系，当时是全国最好、最大的第一个地理系，系主任任美锷先生是著名的地理学家，没有哪个大学的地理学系专业像我们那么齐：经济地理、地貌、水文、地图，教师团队那么整齐，实践那么丰富。

从北京回到南京以后，过了寒假，2 月份开始上班，到 5 月份我就又出去了——参加中苏青海甘肃综合考察队。我先讲一下背景：为什么会有这个考察队？

从 1956 年开始，我们国家就注意到了怎么样学习苏联，更好地开发各种资源，一个重要的工作就是进行综合考察。所以，从 1956 年就开始组织中苏联合考察的工作。1956 年，我有两个同学——佘之祥和沈道齐，他们还没有毕业就提前去参加了中苏新疆综合考察队。还有一个同学叫郭来喜，他参加了黑龙江综合考察队。我参加的是第二批，调查甘肃的河西走廊和青海的柴达木盆地。

访问者：这个综合考察队，组织方是国家建委吗?

崔功豪：不是，跟国家建委和城市建设部没有关系。综合考察队是中国科学院组织的，具体负责方是中国科学院的综合考察委员会。

访问者：这个委员会的领导是谁?

崔功豪：第一任主任叫漆克昌[①]（图 3-12）。他以前当过骑兵队的军长，非常能干，我们叫他漆主任，他是行政领导。业务领导是一位北京农业大学毕业的孙鸿烈，后来当了院士。

考察队的中方组织单位是中国科学院综合考察委员会，苏联方是苏联科学院。因为是中苏联合，所以规格很高，所有的接待人员都是省级领导。当时我才 24 岁！参加考察队的很多活动，但时间非常紧，任务很重，地域很广，条件很艰苦。中苏考察队都是这样，队伍组成非常精干。

1958 年我参加的中苏青海甘肃综合考察队，专业人员中有两位苏联专家，都是以矿产资源研究为主的，一个是波克西谢夫斯基，俄文是“火柴”的意思，是搞金属矿的；一个是彼得洛夫，搞非金属矿的，是苏联科学院西伯利亚分院的

---

① 漆克昌（1910—1988），重庆江津人，1922 年赴日本留学，1928 年加入中国共产党，1929 年在日本仙台被捕，次年回国后在中共江苏省委组织部任干事。1932 年冬在上海被捕，经党营救出狱后赴山西抗日前线，在八路军前方野战政治部敌工部任科长、副部长、部长等职。1945 年，任军调部中共代表等职。1946 年到东北，任土改工作团团长等职。1957 年 9 月，调到中国科学院工作，曾任自然资源综合考察委员会主任兼党委书记、中国科学院地学部副主任、中国科学院党组成员等。

图 3-12 新中国成立初期漆克昌与家人合影
资料来源：https://baike.baidu.com/item/%E6%BC%86%E5%85%8B%E6%98%8C/1718352?fr=aladdin.

院士，可以说两个专家都是院士级的。中方专家有 3 人：主要负责人是李文彦，他是中国科学院地理研究所专门搞资源开发和工业地理的很出名的一位专家，他在那时候已经是研究员了；另外两人，一个是我，另一个是兰州大学地理系的蔡光柏。除此之外，还有两个翻译。

当时的业务人员少，但行政人员却有一大批。除了漆主任以外，为了解决我们野外考察生活方面的问题，配了中餐厨师和西餐厨师。做饭做菜在野外，一个带篷子的解放牌卡车，车上装的都是吃的东西，带面粉做面包，去的时候带肉，还有罐头、鸡蛋。除了两个厨师，还有总会计、驾驶员及其他一些工作人员，行政人员总共有十几个。

那时候的交通工具是苏联的“嘎斯 69”吉普车，每一位苏联专家配一部车，漆主任也有一部车，共三辆小车，我们几位专业人员分散坐在三辆小车中。此外，还有两辆解放牌卡车，一辆以装运做饭用的面粉、肉、罐头等为主，一辆是放装备和行政人员乘坐。

我们每天的行程很长，都安排一两百公里。因为没有人，路上又没有树，中午没地方休息，有大太阳的时候，我们就躲在帐篷的遮荫面或汽车的遮荫面休息，休息之后就走。吃的方面不怕，因为都带了东西。其实，这样的行程是很艰辛和劳累的。

第一年是河西走廊考察，从兰州开始，经过乌鞘岭就进入了河西走廊，一路考察张掖、武威、敦煌，一直到新疆和甘肃边界的红柳园。那时候，兰新铁路还没有通，我们跑了整个一条线。第二年跑柴达木盆地，从西宁开始，经过日月山，进入柴达木盆地，在里面整整转了一个多月，主要是考察资源。

我们有一个原则：虽然你以前都看过资料，书面资料看过，地形图看过，矿山图也看过，但最主要的就是实地调查。一般我们的工作流程是这样的：到一个地方单位（城市、矿山），听取地方单位对资源、产业、经济发展情况的汇报；去现场调查主要资源所在地；整理资料，专家准备汇报；专家给地方汇报提出开发意见、建议。基本过程就是这样四个环节。通常头尾一共三天：上午出发，下午到一个地点，听汇报，准备；第二天调查考察一天，晚上整理资料；第三天上午汇报，下午又要准备到另外一个地方去。连续一个多月，实际上是非常紧张的。但两位苏联专家的工作态度是很严谨的，这一点我是很佩服的。

第一年（1958 年）主要是在河西走廊那边，跑了几个月。到第二年（1959 年）的时候，又增加了一个苏联专家，叫普洛勃斯特，他是工业地理、工业布局的专家，也是能源方面的专家。后来我们还翻译出版了他的书，他不是研究资源的专家，而是工业配置的专家。

当时，艰苦的情况是什么呢？大家常说柴达木盆地，以为是沙漠，到了才知道那叫戈壁。那时候，我们对戈壁没有印象，以为沙漠就是戈壁，实际上不是，戈壁没有沙，都是小石片，真的是寸草不生，也没有水。我记得，当时我们沿盆地从东到西，穿南北，又从西到东走了一圈，碰不到一棵树，回到东面德令哈（城市地名），才碰到一棵树，看到树，就看到绿色了，真是开心得不得了。非常艰苦。

柴达木盆地最著名的资源是石油，实际上它是个聚宝盆，有很多的金属矿，还有很多非金属矿、铀矿、放射性元素等，非常丰富。但是，位置太偏僻了，没有办法开发。可是呢，为了勘探资源，全部都得考察到，凡是主要的资源分布地方，都去。

访问者：通过这段经历，您在调查工作方面有何锻炼和提高？

崔功豪：对我来说，最重要的一点就是快速调查的能力，快速综合的能力，在很短的时间里就要马上把调查意见概括出来：看到了什么？发现问题是什么？如何提出开发的意见？要综合。这方面的压力很大，而且我们专业人员很少。李老师，负责全局和工业，我是负责交通和能源，有的人负责农业……一个人负责一两项。当时，我参加工作也没多久，看到苏联专家的工作，他们的能力真是非常强。这样的经历对我以后的工作都产生了很重要的影响和帮助。

六、对苏联专家的印象

访问者：崔先生，可否请您具体谈一谈对三位苏联专家的一些印象？

崔功豪：考察队的苏联专家可以说是非常有水平、非常尽职尽心，认真负责，什么事情都亲力亲为。普洛勃斯特矮矮的个子，稀疏的头发，山羊胡子，很严谨，有点像列宁；彼得洛夫专家的相貌有点像斯大林，长得又高又大又胖，是高加索人，圆圆的脸庞，300多斤的体重，留着上翘的胡子，那时他口袋里经常带一个梳子，是用来梳胡子的，非常风趣，跟我们谈笑风生，任何的矿点他都要亲自去，可有的时候爬不上去呀！

谈到这里，讲个笑话。我们有一次住在青海西宁宾馆，彼得洛夫300多斤的体重，上楼都气喘吁吁、摇摇晃晃。第二天我们问他睡得怎么样，他笑了笑，大家到他房间进去一看，床塌掉了。当时准备的床不行呀！

漆克昌主任是部队出身，会开车。有时候，漆主任考虑到司机很累，就换着驾驶，他照顾司机，说：我来开吧。彼得洛夫也会开车，那时候，我跟他坐在一个车里，他看见漆主任开车了，他也要开。当时我们说：你们是苏联专家，是贵宾，就不要开车了吧。他说：不行，你们的领导可以开车，为什么我不能开车？开就开吧。等我们休息的时候，让他开车。他进去车里，后来出来了，说：算了，我不开了。为什么呢？因为他的肚子太大了，他完全没有办法坐进驾驶座去。

还有一次，我们上山到一个矿山考察，要骑马。漆克昌主任是骑兵出身，马拉过来，他一下子就上去了。彼得洛夫也要骑马，我们叫他不要去了，他说不行，一定要去。结果如何呢？牵过来一匹马，给他一压，马就躺下去了，起不来了，换了一匹，还是……他自己也脸红了。后来又找了一匹比较壮的马，找了一个战士，牵着他骑。

我们到昆仑山看铁矿，彼得洛夫一定要爬山，我们爬到4000多米的地方，后来他实在爬不动了，一声大喊。当时我们心想：彼得，你千万不要这样，搞得我们好紧张！这就体现出他的一种敬业精神：到了矿区，能下就要下。

彼得洛夫对专业的问题一点不含糊，特别是对翻译。有的翻译比我年纪还大，他们做翻译很有经验。但专家心中的概念是什么？中苏业务人员一起的，是专业队伍，中国人虽然年轻，但是平等的。但翻译是工作人员，比他们的地位要低一等。有些翻译不是专业翻译，专业知识不懂，特别是有一个刚刚毕业分来的小张，遇到专业词汇，常翻译不出来，挨批评。我学过俄语，又在北京铁道学院上过苏联专家课，和他们打过交道，就会给他指点一些专业知识。

苏联专家在专业上确实有真才实学，不是一般的晃晃、看看，就走掉了。今天的事要今天了，每个点调查后，都提出意见，而且提出的一些观点非常好。我举个例子，在柴达木盆地西端的依吞布拉克（地名）有一个非常重要的石棉矿，最优质的石棉矿，纤维非常长，苏联专家一再跟地方领导讲：这是优质的石棉资源，很少见。你们现在千万不要随便开采，如果开采出来，不恰当使用，是浪费资源。

柴达木盆地给我的印象非常深刻，有好多宝藏，特别是察尔汗盐湖，湖盖很厚，湖上可以通车，青藏铁路经过湖面。湖面上现在已经建立了中国最大的钾肥厂，实际上，这个矿里有很多的放射性元素。盐湖的盐颗粒有许多是彩色的，我带回来过一些，交给物理系的老师做晶体分析了，看起来就像玻璃一样。

当然，工作中间我们和苏联专家也有争论。当时，靠近甘肃的河西走廊地区，国家准备建一座钢铁厂。因为我们国家的钢铁厂大都建在东部地区，而河西走廊这里有铁矿（镜铁山铁矿），邻近的新疆的哈密有煤田，同时分析认为，兰新铁路是重车去、空车回，如果利用哈密的煤田，往东运煤，这样就可以降低运输成本，提高资源的利用效率。

当时，中方的意见是选择在酒泉的嘉峪关那边搞钢铁厂。但苏联专家讲了：没有水，没有城市，不行的。当时我们的意见是融冰化雪，用祁连山的雪水，但苏联专家讲：到了冬天，不是没水了吗？当然，祁连山的雪水融化，夏天的水源是很充分的。

所以，苏联专家的意见是要放在兰州。放在兰州，水源等各方面条件都非常好，而嘉峪关那边空无一人，一片荒地。就是这两方面的争论。

后来，两方面的意见就到了国家计委。当然了，有民族思想，觉得不能听苏联专家的，坚持要建酒泉钢铁厂。所以，后来酒钢（酒泉钢铁厂）就搞起来了。但是，酒钢却长期不能投产。其实当时根本没有条件，杳无人烟的地方，周边也没有什么城市，水也很紧张。祁连山的水是河西走廊农业的主要水源，后来虽然酒钢最终投产了，但我个人认为酒钢选址还是有问题的。之后，我们写了一个报告，李文彦老师负责执笔。

我们中苏综合考察队的计划本来是三年时间，从 1958 年到 1960 年。结果中苏关系发生了变化（1960 年断交），当时我们还一点都不知道。苏联专家先知道了，他们也没说。1959 年考察结束，临走前夕，他们请我们专业人员到宾馆去，彼得洛夫拿出红酒，给每个人倒一杯红酒，讲得非常深情。后来我们才知道，他对中国确实有感情，但是接到命令，就要离开。我们当时还不知道，就说希望你们明年再来。他也不具体回答来不来，就说：干杯，再见！我是从来不喝酒的人，也把一杯酒给喝下去了。后来他们回国后，我们知道他们不能来了，就中断了。

访问者：您说的这个离别场景，大概是 1959 年的几月份？

崔功豪：大概是 10 月，我们已经考察完了。在我们考察的过程中，还发生了其他一些事情，苏联专家还蛮支持我们的。

访问者：具体是什么事情呢？

崔功豪：那时候，1959 年，西藏发生了叛乱，我们正要考察青海柴达木盆地。我们就问：还要不要继续考察呀？考察团是不是应该回去了？他们说：不行，考察计划很好，还应该继续考察。

那时候，柴达木盆地南部的玉树、果洛是藏族自治州，居住的都是藏族，那时有一些西藏的藏民跑到这边，包括因叛乱而逃过来的，形势很乱。这样，野外考察工作就很危险。

后来，我们把有关情况报告给了青海省委。为保证考察队安全，省委专门从省公安厅调了两辆车和警卫人员。我们这个车队本来是 5 辆车，两辆解放牌卡车加三辆吉普车，后来头尾各增加一辆车，车上架了机枪，武装人员随行。苏联的“嘎斯 69”本来只能坐 6 个人：1 个驾驶员，1 个副驾，后面只能坐 4 个人，当时，我们车上仅 4 个人，后来加上了武装警卫，就挤了。

就这样，我们继续考察，到 1959 年的 10 月结束。后来我觉得，当年真是好大的队伍。

访问者：从 1958 年开始，我们国家开始“大跃进”，你们在考察的过程当中，经历了一些有关的事情没有？

崔功豪：没有。我一点也没有参加大炼钢铁和“大跃进”。考察的地方没有怎么搞“大跃进”——人都没有多少嘛！特别是柴达木盆地，哪有什么人？我们到兰州以后，看到了一些“小高炉”什么的，我们也不参与，纯粹搞业务。苏联专家也没有接触这方面的情况。当时我没有课，就在外面考察。

访问者：您不是南京大学的老师吗？又要参加考察，那么，还需不需要回学校上课呢？

崔功豪：我刚刚去参加中苏综合考察队时，因为刚从北京回来不久，没有教学任务。到 1959 年，我是助教，还没有教学任务，但当时已经分配了一些其他任务了。

南大人才培养有个传统，每个新教师来校以后就要明确自己的学科方向，要跟着一位老教师，做他的助手，接他的课。我接交通课，跟随沈汝生教授。参加中苏综合考察队时，为什么我喜欢搞交通呢？因为我的方向是交通，将来在学校会有交通的课程。南大的助教在那时候是没有资格上课的，要跟着老师搞一段，当了讲师以后才能上课。所以，那时候我没有教学任务。

访问者：1958—1959 年期间，您在学校的时间大概有多少？

崔功豪：很少。1958 年 5 月份出发，到 10 月底回来，1959 年也相似。

访问者：您的工资什么的，学校照发？

崔功豪：对，工资照发，还拿考察队发的补贴。系教务员都知道，我的工资每月一共 56 块，寄 30 块钱给我在上海的父母，另外 20 多块钱给我存着。后来系里临时需要用什么钱，就拿我的钱给别人用，因为我不需要用嘛！

那时候，我刚学会了照相，从系里借了照相机，是苏联制造的“莫斯科”牌，方方的、大大的，很笨重，最大的好处是摔不坏。我们经常一不小心就摔一跤，但相机是摔不坏的，很有意思。那时候我喜欢照相，出去考察有很多好看的景色。当年在柴达木考察的过程中，我们也看到很多专业人员为了国家的开发，查勘

图 3-13　正在工作中的崔功豪先生（1980 年代）
资料来源：崔功豪提供。

资源而最后牺牲了。柴达木盆地有个地方叫“南八仙”，就是纪念从南方来的 8 个勘察人员，后来失踪了。那边人烟稀少，当时也根本没有通信，联络不上，最后死掉了。

在考察过程中，我们还碰到过很多优秀的地质专家。如朱夏老师，华东师范大学的；我国城市地理研究的创始人，严重敏教授的先生，后来当选为中国科学院学部委员（院士）。我们在那儿碰到他（朱夏），他负责那一带总的地质研究，他与苏联专家一起讨论矿藏问题，他比较熟悉矿的情况。我们中苏综合考察队最早的两位苏联专家也都是地质出身。

七、区域综合考察的历史经验

访问者：你们中苏综合考察队，最终肯定还要跟国家提一些建议的吧？除了刚才您说的酒泉钢铁厂的选址问题——究竟是放在兰州还是酒泉，除此之外，还有哪些比较重要的建议？

崔功豪：在河西走廊的考察中，主要是酒钢的问题。在柴达木盆地的考察中，提出了一些资源开发的意见，比如石棉矿的开发意见，察尔汗盐湖资源开发的意见。最主要的问题是这个地方还没有到开发的时候，不要乱开发。所以，我们就提出了柴达木盆地综合开发的建议：哪些资源应该怎么开发。因为它的矿产资源有很多种，如果开发不好或使用不好，就会造成巨大的损失。还有交通建议：与河西走廊及新疆联系的设想。我还就此写了《柴达木盆地的交通运输》一文，发表在《地理知识》刊物上（图 3-13）。

当时，柴达木盆地的城市中心是海西自治州的首府大柴旦（现在已经改了），这个地方处于盆地中心位置，但条件很差。当时提出要建设格尔木，这个城市现在是青海第二大城市。格尔木当时是柴达木盆地里最主要的城市（现在是青藏铁路和青藏公路的起点），比大柴旦还重要，是青藏公路的起点，设有青藏公路管理局，还有好多部队都在那儿，造了一片林子，叫“青年林”，是共青团员建设的。包括后来的德令哈，位于柴达木盆地东部，是建设条件最好的城市。对于这几个城市，我们也提了一些城市发展的意见，这是从中方角度提出的开发意见。

访问者：你们在青海考察的时候，时间上和 1959 年大庆油田的发现很接近，关于西北地区的油田开发，你们有没有什么发现或建议？

崔功豪：对这个问题，我们是讨论过的。当时柴达木是西北地区重要的油田，如茫崖油田，但问题是，当时的蕴藏量还不是非常清楚，而且比较分散，最主要的问题是离内地太远。为什么苏联专家说要保留一些东西，不要乱搞，如果搞了以后，运输成本远远超过了开采成本。所以，西北地区当时的重点是新疆油，是克拉玛依油，而不是青海。包括现在，青海的石油开发都不多呀，那里油田不是储量最大的，储量比较大的主要是它的金属和非金属矿藏。

访问者：我对大庆油田还不太了解。当时大庆油田的发现，是不是也采取了综合考察的方式？

崔功豪：不是。对大庆油田的开发是中国地质学家（后任地质部长）李四光先生的一大贡献，一般石油形成理论都认为石油都分布在海洋，是海相沉积形成的，李四光先生就提出了陆相沉积，在东北勘察，是专门的地质勘探，后来在大庆找到了油田。柴达木的石油在地质勘探中已经发现，我们是综合考察，是以矿产资源开发为主（包括石油），结合区域的整个发展。

访问者：当年我们国家的综合考察，除了您参加的甘肃青海考察队之外，同一时期有没有别的考察队？

崔功豪：新疆、黑龙江，都有考察队。后来，还有一种治理性的考察队，比如沙漠治理考察队。还有西南地区的山地考察队，下面我会讲到。

综合考察队的工作制度，一直延续下来，到“文化大革命”以前，结束的时候是 1966 年。在这几年间，我们国家都在西北、西南、东北等边远的地方，为了进一步的资源开发，运用了苏联的综合考察的经验，一个个地考察下来。

那么，苏联的综合考察经验又是从哪里来的？“二战”以后，因为苏联的欧洲地区受到了很多的破坏，而大量的中部地区和东部地区是未开发的处女地，如西伯利亚。所以苏联为了恢复经济就组织了综合考察队，在整个中东部地区大搞考察开发，而且他们还提出了一套区域开发理论，在地理学上叫“地域生产综合体”，区域综合开发的理论形成了一套理论体系。除了综合开发，苏联还做综合规划，做出了一个个的区域性规划。

访问者：这项工作为整个国家的生产力布局打下基础。

崔功豪：对，为全国的综合开发做准备。就我们国家而言，因为对资源状况还搞不清楚，1949年以前没有这样做过，1949年以后为什么请苏联专家来？主要是吸取他们的经验。后来苏联专家撤退了，就是我们国家的技术人员自己搞。

为了吸取苏联的经验，综合考察的队伍是很齐全的。我们的考察队对矿产资源的考察还比较单一，像后来新疆的综合考察，专业配备是很齐全的，涉及农业、水利、林业、矿产各个方面，各种专业共同参加的一个队伍。这实际上就是苏联的经验，苏联有一个叫生产力配置的委员会，负责组织综合考察和规划。

八、近10年的野外生活之二：云南南部橡胶宜林地考察

崔功豪：我参加的第二个考察，是中国科学院委托南京大学搞的云南南部橡胶宜林地考察。当时，中国科学院委托南京大学搞这个工作，因为南大当时就是有名的地理系嘛！

当时的背景是：1959年西藏发生叛乱以后，我们国家跟印度就断交了，但中国的汽车制造中汽车轮胎所用的原料主要是从印度进口来的，中印断交以后，也就没有原料来源了。橡胶是热带地区的作物，我们国家也有热带的地方，比如海南就有一部分热带地区，但是面积不够。所以，我们首先到云南的南部去考察。那时候，不光是经济地理专业参加，全系各专业的老师都去了云南的南部，云南南部的五个州，可以说都跑遍了。但是，当时没有资料，怎么找橡胶宜林地？我们地理系的系主任任先生，他向云南省要了五万分之一的地形图，这个地形图当时是保密的，然后他提出了两个条件：云南南部的几个州，凡是海拔500米以下、平地面积在1平方公里以上的地方，都得到现场看，全部都要看。等现场踏勘了以后，再来确定它能不能开发，比如周边的交通条件和城市的依托条件。

后来，任先生创建了一个理论，叫准热带理论——它不是纯粹的热带，但它有热带的一些条件，在500米海拔以下，有热带的气候、土壤及其他各方面的条件。

访问者：去云南南部的这个考察队，还是以中科院的名义吗？

崔功豪：不是。我们是以南大的名义，因为是中国科学院委托南大进行的考察。

在这个时候，我们就没有苏联专家的帮助了，全是自己搞的。而且在1960—1961年的时候，正好是我们国家的困难时期。那时候的考察条件比较艰苦：第一，还有"大跃进"的遗风；第二，已经进入到了困难时期。

我们在云南考察的时候，行李交给了马帮，我们都是步行，随手看着地形图规划考察路线。今天要跑100里，就看看哪条路线可以到哪个县城，就让马帮把行李直接送到我们要去的那个县城。我们自己全副装备，穿野外服（所谓野外

服，其实就是自己最旧的衣服，打补丁的也可以，穿皮靴子，系里发给每个人的），还有一套罗盘、锤子、水壶、雨衣、油布。

那时候正是困难时期，路上找不到吃的东西。后来才知道芭蕉根是可以吃的，因为有淀粉，芭蕉本身就有淀粉，根部是可以吃的。最艰苦的还不是吃的问题。那时候正在"大跃进"，搞完调查回来到某个地方，还要加班写简报，还要刻蜡纸、油印，然后寄到另外一个队，相互交流。那时候，这是政治任务，把大家搞得疲劳不堪，搞完还要写总结。

那时候，我记得我跟周启昌老师（他后来转到经济系去了）两个人负责收尾，写总结报告。时间紧，必须要在一周内完成，每天最多睡两个小时。忙到什么程度呢？连续工作，"老周你先睡，你睡一小时"，他在边上倒着睡，我就写报告；等过了一个小时以后，"老周起来，起来，我要睡了"……就这样轮流。累得实在不行，就吃东西提神。当时只能买到饼干，而这种饼干硬得摔在房间水泥地上都不容易碎。咬着饼干，不是为了吃，只是提神。

后来我们交了报告，结束了调查工作，从云南回来，在贵阳上了火车，在火车上一直睡，没有醒来过。服务员都奇怪：怎么吃饭了还叫不醒。那种状态，真的是叫不醒。基本上一个礼拜没睡觉，非常非常艰苦。但是，我们把调查任务完成得很好，我们找出了大量可以种植橡胶的地方，给国家提供了很珍贵的资料。后来，我们国家就开始在云南南部地区种植橡胶。

访问者：当时你们找出的可以种植橡胶的地方，可以举几个例子吗？

崔功豪：景洪州西双版纳，像这已经种有橡胶的地方，我们去看过，知道了怎么种香蕉、怎么收割、当地的条件。哪些地方没种过，就去仔细分析，搞研究，确定开发与否。这个考察经历很锻炼人的意志。没有地方睡，就随便找个地方睡觉，猪棚、牛棚，我们都睡过，旁边的牛、猪都还在叫，我们稀里糊涂就睡着了。这是我参加的第二次综合考察。

九、近 10 年的野外生活之三：西南山地综合考察之贵州考察

崔功豪：我参加的第三个综合考察，就是中国科学院自己组织的开发西南山地的综合考察，考察范围包括云、贵、川三地，南京大学负责的是贵州。为什么我对贵州特别熟？因为南大的特点是一定要实地踏勘，每个县都要跑到，即使没有陆路交通也要想办法去，乘船也要去。我每个县都到过。

贵州的综合考察是从 1963 年到 1966 年，那时候是以南大为主。除了经济地理专业以外，也包括其他系的专业人员，一共 100 多人的队伍。南大在地理学方面有优势，地质、气象、生物都很强，学校很支持多学科综合研究，大家就一

起来搞调查。

当时，贵州的综合考察的领导者和负责人是张同铸教授，他是我们地理系的副系主任（后来也担任系主任），也是经济地理方面的专家。我是他主要的助手，是 100 多人队伍的团总支书记，也是党支部书记，业务上具体的事情实际上是我在帮他抓。那时候，我才 29 岁（1963 年），有点初生牛犊不怕虎的精神。由中国科学院的综合考察委员会组织整个西南地区考察，整整 3 年，到 1966 年结束。

所以 1965 年工作收尾后，贵州省又继续请我们作农业区划，1966 年，我们承担了惠水县农业区划任务。5 月到惠州，队伍刚组织好，准备出队。接到学校通知，回学校参加“文化大革命”，于是 6 月中旬就回南京了。这项考察工作比较详细，等于是贵州省的区域规划。

访问者：据说在 1958 年前后，贵州省邀请了很多单位搞区域规划。

崔功豪：“大跃进”时期贵州省做过区域规划，我们没参加贵州省区域规划。1960 年代我们搞的是云、贵、川三地的综合利用。因为我 1960—1961 年在云南考察，而云南的气候等各方面条件很好，所以到了贵州以后，切身感受到贵州的条件怎么这么差！真的是“地无三尺平，天无三日晴，人无三分银”。

开始到云南考察，我还是教师，有教学任务。后来，南京大学为了更好地完成国家重要的科研任务，专门设立了科研编制岗，专门作科研，不搞教学了，我被抽调出来，主要任务就是要把承担的国家任务完成好。

访问者：您的科研编制身份是从哪一年开始的？

崔功豪：从 1963 年开始的，我就不上课了，专门搞科研了。最长的一年是 1964 年，3 月份到广州开会，然后去贵州，一直到 12 月份才回来，在贵州差不多待了 10 个月。我为什么感受到贵州“天无三日晴”？因为我的棉袄一直没有脱掉。那时候，贵州夏天也热，但一下雨，因为湿度非常大，马上就阴冷了，所以贵州人的关节什么的容易出问题。

在贵州的三年考察，我最深的印象就是贵州这个地方一片山地，“开门见山”，开发很困难。后来，为了这个问题，我专门请教了北京林学院（今北京林业大学）的关君蔚教授，他是搞山地研究的专家。贵州石灰岩山地多，有的山根本寸草不生。山地到底怎么办？有些平地是石灰岩盆地，可以种水稻，但那里是溶蚀盆地，当地称“坝子”，容易漏水，水稻种不好，洞穴也多。那时候谁去搞旅游？我们真的是很关心贵州的问题，一个地方一个地方考察。跟以前一样，排好日程，很紧张很紧张。现在旅游发展了，山地自然景观、山山水水成为有价值的旅游资源了。

我在贵州 3 年考察期间，还经历过龙卷风，就在茅台镇，位于赤水河河谷。我们到茅台镇的当晚出现龙卷风。我们是乘坐吉普车去的，还没有调查呢，晚上住在招待所，半夜就开始刮龙卷风，大雨倾盆、电闪雷鸣，风过处就如同刀削过一样，把楼房整齐地切去一角斜面，露出了残留的房屋内的家居等布设。断电、积水、瓦片乱飞、触电、屋倒，整个镇一片混乱。我们勉强从招待所二楼下到一楼，当时已挤满了老百姓，第二天一早，风停了，吉普车顶满是瓦片、碎屑，所幸车子未坏，我们也无法考察，就回来了。在这 3 年间，我碰到过龙卷风，碰到过滑坡、暴雨、洪水、兽害、蛇惊，可以说各种灾情都经历过，但那时候大家的敬业精神很强，也都顶过来了。

还记得有一次，我的关节炎发作，全身都不能动，当时什么姿势就是什么姿势，不能换，如果变换姿势如翻身、移步，就疼得不得了，到医院后走不动了，林炳耀老师（刚留校）去找了县医院的医生来——要留院治疗，但队伍还要继续考察。没办法，他给我打了两针激素（医嘱不能多打，有副作用），等我稍微好一点，就强忍着，和大家一起继续考察了。

在威宁考察的时候，我还发过一次盲肠炎。当晚，盲肠炎发作，我们只有 3 人，有两个大四的学生（其中一个是郭庆敏，毕业后曾任中国银行济南分行行长），把我背到公路边，那时候还在下雨，那时候的人真好，有货车司机经过，他们跟他讲我的情况，司机考虑最近就是云南昭通，就送我去了。那时候是半夜，我们哪知道医院在哪儿？那个司机真好，还陪着我们，大家谁也没到过昭通，只能开始一家一家敲门，问县医院在什么地方，有人告诉了我们。那时候的人们纯朴，真感谢那个司机，非常好，一直把我送到医院他才走。当时要开刀割盲肠，我说怎么能开刀呢！队伍还有一大堆人等着安排、考察呢。于是就服药，第二天就回到威宁，一直到现在，没有再犯盲肠炎。

10 年的考察，对我的身心都是很大的锻炼。有人对我说：你现在身体真好。这可能是得益于那 10 年的风风雨雨。那时候整天在野外，日行数十、上百里，一下子下大雨了，等再过一会儿，太阳出来了，就很快又晒干了……身心得到锻炼，业务能力，特别是野外调研能力、概括能力、综合能力，包括写报告的能力，也得到了提高。我的业务成长主要是这 10 年，可以说对我是非常非常重要的一段时间。

中规院 60 周年院庆的时候（2014 年 10 月），院里请我作报告，讲区域规划的历史（图 3–14）。我经历的这 10 年，应该是中国区域规划的前期，是区域规划的一部分。但是，我们在贵州进行的工作并没有挂上“区域规划”的名字。我记得 1965 年底的时候，我到北京，集中三个月时间写报告《贵州山地利用》，有 50 多万字，交给科学院了。1966 年开始“文化大革命”，可惜的是，我在贵州的那些报告和资料，现在已经找不到了。

图 3–14　崔功豪先生在中国城市规划设计研究院 60 周年学术报告会上作学术报告（2014 年 10 月 18 日）
资料来源：中国城市规划设计研究院党委办公室提供。

访问者：中国科学院的档案室也没有？

崔功豪：没有，找不到了。很可惜，我写了整整三个月。

访问者：说不定还能找到呢。这次过来拜访您，我带了几本旧书。《城市总体规划原理》（1977 年 1 月印刷，图 3–15）和《城市总体规划》（1985 年 5 月出版）这两本书是我从旧书摊上买到的。这本《城市规划学习文件汇编》（1975 年 7 月印刷）是刘仁根先生的藏书（图 3–16），他捐赠给我搞规划史研究。

崔功豪：1977 年的这本《城市总体规划原理》和 1975 年的这本《城市规划学习文件汇编》，连我自己也没有了，你能找到还真是不容易。

上面我讲的这些，基本上属于地理的范畴。我们南大是理科背景，但在“文化大革命”之前也搞过城市规划。1959 年前后，当时跟同济大学合作，搞扬州和泰州的城市规划，当时是以同济大学为主的，南大主要是沈汝生教授和苏世群老师参加的，用现在的话来讲，相当于南大搞了一个专题。

十、开办城市规划训练班

崔功豪：下面我讲讲城市规划的一些事情。我们在 1974 年又开始搞城市规划。怎么会搞城市规划呢？这里有个故事。在“文化大革命”期间，整个教学体系比较乱，“文革”打乱了教学秩序，大学停课，专业停招了，教师也不上课了。到了 1974 年，邓小平复出，他复出后提出“复课闹革命”，也就是恢复课程、闹革命。各个专业都开始准备招生，做这方面的准备工作了。

这样一来，就涉及一个非常重要的问题：大学的人才培养非常讲究专业对口，要有明确的服务方向和服务对象，最简单地讲，毕业生分配应该有出路。经济地理专业，学生上的课程很多，涉及面非常广，适应性非常强，涉及许多部门的生产力布局的问题都能做，铁道部、水利部、交通部、农业部、林业部、国

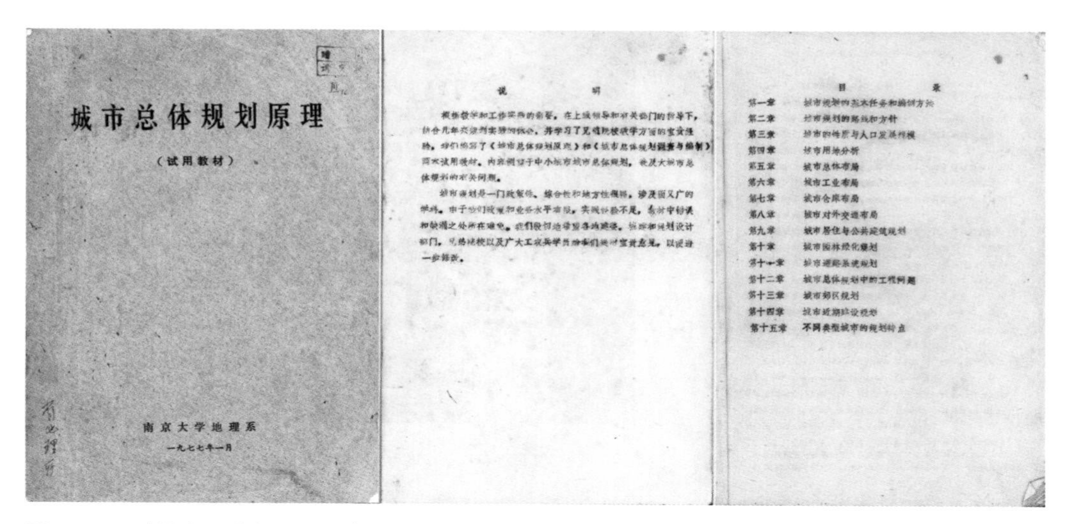

城市总体规划原理

（试用教材）

南京大学地理系

一九七七年一月

说　　明

根据教学和工作实践的需要，在上级领导和有关部门的指导下，结合几年来城市规划实践的体会，并学习了兄弟院校教学方面的宝贵经验，我们编写了《城市总体规划原理》和《城市总体规划调查与编制》两本试用教材。内容侧重于中小城市城市总体规划，也涉及大城市总体规划的有关问题。

城市规划是一门政策性、综合性和地方性很强，涉及面又广的学科。由于我们政治和业务水平有限，实践经验不足，教材中错误和缺点之处在所难免。我们殷切地希望各有关领导、城市规划设计部门、兄弟院校以及广大工农兵学员给我们提出宝贵意见，以便进一步修改。

目　　录

第一章　城市规划的基本任务和编制方法
第二章　城市规划的路线和方针
第三章　城市的性质与人口发展规模
第四章　城市用地分析
第五章　城市总体布局
第六章　城市工业布局
第七章　城市仓库布局
第八章　城市对外交通布局
第九章　城市居住与公共建筑规划
第十章　城市园林绿化规划
第十一章　城市道路系统规划
第十二章　城市总体规划中的工程问题
第十三章　城市郊区规划
第十四章　城市近期建设规划
第十五章　不同类型城市的规划特点

图 3–15　《城市总体规划原理》一书的封面（左）、说明（中）和目录（右）（1977 年 1 月印刷）
资料来源：李浩收藏。

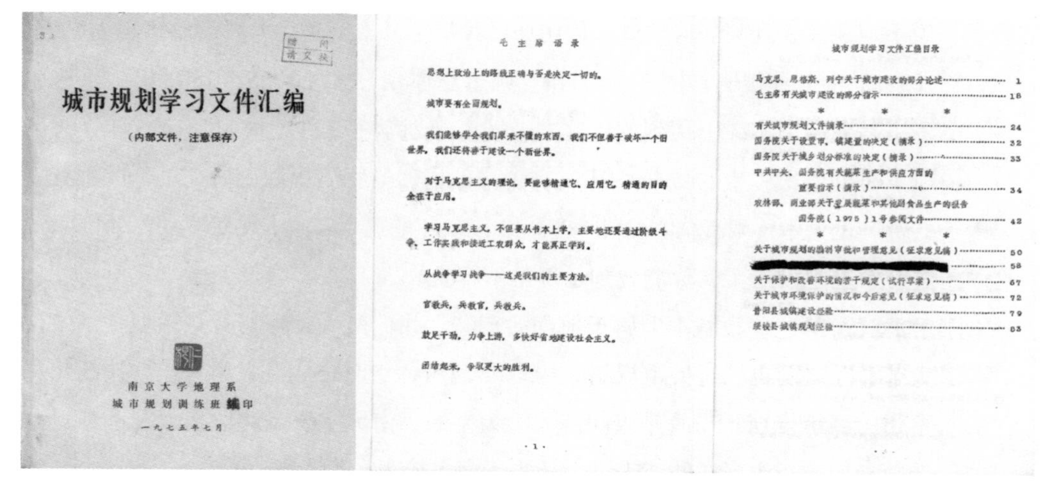

城市规划学习文件汇编

（内部文件，注意保存）

南京大学地理系
城市规划训练班编印

一九七五年七月

毛 主 席 语 录

思想上政治上的路线正确与否是决定一切的。

城市要有全面规划。

我们能够学会我们原来不懂的东西。我们不但善于破坏一个旧世界，我们还将善于建设一个新世界。

对于马克思主义的理论，要能够精通它、应用它，精通的目的全在于应用。

学习马克思主义，不但要从书本上学，主要地还要通过阶级斗争、工作实践和接近工农群众，才能真正学到。

从战争学习战争——这是我们的主要方法。

官教兵，兵教官，兵教兵。

鼓足干劲，力争上游，多快好省地建设社会主义。

团结起来，争取更大的胜利。

·1·

城市规划学习文件汇编目录

马克思、恩格斯、列宁关于城市建设的部分论述……………… 1
毛主席有关城市建设的部分指示……………………………… 18
*　*　*
有关城市规划文件摘录………………………………………… 24
国务院关于设置市、镇建置的决定（摘录）………………… 32
国务院关于城乡划分标准的决定（摘录）…………………… 33
中共中央、国务院有关蔬菜生产和供应方面的
　　重要指示（摘录）………………………………………… 34
农林部、商业部关于发展蔬菜和其他副食品生产的报告
　　国务院（1975）1号参阅文件…………………………… 42
*　*　*
关于城市规划的编制审批和管理意见（征求意见稿）……… 50
[illegible]………………………………………………………… 58
关于保护和改善环境的若干规定（试行草案）……………… 67
关于城市环境保护的情况和今后意见（征求意见稿）……… 72
昔阳县城镇建设经验…………………………………………… 79
绥棱县城镇规划经验…………………………………………… 83

图 3–16　南京大学城市规划训练班学习材料《城市规划学习文件汇编》封面（左）、扉页（中）和目录（右）（1975 年 7 月）
资料来源：刘仁根先生藏书。

家计委等都可以做，是个“万金油”的专业。但是在计划经济时代，就没有明确的方向。主要为哪个单位服务？主要是哪个方向？没有明确。

所以，在“文化大革命”前，毕业生的分配就已经有困难了。“文化大革命”期间，有一句话就叫“砸烂经济地理”，“砸掉”这个专业。“复课闹革命”以后，就有一个问题了，就是还搞不搞这个专业？于是，我就到北京去了，到中央各部门去了解到底需不需要经济地理。

当时，南大有一个非洲地理研究室，它还忙得不得了。因为当时我们国家援助非洲国家，援助不发达国家很多项目，但由于我们不了解当地的自然地理和经济地理，我们的一些援助劳而无功。比如说我们给它建了个汽车厂，但因为当

地地理、气候等各方面条件不同，车子在那里不好用。所以，当时外交部专门拨一部分经费，研究这些不发达国家，要求为每个国家写一本地理书。在“文化大革命”前，教育部就在全国有关大学设立了4个外国地理研究基地，南大就是非洲地理，华东师大是西欧、北美，属于发达国家的，东北师范大学是东北亚，还有一个我记不清楚了，是东南亚的，好像是福建师大。

当时，我们系里没有出差经费，但非洲地理研究室有经费，我就借用他们的经费到北京去，访问了各部门，凡是过去学生实习过的部门我都去了，去了以后介绍我们的专业基础和特长，各个部门的调子都是一样的：第一，规划非常需要，没有规划怎么行呢？但是，人不需要，为什么？一个规划要保持好多年，不能因为做一个规划要一个人，后来就没有事干，因此不要人。

后来，我到了国家建委城建局，办公室主任叫林群，接待了我，她是一个女同志，是个老红军，非常和蔼可亲。我跟她一谈，她说：这个专业我们需要啊！后来才知道，当时是针对由于缺乏城市规划造成的城市建设混乱的状况，决定要恢复城市规划工作。1973年，在合肥召开了城市规划座谈会，要恢复城市规划。同时，又缺乏规划人才。因此，非常欢迎大学办城市规划。而当时北大（北京大学）、中大（中山大学）已接受北京市和广东省要求，已经开始培训干部。林主任对我说：你们能不能马上办班？我说这个不行，我们还要准备准备。她就把我介绍给规划处夏宗玕，由夏宗玕具体跟我联系后续事宜。所以，我跟夏宗玕比较熟。当时，还有刘学海处长（主持工作的副处长）、王凡副处长。通过这次联系，我们找到了经济地理专业的发展方向，我们就决定开始搞城市规划了。

1975年，我们搞了江阴县城的总体规划。虽然过去我们也零零碎碎地搞过一点规划工作，但能不能做完整的城市规划呢？南大的“八大员”——8个老师，开始搞江阴县城总体规划。

访问者：您说的“八大员”，具体是哪8个老师呢？

崔功豪：宋先生（宋家泰）领衔；我；张同海，后来担任过我们的副系主任，再后来回山东烟台了，他负责总体规划；苏群、王本炎，跟我都是同班同学，他们两个搞工业；庄林德，搞历史；傅文伟，搞公共服务设施、详细规划；郑弘毅，搞一部分交通，负责搞港口水运。我除了参加总规，还有铁路、公路和城市道路。那时候，地理系有一个女学生，她有一个亲戚是江苏省的省委书记彭冲。我们就请示对江阴发展的要求。他说“10万人口、10平方公里、10亿产值”，但当时的江阴只有3亿的产值，城中心区大概3平方公里多，人口5万人左右，当时的规划要求就是这样。

江阴规划搞了以后，我们觉得还行：南大搞规划没问题。后来，在这次规划工作的基础上，江阴市又作了调整完善，在“文革”结束后就正式批准了。

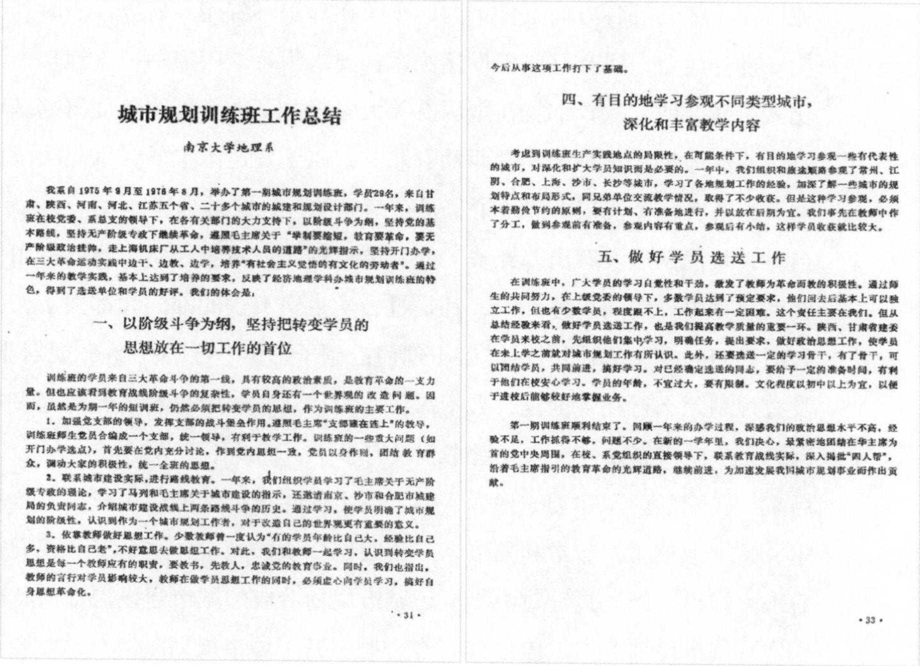

城市规划训练班工作总结

南京大学地理系

我系自1975年9月至1976年8月，举办了第一期城市规划训练班，学员29名，来自甘肃、陕西、河南、河北、江苏五个省、二十多个城市的城建和规划设计部门。一年来，训练班在校党委、系总支的领导下，在各有关部门的大力支持下，以阶级斗争为纲，坚持党的基本路线，坚持无产阶级专政下继续革命，遵照毛主席关于"学制要缩短，教育要革命，要无产阶级政治挂帅，走上海机床厂从工人中培养技术人员的道路"的光辉指示，坚持开门办学，在三大革命运动实践中边干、边教、边学，培养"有社会主义觉悟的有文化的劳动者"。通过一年来的教学实践，基本上达到了培养的要求，反映了经济地理学科办城市规划训练班的特色，得到了选送单位和学员的好评。我们的体会是：

一、以阶级斗争为纲，坚持把转变学员的思想放在一切工作的首位

训练班的学员来自三大革命斗争的第一线，具有较高的政治素质，是教育革命的一支力量。但也应该看到教育战线阶级斗争的复杂性，学员自身还有一个世界观的改造问题。因而，虽然是为期一年的短训班，仍然必须把转变学员的思想，作为训练班的主要工作。

1．加强党支部的领导，发挥支部的战斗堡垒作用。遵照毛主席"支部建在连上"的教导，训练班师生党员合编成一个支部，统一领导，有利于教学工作。训练班的一些重大问题（如开门办学选点），首先要在党内充分讨论，作到党内思想一致，党员以身作则，团结教育群众，调动大家的积极性，统一全班的思想。

2．联系城市建设实际，进行路线教育。一年来，我们组织学员学习了毛主席关于无产阶级专政的理论，学习了马列和毛主席关于城市建设的指示，还邀请南京、沙市和合肥市城建局的负责同志，介绍城市建设战线上两条路线斗争的历史。通过学习，使学员明确了城市规划的阶级性，认识到作为一个城市规划工作者，对于改造自己的世界观更有重要的意义。

3．依靠教师做好思想工作。少数教师曾一度认为"有的学员年龄比自己大，经验比自己多，资格比自己老"，不好意思去做思想工作。对此，我们和教师一起学习，认识到转变学员思想是每一个教师应有的职责，要教书，先教人，忠诚党的教育事业。同时，我们也指出，教师的言行对学员影响较大，教师在做学员思想工作的同时，必须虚心向学员学习，搞好自身思想革命化。

·31·

今后从事这项工作打下了基础。

四、有目的地学习参观不同类型城市，深化和丰富教学内容

考虑到训练班生产实践地点的局限性，在可能条件下，有目的地学习参观一些有代表性的城市，对深化和扩大学员知识面是必要的。一年中，我们组织和旅途顺路参观了常州、江阴、合肥、上海、沙市、长沙等城市，学习了各地规划工作的经验，加深了解一些城市的规划特点和布局形式，同兄弟单位交流教学情况，取得了不少收获。但是这种学习参观，必须本着勤俭节约的原则，要有计划、有准备地进行，并以放在后期为宜。我们事先在教师中作了分工，做到参观前有准备，参观内容有重点，参观后有小结，这样学员收获就比较大。

五、做好学员选送工作

在训练班中，广大学员的学习自觉性和干劲，激发了教师为革命而教的积极性。通过师生的共同努力，在上级党委的领导下，多数学员达到了预定要求，他们回去后基本上可以独立工作，但也有少数学员，程度跟不上，工作起来有一定困难。这个责任主要在我们。但从总结经验来看，做好学员选送工作，也是我们提高教学质量的重要一环。陕西、甘肃省建委在学员来校之前，先组织他们集中学习，明确任务，提出要求，做好政治思想工作，使学员在来上学之前就对城市规划工作有所认识。此外，还要选送一定的学习骨干，有了骨干，可以团结学员，共同前进，搞好学习。对已经确定选送的同志，要给予一定的准备时间，有利于他们在校安心学习。学员的年龄，不宜过大，要有限制。文化程度以初中以上为宜，以便于进校后能够较好地掌握业务。

第一期训练班顺利结束了。回顾一年来的办学过程，深感我们的政治思想水平不高，经验不足，工作抓得不够，问题不少。在新的一学年里，我们决心，最紧密地团结在华主席为首的党中央周围，在校、系党组织的直接领导下，联系教育战线实际，深入揭批"四人帮"，沿着毛主席指引的教育革命的光辉道路，继续前进，为加速发展我国城市规划事业而作出贡献。

·33·

图3–17　崔功豪先生以南京大学地理系的名义发表的《城市规划训练班工作总结》一文（载于1977年第1期《城市规划》）

注：左图为首页，右图为尾页（全文共3页，p31–p33）。

我们做完了江阴总体规划以后，开始由国家建委城建局发文，以局名义委托我们开办“城市规划训练班”。我们南大与北大和中大不同，北大和中大都是地方上委托办班，我们是国家正式发文到各省市，正式办班。南大的城市规划训练班以城市总体规划为主，为期一年，由各个省报名，每个省的名额是5个人，每次6个省，共30人一个班。当时的学员，除了江苏以外，大部分是北方的（图3–17）。

访问者：等于是干部培训。

崔功豪：对，干部培训。都是建设口选派来的干部。来的学员中最有意思的是陕西省建委选来的一个话务员，一个女孩子，她对城市规划什么都不懂，地形图看不懂。其他的学员与城市规划多少还有点关系，比如搞测绘的、搞管理的、搞市政的，还了解一点，但专业方面小周根本一点不懂，她只是建委的话务员嘛！

可是，那些学员来了以后，还是很用功的，后来都当领导了，像杜玉果，后来担任过南阳市的副市长，还有商丘市规划院的院长，很多这方面的人才。这是第一期。

当时我们的做法就是根据培训要求，根据南大的特点，理论和实践相结合，一年搞两个规划项目。半年中上课三个月，规划实践三个月。总体来讲，半年上课、半年搞规划。第一期的两个规划，一个在盐城，第二个在烟台。

第一期办完，休息半年后，我们接着办第二期（图3–18）。第二期的第一个规

图 3-18　南京大学地理系第二期城市规划训练班结业留影（1978 年 1 月）
注：前排右 6 为崔功豪。
资料来源：崔功豪提供。

划项目在南京六合，第二个规划项目在湖南岳阳。

访问者：当时的训练班，主要开设哪些课程？

崔功豪：当时明确以城市总体规划为主，课程方面，与总体规划工作有关的课程都上，包括宏观的区域规划、总体规划，工业、交通布局，微观的详细规划、道路交通、市政工程等。我们专业师资力量不足，有的课程我们请南京市的有关单位来上，如南京市城市规划院的任永明，江苏省建筑院的薛佩儿、陆某某。还有我们学校基建处有很多建筑、市政专业的人员，如清华毕业的学暖通的一位老师，请他们来上建筑课程和市政基础设施的课程等。

在课程内容方面，我们根据南大的特点，把区域规划和城市规划结合起来授课。比如工业方面，叫工业布局和工厂选址；交通方面，叫交通布局和站场设置……就是把城市规划需要的用地安排和区域规划需要的空间布局结合起来，其他还有城市历史，还有用地评定，最基本的东西都上。

访问者：南大的城市规划训练班，当时办了多少期？

崔功豪：搞了两期。这个训练班对学员们确实非常有用，他们回去以后都是骨干了，大部分学员是北方的——河北、山东、山西、陕西、甘肃、新疆，还有江苏本地的。

访问者：关于开办规划培训班，还想向您请教的是：我们年轻人对“文革”期间城市规划方面的活动了解得很少，粗略的概念是从 1976 年唐山地震以后搞灾后重建开始，城市规划工作得以恢复和重启。通过向老同志们请教，我了解到 1973 年前后有过一个规划恢复的小高潮，国家建委也召开过一些会议，比如说“合肥会议”①。

崔功豪：“合肥会议”以后，开始了城市规划工作的恢复。

访问者：您参加“合肥会议”没有？

崔功豪：我没有参加。“文革”结束后有一个“石家庄会议”，是教育方面的，恢复人才培养什么的，南大是郑宏毅老师去参加的。1978 年，城市规划学术委员会成立，地理界的南大、北大、中大、杭大都参加进去了，充实了城市规划力量。

访问者：在“文革”的中期，为什么会出现城市规划恢复的小高潮？

崔功豪：可能与一些领导者有关，比如万里。在“文革”期间，城市规划建设方面乱得不得了，没有章法。特别是北京，无法可依，当时的情况非常严重，那时候就觉得要重新恢复城市规划。在这个问题上，万里是有功劳的，这样才有了“合肥会议”。

在 1974—1975 年，就是因为需要规划了，所以北大搞了培训班，中大也搞了。要搞规划，没有人怎么能行？马上培训。后来国家开始统一搞。所以，南大当时搞培训班，大家都非常踊跃地报名，国家城建局还限制名额，一个省只能报 5 个人。

十一、烟台规划和岳阳规划

崔功豪：南大最重要的规划项目，或者说南大在城市规划方面的影响力，又或者说把南大的优势结合到规划的改革中来讲，是从烟台规划开始的。烟台的规划是 1976 年的时候，国家建委介绍我们去做的，山东省建委推荐，当时有非常好的条件。烟台市规划局有一位局长叫庞象珍，山东大汉，人高马大，很魁梧。庞局长人非常好，而且非常耿直，非常维护规划的权威性，他们叫他“不倒的规划局长”，因为他几次被撤，几次又叫他复出，他对规划专业非常热爱，连国家建委都知道的。

搞烟台的规划，我们充分运用了地理学区域观点、综合观点和区域分析、综合分析的方法。比如说对烟台城市怎么定位？除了研究历史（历史上它就是军事重镇）之外，我们觉得烟台的问题不能从烟台的角度考虑，而要从区域的角度

① 1973 年 9 月 8—20 日，国家建委城市建设局在合肥召开城市规划座谈会，会议交流了合肥、杭州、沙市、丹东等城市开展城市规划的经验，征求了对《关于加强城市规划工作的意见》《关于编制与审批城市规划的暂行规定》《城市规划居住区用地控制指标》3 个文件稿的意见。本次会议对开展城市规划工作是一次有力的推动。

分析。烟台处在黄海和渤海交界的地方，它有着特殊的区域关系：第一是跟大连的关系，两个口门——山东半岛和辽东半岛它们联系的关系；第二是跟天津和北京的关系，两个口门保卫天津和北京；第三是跟山东半岛的关系。所以，我们从三个层面作了详细的研究，到大连去调查，到山东半岛去调研，北京和天津没有去，但我们分析了与它们的关系。

烟台规划，当时还有一个军事因素。当时规划跟部队结合，包括地下防空洞和街道及建筑物的关系等，都作了研究。不能让防空洞口被一个高大建筑物挡住了，那不行，整个道路系统规划和建筑物都要结合起来。我们在区域层面对周边关系所作的全面分析——区域空间分析的优势发挥得比较充分。

在整个调查研究的过程中，我们非常注意对经济和自然各方面条件的详细分析。比如说道路规划，当时我们对道路的规划做了两件印象非常深刻的事情。烟台的特点是带形城市，沿海布局。烟台是开放口岸，中心地区在东部，工业在西部，东宿西工，通勤交通集中。怎么改变这个状况？规划时，首先就要知道它的人流情况。一方面，我们按照常规方法，在城市干道主要交叉口进行测流，组织了一大批的中学生进行。另外，当时我们规划班学员进行了实地测流，烟台规划局非常支持——购买了15辆自行车，早上6点跟着人流从最东端往西走，走到一个分流路口，派一个车跟着，这样就把整个车流的流向基本搞清楚了，测了两次，包括休息日和工作日在内。

同时，召开了座谈会，请公交司机和出租车司机参加，因为他们最有感受，问他们哪些道路最有问题，哪些道路要改扩建等。除此以外，决定了改扩建道路断面以后，怎么改造，怎么拆迁，是两边拓宽还是一侧拓宽，如果是一边拓宽，拓宽多大范围，要拆迁多少房屋，哪类房子（商店、住宅、机关）等，都进行了研究和计算。对于工业布局，规划西部新建工业区，但西部有烟台苹果最著名的产地“西沙旺”，如何保护，保护了以后怎么样给当地的老百姓创造经济收入……区域分析、综合分析都做了。

烟台的这个规划搞出来以后，国家建委城建局刘学海处长和夏宗玕来听汇报，肯定了这个规划和南大的思路、做法。我们把南大的经济地理和区域分析的优势充分发挥了，改变“就城市论城市”的观点为“就区域论城市”。南大在这方面是起了作用的，所以说烟台的规划还是比较成功的。

1977年的岳阳规划也是很成功的例子。岳阳市位于湖南省北部，长江沿岸，是湖南省的门户。当时，岳阳规划提出要发展城市，扩大规模，为此，必须改造火车站。实际上，当时铁道部门已经对岳阳的铁路改造有意见了，计划是在原址改建，铁道设计院已经完成了改建方案。我们去岳阳开始搞规划以后，发现在原址扩大有问题，因为整个岳阳市区发展空间非常狭窄，位于湘江和京广铁

图 3-19　中央电大“中国经济地理”师资培训班留影（1983 年）
注：前排左 6 为宋家泰、左 7 为崔功豪。
资料来源：崔功豪提供。

路之间，城市发展方向应该往东，原方案中车站的大门是朝西，与发展方向完全相悖，非常不方便。如果车站面向东，市区人乘车要跨铁路也是问题。所以，我们提出一定要建新火车站，这是岳阳规划的关键（图 3-19）。

当时，当地的铁路局方面不同意，铁路设计部门也说不行。市里说，方案已经做了，“铁老大”也很为难。岳阳那时候的规划局林局长是个华侨（后为副市长），规划专业出身，很支持我们，向市里反映，市里也同意了。改变方案的关键是新车站选址，要满足新站的用地（包括未来扩大的用地预留）铁路站设置的技术经济要求。我就运用在北京铁道学院学的知识，进行选址勘测。

铁路车站设置最大的问题是要满足整个列车在车站上下、启动、停靠、交会等要求，线路的长度（安全）要求，要有一个广阔、平直地段。京广线由南往北，到岳阳以后就改为往东了，我就带着两个学生从岳阳老站沿铁路线开始勘测，由南往北、往东一路走，最后在岳阳东向的京广线上选了一个合适的地段。新的车站，坐北朝南，远处是湖，景观也好，地势非常开阔，面对岳阳城市新的发展用地，就是现在的岳阳车站站址。我们最终成功了，也获得了铁路部门的支持。

访问者：这一点也很关键。如果您没学过铁路（专业），可能就不一定能提出过硬的改建方案，进而影响到岳阳的城市规划能否合理布局。

崔功豪：在“文化大革命”以前，我教过一门叫“交通运输及技术经济”的课程。当时南大有三门技术经济方面的课程，包括工业布局技术经济、农业技术经济和交通技术经济。

所以，当时我说没有问题，这个站址问题可以解决，他后来说你去选址吧！铁路部门很厉害，说：你选址给我看看。我说我就可以选。选好了以后，各方面条件，包括铁路的技术要求，统统满足，对城市非常有利。这两个规划是比较成功的。

南大的训练班把技术经济的内容包括在课程里。搞城市的总体规划，如果交通技术的东西一点都不懂，完全是被动的；如果工业的东西完全不懂，工业布局也是被动的。所以，一定要有基本的知识。

十二、编写《城市总体规划》教科书

访问者：刚才提到的这本《城市总体规划原理》（试用教材）是 1977 年 1 月编印的，主要就是 1975 年开展江阴城市总体规划、1976 年开展烟台城市总体规划，以及开办城市规划训练班的经验总结，对吧？

崔功豪：是的。我们做完几个规划项目以后，就总结了一下，写成了一篇学术论文，当时叫《城市总体布局研究》，获得了江苏省的科技奖。

搞了烟台规划以后，我们觉得有信心了，我们学习了几个工科高校编的《城市规划原理》，内容很丰富，但觉得其体系实际上是程序性的，是按照城市规划编制过程，按照工作的步骤来开展的，还缺整体的体系和理论的支撑，所以我们觉得，是不是应该编一个城市总体规划方面的教材？

改革开放初期的规划院校主要有三类：一类是工科的，以城市规划设计为强项的；一类是理科的，以区域规划为强项的；另一类是工科的专门化，规划侧重于详细规划，像东南大学。国家建委城建局对城市规划人才培养提出三个要求，其中一个要求就是都要会做总体规划，总体规划是核心，不管是专门化还是理科的，都要以总体规划为核心。工科的要兼懂区域规划；理科的要兼懂详细规划；对于搞详细规划的同志来讲，一定要懂总体规划。

当时是以总体规划为中心，所以我们就专门编写了《城市总体规划》这本教材。当时，我们已有了"区域规划基础"的讲义，还没有正式编"区域规划"。改革开放初期，全国搞统编教材编写，重庆建筑工程学院的黄光宇先生主编了一本《区域规划概论》。

访问者：1977 年 1 月编印的这本《城市总体规划原理》，是 1985 年 5 月正式出版《城市总体规划》的基础，对吧？

崔功豪：是的。这本《城市总体规划》是理科背景下城市规划专业最早的著作，我们是既作为教材，也出于一种研究和指导实践的目的才编写的这本书。后来有不少院校都把这本书作为城市总体规划方面主要的教材了。

访问者：我注意到，这本《城市总体规划》第一章（城市与城市规划）、第二章（城市建设发展与自然条件）、第十章（城市郊区规划布局）、第十一章（不同类型

图3-20 《城市总体规划》教科书封面（1985年5月出版）
资料来源：李浩收藏。

城市的总体规划）这几个比较核心的章节，实际上是您执笔的。

崔功豪：这本书的署名作者有3个人（图3-20），实际上我们三个是三代人：宋先生（宋家泰）是我的老师，我是1956年毕业的，张同海是1964年毕业的，也算是我的学生。宋先生的特点是思路非常清楚，对问题非常敏感，逻辑性比较强，当时他是我们的老师，由他领衔和主持编写工作。张同海是最年轻的，书的提纲定了以后，我请他来安排编写分工，挑选他愿意写的章节，他们两位挑完了，剩下的章节由我来写。这本书的影响也是蛮大的，理科的第一本城市规划教材。我是地理背景出身，人文地理、经济地理，特别是城市地理，跟城市规划的关系最为密切，或者说城市地理的某些方面是城市规划工作的理论基础。所以，我对城市研究也一直关心。另一方面，南大的吴友仁先生是国内最早研究城市化的学者，我们把城市地理的研究与城市规划联系在一起，无论是城市地理还是城市规划，首先要研究城市，研究城市化。过去搞城市规划是不注意研究城市化的。现在城市规划要遵循城市发展规律，因此，城市化研究及其规划也成了城市规划的重要内容。

十三、城镇体系规划的创新探索

崔功豪：就城市规划工作而言，南京大学的第二个影响，或者说与我有点关系的，是城镇体系规划。“文革”结束，唐山规划编制以后，当时城乡建设环境保护部的领导很有见识，要求搞城镇体系的研究。当时，部里下达了一个科技任务，交给地理界（胡序威、严重敏等），就是城镇体系规划的课题研究。当时，我就写了《湘东地区城镇体系》一文。多年来，我们一直强调城镇体系的研究工作。

访问者：城镇体系这个名词对应的英文是？

崔功豪：这是西方的一个概念，当时叫 city system。后来我们国家的城镇体系叫 urban system。

访问者：国内开始提出“城镇体系”这个概念，大概是在哪一年？

崔功豪：很早。最早在 20 世纪 60 年代，严重敏先生（华师大）就译介过 20 世纪 30 年代德国人克里斯泰勒的书——《中心地理论》，实际上就是城镇体系的概念，后来我们引用过来。

访问者：作为一种规划类型，城镇体系规划是怎么开始的呢？

崔功豪：就规划类型而言，是建设部首先提出的，有一个过程。

一开始的时候，我们是在做城镇规划。做了一段时间以后，国土规划开始兴起了。关于国土规划，我们国家改革开放以后，一些中央领导同志出国考察，他们考察了欧洲国家德国、法国，考察了日本，发现国外很重视国土规划，也叫作“领土整治规划”，日本叫“综合开发规划”，对一个国家的资源、环境、生产布局、城镇发展有一个整体的规划，这非常需要。在此情况下，我们国家就也开始搞国土规划了。

1980 年代初期，国家计委成立了国土局。国土规划到底怎么做呢？没有经验，先是试点，选了四类地区。西方的国土规划基本要点是资源开发、生产力布局、城镇发展和环境保护，主要是四个重点。按照西方国土规划的四大重点内容，我们国家选了四个点：一个是以河南焦作为中心（豫西地区），以矿产资源开发为主体的；一个是湖北宜昌地区，以水电资源开发为重点的；一个是吉林的松花湖，侧重于农业、水利、水土保护的；还有一个是新疆巴音格勒州（库尔勒）。这四个地区作为国土规划的试点。

南京大学承担宜昌地域国土规划的试点工作（图 3–21、图 3–22）。综合规划方面，南大比较有经验，其中就有城镇体系，是很重要的内容，城镇体系是国土规划里的一个组成部分。我一再讲，独立的城镇体系规划在国外是没有的，国外没有单独做城镇体系规划的，只是区域规划里的一部分，是区域规划生产力布局的空间落实。

南大研究城镇体系规划的时间比较早，早在 1980 年代，已经有研究生开始研究宜昌城镇体系规划、合肥城镇体系规划，已经写这方面的学位论文了。通过宜昌的城镇体系研究，我们总结提出了城镇体系规划的三大结构：等级规模结构、职能组合结构、空间布局结构。这实际上是对 “就区域论城市” 观点的深化，区域里有很多城市，你的城市必然是区域城镇体系中的城市。

在城市规划方面，南大的第一个影响是“就区域论城市”，第二个影响是“就

图 3-21 湖北宜昌国土规划工作留影（1982 年）
注：前排左 3 为宋家泰。
资料来源：崔功豪提供。

图 3-22 湖北宜昌国土规划汇报期间的留影（1984 年）
注：右 1 为崔功豪。
资料来源：崔功豪提供。

体系论城市”。所以才有了三大结构的问题，更进一步融入城市规划工作领域中。

后来，1980 年代末，国土规划停掉了。我记得那时候建设部很明确，区域规划对城市规划是很重要的，但国家已经不做了。实际上，我们的城镇体系规划就代替了以前的区域规划。我们建设系统做的城镇体系规划，已经不仅仅是城镇而已了，包括生产力布局等，都一起做了。就这样，城镇体系规划的做法一直延续了下来（图 3-23、图 3-24）。

我参加了宜昌地区的城镇体系规划。宜昌地区的城镇体系规划本来在 1985 年结束，因为那一年我出国了，直到 1986 年我回国后才正式验收，国家计委召开了各省市计委参加的验收会。当年验收时，对宜昌的国土规划给予了很高的评价，其中，非常肯定的一点是落地，尤其是对工业用地的落地。在宜昌的国土规划中，我们寻找工业发展空间，找到了工业用地在哪里。我们采取的是以

图 3-23　崔功豪先生在建设部第二期城镇体系规划培训班开学典礼上讲话（1996 年）
注：中间正在讲话者为崔功豪。
资料来源：崔功豪提供。

图 3-24　崔功豪先生在建设部省域城镇体系规划培训研讨班上授课（2001 年 9 月）
注：左 1 为崔功豪。
资料来源：崔功豪提供。

前在云南搞综合考察时的办法：1 平方公里以上的用地我们都给找出来，再分析它的开发条件，最后确定哪些地方可以开发，哪些地方应该开发什么，哪些地方要注意解决交通等问题，形成相对操作性比较强的规划成果。在我自己的工作生涯里，宜昌规划也是比较重要的。

访问者：当年搞城镇体系规划，是不是建设部先下发了一个比较重要的文件？

崔功豪：不是。主要的背景就是国土规划本身停掉了，这也是当时非常特殊的情况。本来国土规划在全国已经展开，还集中了全国的一些专家，编制了全国的国土规划纲要，但一直没有报送国务院。在这样的情况下，建设部的《城镇体系规划编制审批办法》都出台了[①]。城镇体系规划很重要，后来的《城市规划法》《城

① 1994 年 8 月 15 日，建设部发布第 36 号建设部令，颁布《城镇体系规划编制审批办法》，自同年 9 月 1 日起施行。

乡规划法》里都提出来要做城镇体系规划[1]，建设部也一直把它作为城市规划的一个法定内容。

十四、赴美国访问与学术交流

崔功豪：这本《城市总体规划》写出来以后，我就到美国访问去了，因为我申请到的世界银行的奖学金是最后一期，到了 1985 年 8 月就要截止了。当时主要是因为宜昌规划的事情，一直走不了，后来不能不走了，所以宜昌规划做完后，验收、评审就先放下了。我去美国主要是了解一下发达国家，特别是美国的城市发展过程。当时的主要任务不是为规划，而是为了城市研究。

访问者：您去美国访问的性质是受到世界银行的资助？

崔功豪：对。

访问者：资助对象都是教师？

崔功豪：对。当时给每个人资助每月 600 美元，教育部为了多派人，把我们的资助砍了一半：每个人每月 300 元。

访问者：您能被选派，应该跟您的外语基础比较好也有关系吧？

崔功豪：我在中学学习时，学习的语言是英语，因为是教会学校，当时的英语基础比较好，我们的初高中课程，除历史外都是用英语教的。但到了 1949 年后，大学只能学俄语，读俄文书，英语停了。事隔几十年没怎么碰英语，到 1980 年代要出国，学校里开办了教师外语班，每个礼拜学习两个晚上，给教师培训外语，我就又学习了一下，只能说是恢复一些基本的东西。

我去了美国一年时间（1985 年 9 月至 1986 年 8 月）。到那边（美国阿克伦大学地理系）做访问学者，我给自己两个任务：一是我自己努力学习国外先进经验，另外是我向他们介绍中国城市的发展，包括中国的城市人口和城市规划。后来，我在《美国地理学家协会年报》（AAAG）发表了一篇文章《中国行政体制变化和城市人口》，这本期刊相当于中国的《地理学报》。这篇论文是我与美国阿克伦大学华裔教授马润潮先生合写的，他是美国研究中国城市地理的权威学者（图 3–25）。

---

① 2007 年 10 月 28 日，第十届全国人民代表大会常务委员会第三十次会议通过《中华人民共和国城乡规划法》，自 2008 年 1 月 1 日起施行。该法第十二条明确："国务院城乡规划主管部门会同国务院有关部门组织编制全国城镇体系规划，用于指导省域城镇体系规划、城市总体规划的编制。全国城镇体系规划由国务院城乡规划主管部门报国务院审批。"第十三条明确："省、自治区人民政府组织编制省域城镇体系规划，报国务院审批。省域城镇体系规划的内容应当包括：城镇空间布局和规模控制，重大基础设施的布局，为保护生态环境、资源等需要严格控制的区域。"

图 3–25　马润潮教授 60 岁生日时的一张留影（1997 年）
注：前排左 1 为崔功豪，中为马润潮。
资料来源：崔功豪提供。

这篇文章是中国大陆学者在美国最高等级的地理刊物上发表的第一篇文章。因为很多外国人搞不清到底中国的城市是怎么回事，中国城市人口是怎么统计的，我们的文章厘清了基本概念，从而成了国外研究中国城市和人口必引的文章。我一方面介绍中国城市的发展，另一方面是介绍中国的城市规划，其中也提到了受苏联城市规划的影响。在美国期间，我到美国的很多个大学去搞过学术交流，这样就为我日后的国际交流活动打下了基础（图 3–26）。

那时候，有个国际交流的平台——美国有个亚洲城市研究协会，举行国际城市化会议，第一届在美国阿克伦大学举办，宋家泰先生去美国参加了会议。我去阿克伦大学访问了以后，就跟他们提出来：第二届会议是不是可以在中国开？所以，后来，1988 年在南京举行了第二届亚洲城市化国际会议，我跟美方的马润潮教授两个人主持会议，我也在会上作了主题报告（图 3–27）。

就这样，我们与美国建立了合作关系，之后又建立了奖学金。马润潮先生有个“马氏城市地理奖学金”，在南大，发给研究生和大学生，记得一个人是 500 美元。后来，利用美国“鲁斯基金会”的 15 万美元资助，研究“中国自下而上的城市化”，我和马润潮教授分别作为中方和美方的主持人（图 3–28）。当时，我联合了中国的包括大学、研究机构，以及规划设计部门等三方面的人员，一共 9 个单位（包括云南省勘察设计院，因为要到云南去），跟当地结合，专门作小城镇研究。美国有 4 个大学参与，考察了覆盖全国的十几个省区和 40 多个小城镇，是一

图3–26　在美国华盛顿参加美国地理学家协会（AAG）年会（1992年8月）
资料来源：崔功豪提供。

图3–27　崔功豪先生正在主持第二届亚洲城市化国际会议（1988年8月）
资料来源：崔功豪提供。

图3–28　中美合作课题“中国自下而上的城市化”在中山大学的第一次工作会议留影（1995年）
注：该课题美方由马润潮（前排左2）主持，中方由崔功豪（中排右1）主持。前排左1为闫小培（时为中山大学教授），中排左1为沈道齐、左2为周一星。
资料来源：崔功豪提供。

个规模较大的中美城市化研究项目，成果用中英文发表。

我到国外学术交流的机会比较多。1986年从美国回来后，1987年我又到日本，参加了中国地理学家代表团，与日本的地理界搞学术交流。交流以后，又跟日

图 3–29　崔功豪先生在国际学术研讨会上作学术报告（1995 年）
资料来源：崔功豪提供。

图 3–30　与日本立新大学新井正教授（右）在学术研讨会上的留影（1990 年）
资料来源：崔功豪提供。

图 3–31　在日本参加国际学术会议期间，与日本学者及中国留日学生的合影（1995 年 11 月 25 日）
注：前排中为崔功豪。后排左 1 为杜国庆、右 2 为王德，系中国留学生。后排中（左 3）为小岛泰雄，曾在东南大学就读，由崔功豪先生协助指导博士论文，现为日本京都大学教授。
资料来源：崔功豪提供。

本的地理界和规划界的人接触，建立了合作关系，我有几次去日本访问，包括日本神户地震（1995 年 1 月 17 日）以后，去了解了他们震后重建规划的有关情况。此外，我还与澳大利亚的同行一起合作研究收缩城市，也到香港等地做过访问学者（图 3–29 ~ 图 3–34）。

图 3–32　与澳大利亚学者伍宗唐教授（左）在一起（2005 年）
资料来源：崔功豪提供。

图 3–33　崔功豪先生与中国香港叶嘉安院士（右）在学术会议上（2010 年 12 月 7 日）
资料来源：崔功豪提供。

图 3–34　崔功豪先生（中）与加拿大地理学家 T.G.McGee 教授（右）在交谈中（1994 年）
注：地点在北京。
资料来源：崔功豪提供。

十五、对计划经济时期城市规划工作的评价

访问者：1950—1960 年代您作区域综合考察的时候，对城市规划方面的工作有没有一些了解或者接触，特别是您刚才提到的兰州城市规划。

崔功豪：兰州的规划我有接触。当时我觉得兰州最大的问题是狭长地带，非常窄。那时候，有两个概念还是比较清楚的。一个是兰州在西北地区的区位，从地理位置上来讲，是处在西北各通道的交叉点上，比西安还要重要，往北是到银川，往南是到青海，往西是到新疆，往东到西安，兰州是一个交叉点，西安并不是。从地位来讲，当时我们专门讨论过这个问题，根据兰州的地位，应该成为西北地区的中心城市。

我去过兰州，一开始，我对兰州的印象非常好，盘旋路中间有一个大广场，几个科学机构都在那边，兰州是非常著名的一个城市。

但是，兰州的问题在于地形受到很大的限制，作为中心城市的条件会有影响，未来的发展受到非常大的影响。当时做兰州规划，在区域分析方面还没有到现在的这个程度。当时有点就城市论城市。如果有区域分析的概念，兰州早就应该向外围地区拓展。

访问者：我们国家的城市规划工作经历了两个不同阶段：前期重点学习苏联，强调跟国民经济计划的密切配合，或者说是国民经济计划的延续和具体化；改革开放后更多地跟市场经济结合。您对计划经济条件下的城市规划工作怎么评价？

崔功豪：这个问题现在大家也在讨论。我的第一个观点是：要把城市规划提到相当的高度，否则我们对城市规划工作的认识程度就不会那么高。也就是说，要把城市规划作为国民经济计划里很重要的一部分，这个概念落不落实是另外一回事，但是，作为国民经济和社会发展的一个重要部门，这个问题是应该承认的。所以，苏联有很多城市规划的手册，人家老早就开始搞了，这个地位是可以肯定的。

第二，标准化、规范化也应该承认。不管城市规划是否合理，至少有了标准、有了规范。西北和中西部地区的好多城市，长期以来根本连规划都没有。在新中国成立以前，除了一些开放口岸城市，像上海和青岛，我们国家大部分的城市是封闭延续下来的，是中国的传统。我们到青海、甘肃，河西走廊，去每个城市考察，看到的景象都一样，中心都是钟鼓楼，城市中心的规划都是一样的。苏联专家把城市规划的一些做法带进来以后，我们才知道城市规划，才知道要有规范，虽然就规范而言，现在看来有很多问题，包括人口等，但至少要有一个规范、标准，城市规划在这个方面的作用还是应该肯定的。

第三，在当时的情况下，城市规划在概念上还缺乏对城市是社会经济发展主体的认识，因此，城市变成了一个被动的承受者。产业想往这儿放就放了，经济

发展到哪儿就放到哪儿，城市方面的主动性比较缺乏。城市有哪些条件？城市自己怎么发展？自己需要什么？不知道。而是上面需要城市摆什么就摆什么，这种概念是倒过来的。在这种情况下，很自然地，国民经济对于城市的建设起了一定的制约作用。

今天我们看到，城市是社会主体：城市需要什么？城市可以放什么产业？你得给城市创造什么？所以，改革开放以后，这些矛盾问题就来了。此外，过去我们太过于强调规范了，完全按照规范，没有更好地因地制宜。有规范有好处，但死抠规范就有问题。这个事情要两面看，规范太多了也有问题，比如城市规划编制规范，有一些规划院的做法很简单，用规范往里套，不需要很深的研究，这是个问题。规范每个部门都会用，但是根本不深入，有很多问题该重点研究的没有重点研究，有些不需要的却很详细。

对苏联的东西不能全部否定，还是起了一定作用的。苏联人可能有一种情况就是高高在上，他觉得他的话你们不能违反，不一定听中国专家的意见，这种表现出来的味道会有问题。酒钢的问题是中国政府支持我们，苏联专家就没有办法，后来政府讨论，也没有下正式的结论。我们跟苏联专家学了很多，这个不能否定。

在计划经济时代，城市规划工作是落实计划，在当时国家经济发展的要求下需要落实。但是究竟需不需要这样落实？这个落实是不是对城市合适？没有考虑，没有一个城市会提出来不合适。本来应该有个反馈，如果这样可能会更好。任何问题，一个是看时间、背景，一个就是掌握度——落实到什么程度。

中国的不少城市都是大广场、放射道路，这个做法不一定行，车行交通组织很有问题。当时，我们刚刚建立新中国，广场建设是个政治因素，广场不仅是交通，还是政治集会所在地。“文革”的时候，南京专门扩大了一个广场——鼓楼广场，搞得很大，全是政治集会的场所，广场并不具有交通作用。在城市规划方面，我了解得并不深。

十六、关于城市规划教育

访问者：崔先生，您长期在规划教育部门工作，在南大毕业的学生中，经常出一些很有影响力的人物，像中规院现任院长杨保军、中国城市规划学会常务副理事长兼秘书长石楠，还有南大校内的张京祥教授，更年轻一代的比如罗震东……他们在全国的影响力都很大。从教育体制的角度来看，您觉得哪些方面的因素会促进领袖型或者说骨干型的规划人才的培养？

崔功豪：南大的规划教育有它的长处，也有它的缺点。南大教育的重要特征就是看任何

图 3-35　崔功豪先生与研究生们在一起的留影
注：照片中的研究生主要是 1994 级博士生和 1993 级、1994 级硕士生。
资料来源：崔功豪提供。

问题都要从全局上看——区域观点或者是全局观点。今天谈住房，马上就要想到房地产发展情况怎么样，发展到什么阶段了，人口增长的情况怎么样，要想着和其他城市对比，要有全局综合的观点。看任何东西都不是孤立的，都是全局中的一个部分。他可以在这个部门工作，也可以在另一个部门工作，接受任务以后，首先想到的是全局形势。

第二，非常强调概括能力。综合、概括能力的训练是非常重要的，在学生时期就培养概括能力。我们以前培养学生，包括石楠他们，实习做方案的时候，每个同学都做个方案，口头汇报一下，培养综合概括的能力。能力的培养是非常重要的，不光是会画图或者会写，还要善于表达，善于概括。

第三，调查研究。我们一直非常强调调查研究，过去我们经常强调“三据”，任何问题都要提出“三据”：数据、证据、论据。数据是数字，证据是案例，论据是理论基础。不论哪个问题提出来，就问你有没有“三据”，不能空说，比如人口达到多少，为什么，案例对比等。这就是调查研究的能力（图 3-35）。我们过去搞规划，比如说到一个地级市搞规划，每个县都要走到，主要镇都要走到。不是说简单地下去，发个调查表，提几个问题，地方上回答一下，资料一收集，就结束了，这不行！要搞深入的调查研究，这样证据就找到了。再比如南大很强调历史研究，宋家泰先生非常强调历史研究的重要性，他到某个地方做规划，第一件事就是看历史，看地方志。城市都有记忆，不能不知道历史怎么发展过来的。

前几年，中规院做无锡的总体规划项目，邀请我去讨论初步方案，我就问了一个问题：你们知道为什么无锡的汽车牌照是“苏 B”吗？很多人不知道，因为以前无锡是江苏省最重要的经济发展城市。南京的车牌号是 A，因为是省会。

图 3-36　崔功豪先生与夫人崔文琴教授在一起
资料来源：崔功豪提供。

无锡是1980年代全国15个经济中心城市之一，车牌号是B。徐州是C，常州是D，苏州是E。所以说，如果连这些历史都不知道，不知道它发展的历史过程，怎么去研究无锡的总规？

以前，郑弘毅老师曾主持一门课，一年级的学生入学一个月以后就叫他们写一个“城市印象记”——让他们写写对南京城市的印象。这也就是培养观察能力。当然，杨保军他们几位的成就，主要是靠他们自己的努力，学校只是传授知识和思考的方法而已。可是，知识不断地更新，永远讲不完，学校的重点在于讲思路，观察问题的方法、能力（图 3-36）。

南大是理科的背景，本身需要的知识积累比较多，背景比较复杂，面比较广，结合各自对专业发展的兴趣，个人去寻求适合自己的发展道路。现在，南大的弱项是在具体设计方面，我们在城市空间的概念上比较弱，涉及城市的专项领域方面也不如以前。这个问题，跟学时的限制也有关系，过去的学时很多，可以把技术、经济的知识都放进去，现在情况不一样了。

比如说中国经济地理或者中国区域地理，在学校听老师讲了这些课以后，一到地方，就知道那个城市大致是怎么回事，是什么方位，什么自然条件……这样很快就可以进入角色。现在的学生不行，你现在告诉我兰州，我就知道兰州的大致情况，你告诉我银川，我就知道银川的大致情况，你告诉我哈尔滨，我就知道哈尔滨的大致情况……过去比较强调区域的概念和自然经济的概念，这种综合概念的培养很重要。特别是搞中国的东西也要知道世界经济地理，各个国家的情况怎么样。就城市规划教育来讲，应该各有所长。城市规划发展到综合规划的学科，不能要求不同背景的人按照同一个模式培养。

西方国家，像美国，没有城市规划专业的本科生，城市规划专业的教育是从硕士开始的，各种专业的人都可以来学城市规划。我在美国访问时，听过他们的硕士生课，有一个新闻记者也在学城市规划，我跟他谈：你是不是改行了？他说不是，他还是新闻记者。他对我说：我是报道城市的，如果不了解城市规划，新闻报道的时候就有缺陷了。中国城市规划教育将来要有怎么样的路子，我不太清楚。但是，学时只有那么点儿，什么都知道那是不可能的，只能是后补，抓特色。

访问者：谈到这里，想向您请教个问题，可能稍微敏感一点。关于南大规划教育的发展方向，这些年来逐渐融入了一些工科培养的知识或者说课程训练，这样的发展方向，有没有一些争论？或者说从长期来看，会不会导致理科的优势被削弱？

崔功豪：南大的基本方向是这样的，因为南大是研究型的大学，而城市规划专业进入了工科系列，所以南大的本科教育还是按照全国城市规划专业本科教育的统一模式为主来进行的，同时增加一部分理科的东西，比如增加了区域规划、人文地理、经济地理等课程。南大总的模式还是按照工科的要求，同时也注意到一定的空间设计，所以也有居住区规划和详细规划等课程。南大理科的特色，重点放在研究生培养阶段，因为南大是以培养研究生为主的，研究生阶段更加强调理科方面的规划体系——南大的特色课程。

访问者：那么，南大研究生的生源都是以本校为主吗？

崔功豪：自己学校的很少，生源比例是有规定的。南大城市规划专业的研究生，生源大致可以分为两类：一类是地理院校，另一类是规划院校。入学进来和毕业出去都很好，都没有问题。现在是重点加强对硕士生的培养，加强区域概念，加强人文的概念。虽然是理科，但我们的重点不是自然地理，而是经济地理、人文地理，加强经济学的知识、社会学的知识、文化地理的知识，这些在研究生课程里体现得比较多（图 3-37）。

南大应该是文、理、工相结合的模式，通俗一点叫“理工”加“技术”，或者说南大的城市规划可以概括为“建筑是基础、地理为特色、规划为核心，理工文相结合的综合性规划的道路”。城市规划工作中有很多技术上的问题，很长时间以来，南大的强项是在 GIS 方面，搞 GIS 和搞现代数学方法，一直到现在还是。南大在系统分析方面毕业出来的学生的能力比较强。另外就是加强调查分析，实践的调查。

访问者：崔先生，我们国家的城市规划工作目前正处于一个重要的变革时期，受市场经济、国际环境和国家政策等各方面因素变化的影响，可能要进入一个新的时期。

图 3-37　南京大学和巴黎第十二大学的领导为“中法中心”揭牌（2007 年 10 月）
注：南京大学（主要依托城市与区域规划系）与巴黎第十二大学（主要依托巴黎城市规划学院）合作正式成立了“中法城市·区域·规划科学研究中心”，该中心是南京大学继与美国霍普金斯大学共建“中美（文化）中心”、与德国哥廷根大学共建“中德（法学）中心”等之后，在实施国际化发展、建设世界高水平大学战略上的又一举措。照片中右 6 为崔功豪，左 2 为张京祥。
资料来源：崔功豪提供。

中国城市规划学会去年刚授予您“终身成就奖”（图 3-38），您对我们国家未来的城市规划事业发展有什么心愿？对年轻一代的成长有什么期望？

崔功豪：我认为城市规划工作将来还要继续加强，还要赋予城市规划更多的历史使命。城市不仅要成为经济的增长点，成为经济发展的引擎，更要成为人们工作、生活的宜居场所。城市规划讲到底要以人为中心，城市要作为人未来主要的居住场所。第一，要把城市建设好，这样更加赋予了城市规划新的任务。城市发展怎么做到从以物为主导向以人为主，从以经济为主向以人的生活为主转变？城市规划工作应该是大有可为的。

第二，城市规划要对城市发展起战略引领和刚性管控作用，这是国家治理体系的重要内容。一方面要战略引领，另一方面要刚性管控，这就是城市规划的任务。城市时代就是以城市为主体，整个国家和社会的发展就是城市的事。所以，城市规划的未来是非常好的，所有搞城市规划的人要有信心，不要因为某些动荡、某些问题而动摇。我觉得，我们应该担心的是知识结构的不足，原来的城市规划知识结构的不足，甚至是观念的不足。比如说关心人的问题，比如说城市规划工作中对社会问题有所忽视或者说不够重视，比如说在苏州搞城市规划而不去调查台商问题。不了解台湾的问题怎么做苏州的规划呢（图 3-39）？如果不知道老年人的问题，不知道企业家的问题，不知道少年的问题，不知道妇女的问题，怎么能做好城市规划？怎样才是以人为本？我们的知识结构可能还不足以完成新时代的历史使命。我觉得城市规划工作是要进一步发展的。

当然，城市规划工作也存在问题。除了城市规划本身的问题以外，现在面临着整个国家空间规划体系的不完整和互相矛盾，发改委的规划、国土的规划、环

图 3-38　崔功豪先生在中国城市规划学会“中国城市规划终身成就奖”颁奖仪式上致辞（2016 年 9 月 24 日）

注：石楠（左 1）、朱自煊（左 2）、周一星（左 3）、崔功豪（右 2）、黄艳（右 1，住房和城乡建设部副部长）。

资料来源：崔功豪提供。

图 3-39　苏州市城市规划咨询委员会委员留影

注：阮仪三（左 2）、王健平（左 4）、吴良镛（左 5）、陈德铭（左 6，时任苏州市市长）、周干峙（右 5）、朱自煊（右 4）、崔功豪（右 2）。

资料来源：崔功豪提供。

图 3-40　崔功豪先生七十华诞暨城市与区域规划学术研讨会留影（2004 年 5 月）
前排：鲍家声（左 5，南京大学教授）、周岚（左 6，时任南京市规划局长，现江苏省住建厅厅长）、顾小平（左 7，时任江苏省城市规划设计院院长，现任江苏省住建厅党委书记）、吴明伟（左 8，东南大学教授）、周游（左 9，时任江苏省建设厅厅长）、崔功豪（左 10）、洪银兴（右 10，时任南京大学副校长，后为校党委书记）、王颖（右 9，崔功豪先生同级同学，中国科学院院士）、石楠（右 8，中国城市规划学会秘书长）、范朝礼（右 7，江苏省委研究室副主任）、王建国（右 3，东南大学建筑学院院长，现为中国工程院院士）、林炳耀（右 2）。
第 2 排：王红扬（左 3）、邹军（左 7）、曹荣林（左 8）、朱喜刚（左 10）、顾朝林（右 8）。
第 3 排：张京祥（左 5）、甄峰（左 6）。
资料来源：崔功豪提供。

保的规划、住建的规划，没有一个统一的国家体系。城市规划应该是总领社会发展的，但是不能人家既不听你的，也不给你权，甚至抢你的权，这个问题很重要。所以，现在建立国家空间规划体系非常重要。这么多规划到底怎么办？不要谁都去争第一。应该从国家的角度，看到底应该有哪种规划可以统领，或者说应该有哪种法来统领。

所以说，城市规划存在两个问题，一个是我们自己的内功还不够，知识结构还不够，另一个是面临体制上的问题，可能会对未来产生影响。不管怎么说，至少市、县这一级可以以城市总体规划作为基本的规划来统一安排，城镇空间显然应该由城市规划的方式去做。

图 3–41　拜访崔功豪先生留影
注：2017 年 12 月 6 日，南京市南京大学城市规划设计研究院崔功豪先生办公室。

对年轻人来讲，第一，要感到责任重大，国家的发展、城市的发展、城市老百姓的满意要靠城市规划者做出合理的、科学的规划，我们自己知识面不够，一定要很好地学习，要有信心，责任重大（图 3–40）。第二，要认真学习，城市规划学科正在向纵深发展，知识结构会越来越广泛，技术要求会越来越高，各种大数据都要应用，各种新的科学技术的问题都在城市中体现，这都需要城市规划对城市发展规律作深入的研究，对城市空间进行合理的布置和安排，只有好好地学习，才能适应新的要求。同时，城市规划作为综合性的科学，它的发展也需要其他学科的配合，这也要求我们要虚心地向其他学科学习，要从其他学科中吸取营养，吸取其他学科有益的方面来补充自己。只有这样，城市规划才能做得更好，城市规划工作者才可以为城市建设、为当地老百姓做出应有的、更大的贡献（图 3–41）。

访问者：谢谢您！

（本次谈话结束）

黄天其先生访谈

科学的评论和评价方法是规划科学里很重要的部分，涉及规划与设计实践，包括技术、经济、文化、生态的内容。前有历史，后有批评。批评是一个度量器，是成果的检测器。历史研究要明确传统的遗产中该继承的东西。只有这样，规划学科才能比较完整。现在批评和评论这部分是最弱的，学科还不完整。

（拍摄于 2018 年 05 月 03 日）

专家简历

黄天其，1935 年 9 月生，重庆人。

1953—1959 年，在哈尔滨工业大学工民建专业学习，1959 年 3 月提前留校，在新成立的城乡规划研究室参加工作。

1960—1961 年，被选派赴清华大学土建系城市规划教研组进修。

1961—1970 年，返哈尔滨建筑工程学院任教。

1971—1980 年，调四川泸州合江四川天然气化工厂工作，曾任土建组副组长。

1980 年 2 月起，调入重庆建筑工程学院（1994 年更名为重庆建筑大学，2000 年与重庆大学合并）任教，教授、博导。

2001 年退休。

2018 年 5 月 3 日谈话

访谈时间：2018 年 5 月 3 日上午

访谈地点：重庆市沙坪坝区学林雅园小区，黄天其先生女儿（黄瓴教授）的家中

谈话背景：《八大重点城市规划——新中国成立初期的城市规划历史研究》一书和《城·事·人》访谈录（第一至五辑）正式出版后，于 2018 年 4 月初呈送给黄天其先生审阅。应访问者的邀请，黄天其先生进行了本次谈话。

整理时间：2018 年 5—7 月，于 7 月 11 日完成初稿

审阅情况：经黄天其先生审阅修改，于 2018 年 9 月 17 日返回初步修改稿，10 月 2 日初步定稿并授权出版，2019 年 12 月 10 日补充修订

黄天其：应该说我没有什么资格来接受你的访谈。尽管年纪大了，在学术上我只是一个地方性的小人物，在全国来讲没有什么发言资格（图 4–1）。

李　浩（以下以“访问者”代称）：黄先生，您过谦了。各位规划前辈所在城市和所处岗位各不相同，但都有很多经历和故事，值得我们晚辈了解和学习。

黄天其：当然，地方的就是世界的，民族的也是世界的。我好像是一株小草，不是大树。而世界除了大树，还是要有很多小草来组成，我就这样安慰自己。我记得在香港回归的时候（1997 年），赵本山在庆祝香港回归的很宏大的场面里演出的节目是《小草》：“没有花香，没有树高，我是一棵无人知道的小草……”那次我对赵本山的印象特别深刻，有的人可能会觉得很奇怪，其实是歌唱开启了小人物创造奇迹的时代。

你做的工作很了不起。任何一个伟大的国家，都要通过历史研究的方式，才能

图 4-1　黄天其先生正在接受访谈（2018 年 5 月 3 日）
注：重庆市沙坪坝区学林雅园小区，黄天其先生女儿的家中。

把其文化总结出来。我认为历史学这门科学了不起的地方在于：虽然时间越来越久远，但人们总能通过一些科学的方法，把过去比较本质的一些东西给还原出来。那些历史事实，有的有文本记载，有的需要考古发掘等多种方法加以展现。当然，真正的历史是怎么样的，有时候没法完全还原，这要受到各方面条件的限制。

我热爱历史科学。有人说：历史有什么价值？过去就过去了，再说它有什么用？实际上，它的价值非常大，能挖掘出一个民族的灵魂深处的东西。

从历史的角度来研究城市规划，需要用科学的方法。除了查阅档案之外，走访历史当事人是一个重要的方法。而在访谈时，同一件事，每个人说的情况可能又不太一样，有的人记忆不确切，甚至还有人夸大其词，但也都有一些科学的方法加以应对，从而为规划界保存下珍贵的文化遗产。

下面按照你发来的访谈提纲来谈。我是 1935 年出生的，重庆人。

访问者：您的生日在几月份？

黄天其：9 月 9 日（农历），重阳节，所以亲表弟妹们叫我“九哥”。从家庭出身来讲，我的父亲对我的影响非常突出，他的一些经历，在某种程度上也折射出了一位中国近代建筑师的时代命运。

一、父亲黄仲明：一位中国近代建筑师的时代命运

黄天其：我的父亲是学徒出身，一个自学成才的建筑师（图 4–2）。我父亲设计的建筑中，有三栋建筑当年在重庆是比较有名的，现在都不存在了。最后一个建筑是在 1985 年以后才拆掉的。

父亲在 1930 年代设计过重庆的第一栋高楼——商渝公司，一个 6 层楼的商场，砖木结构。设计这栋建筑的那一年，他才 19 岁。因为同他一起上英文夜校的一位名叫黎和生的同学家里很有钱，他爸爸要投资盖这个楼，就让我父亲做的设计。房子落成后，连英国领事和日本领事都来看过这栋建筑。特别是英国的领事，看了觉得很了不起。但后来很遗憾，被火烧了，因为重庆的建筑大都是木结构，火一烧，一条街（好像名叫县庙街）的房子都烧掉了。实际上，我父亲从 16 岁就开始搞设计了——搞店面的改造。他的大舅舅是百货商店老板，小舅舅是采购员，不时从上海带给我父亲一些英国和美国的建筑杂志。父亲从中学到不少现代建筑设计和风格的知识。梁思成也讲过，中国的传统木结构同现代框架结构异曲同工。木框架不靠墙，就靠梁和柱子，钉上板条，要什么样式就可以钉出什么样式，再一抹灰即可。通过这些学习，我父亲领悟了多层大建筑设计的许多奥妙，就设计出了商渝公司大楼。那一次就得到了 800 大洋设计费，他守寡的母亲高兴坏了。

他设计的第二栋建筑，名叫第一模范市场。这两栋建筑我都没有见过，80 岁以上的在重庆生活的人大概还知道它。我校的夏义民老师也知道，因为他是重庆人。这栋建筑在抗日战争时期被日本的飞机炸掉了，是一个 4 层楼的大商场，砖木结构，里面有很多家商铺。后来成为重庆大学美术教授的余文治先生，当年刚从北平大学西画系毕业回来，曾在里面租了一间商铺用作画室并且卖画，也就成了父亲的朋友。

还有第三栋建筑，是给国民党的一个旅长廖开孝设计的一栋别墅。他有四个太太。当时我父亲有点名气了，他找到我父亲给他设计这栋别墅，位置在江北的刘家台。这个地方现在已经面目全非了。1985 年，我还见过这座建筑，很遗憾当时没有带相机，那时候，我还买不起相机。我是到 1987 年才买的第一个相机，很遗憾就差了两年。这个房子的家具是从上海买的进口货，装修是在重庆做的，还设计修建了游泳池和网球场，那时候，在重庆，这是很稀罕的东西。

父亲虽然做建筑设计有点名气，但是因为建筑业务毕竟不是太多，后来家庭负担越来越重——父亲是单亲孩子，在他十来岁的时候祖父就去世了；经他的英语夜校老师的推荐，进入四川省银行工作。当时，银行需要修建办公楼，希望招聘一个懂建筑的人，我父亲就顺利地去了，并被任命为银行的建筑委员会委

图 4-2　父亲黄仲明：1930 年代的一位本土青年建筑师
资料来源：黄天其提供。

员。令人惋惜的是，父亲当年没有作为职业建筑师继续发展下去。

我父亲当时在重庆很有名，进入银行以后，一下子就定为二等行员，相当于科长级的科员。干了两年以后，又当上了宜宾的地方办事处主任。这个职位很不简单，当时，宜宾还没有设分行或支行，只设办事处。当时，宜宾是四川较大的城市，成都和重庆不用说了，当时比乐山还神气一些，因为它在长江上，乐山在岷江上，宜宾是长江第一城。

父亲跟我讲过很多故事。他当了宜宾办事处主任，月薪 60 大洋，大约是现在的 12000 元。但是，四川省银行有一个特点，除这 60 大洋以外，每月另还有 60 大洋的工资，但是暂时不发给你，给你存起来，等哪天你离开银行时，一总算还给你。据说这种做法是来自于西方，让员工变成永久性的雇员，死心塌地地为它干活儿。

我们家去了宜宾以后，有一个地方军队的师长找我父亲向银行借 20 万大洋。干什么用呢？他说做鸦片生意，因为四川和云南之间有鸦片交易。他的条件是赚了钱二人平分。可是，这是毒害人民啊！这个不能干！当兵的借钱，将来要赖也都有可能。他对我父亲说：黄主任，你不用拿实际的钱，只要有你参与这个事儿，人家就相信了，先把烟土拉过来，卖完再还钱。后来，父亲回去问祖母，祖母说这坚决不行，这伤天害理，她是一个虔诚的佛教徒，坚决不同意。

没有想到，等这个事儿黄了[1]以后，四川和云南军阀打起来了，云南就把边界封锁了，鸦片进不来了。本来鸦片是赚 1 倍的钱，结果一下翻了 4 倍，吸的人已经成瘾，鸦片就涨价了。父亲说，如果那次借给师长钱，赚的钱平分，大概要赚 30 万大洋，结果父亲没有发这个昧心财。他跟我讲了这个故事，父亲也是一辈子都奉公守法，谨小慎微。

访问者：您父亲的名字是?

黄天其：黄仲明。重庆大学余文治（生于 1909 年）教授知道我父亲。余老师水彩画画得很好，2012 年以后才去世，90 多岁的高寿。

我父亲也是 1909 年出生，经历了重庆开埠以后现代化的过程。民国十几年，大军阀刘湘手下的潘文华任重庆市长，搞现代化建设——拆城墙，修马路。原来重庆的街道都是一两米宽的石板路，整个山城重庆没有一条现代化的马路，弯弯拐拐、坡坡坎坎的石板路两边，建筑密度还挺高。如果遇到失火，就不得了了，因为穷人和富人的房子基本都是木结构，重庆城里的土墙很少。所以，一旦着火，就会烧掉整条街。

我父亲在舅舅开的百货店当店员，慢慢地领悟到怎么把店面布置得更漂亮，更有现代气氛。当店员就要摆橱窗和货物这些东西，他就从摆橱窗开始接触房屋设计。

我现在回忆他的经历，设想他一个小伙子，只念过 5 年私塾，是怎样获得现代的知识和技能的？因为他要看懂舅舅带回来的英文建筑杂志，就要学英语，在英语夜校里认识了教英语的翁老师，英语老师和银行的上层领导有关系，是出纳课长的小舅子，最后居然介绍父亲到银行，进而当上了办事处主任。但是父亲 36 岁时就完全破产了，此后一生清贫。

回忆父亲，还有一件事我也是印象很深。在乐山的时候，一个地方军阀黄庆云想自己开银行赚钱，他把我父亲拉过去，到他成立的私营的成都银行当经理。当时我父亲犹豫，省银行工作很稳当，地位也有，地方都是找你存钱和贷款的。为什么他去了呢?

父亲跟我讲了一个原因：当时四川省银行总经理是康心之（是中国民族资产阶级的杰出代表之一，周恩来在重庆代表共产党坚持抗日战争统一战线，与他成为很好的朋友）。康心之用人很开明，他看我父亲年轻有为，人也很老实，才不论学历，把我父亲招过去。后来省行要调整机构，内部也在斗争，据说要把康心之换下去。我父亲不是很熟悉新的领导，怕受排挤，而开办成都银行的那个军阀也姓黄，算是“家门”，对我父亲竭力拉拢。第二个原因，后来我在自

① 没合作成的意思。

传里写过一些材料，谈到父亲比较讲义气，为了资助徒弟马师兄创业，不得不从银行取出积存的工资拿一笔钱给他，因此就去了成都银行。

我父亲为人很慷慨，他经常对穷困的朋友说：你借的钱就不用还了。父亲跟金融界和商界比较熟悉，可以为那个师长的私营银行揽到储户，所以当时给我父亲的位置和待遇比较高。当然，30 岁出头，其实还很年轻，不懂世故，稀里糊涂地就去了。

解放后，父亲才回头重新搞设计，在西南军区的后勤运输部，这是一个团级单位。父亲在那里当技师，那时候没有什么建筑师，叫技师，工资是50个折实单位（按：因当时通货膨胀，物价上涨很快，于是部队对招聘的技术人员采用几种主要生活物资的实时价格计发每月工资），大概是现在的四五千元钱，家里 8 口人勉强够用。解放初期，我们家就处于这么一个状态。

父亲在后勤运输部的设计室搞了很多设计，包括食堂和奶牛场。

早年我父亲还收过三个徒弟。其中的朱荣辉师兄，是父亲当建筑师的时候，负责施工的老石匠朱师傅看我父亲很年轻就会设计，就要他的儿子跟我父亲学建筑。他的儿子也是石匠，劳动人民出身，很忠实地跟着我父亲。抗日战争中，我们家在乐山的时候，他在重庆，自己谋生，一直就是石匠。我家破产迁回重庆后，亲切的来往一直延续到改革开放以后。1990 年代初，我父亲 82 岁时去世了，他几年后也去世了，因为他比我父亲只小三四岁。

朱师兄经历过重庆大轰炸[①]。1941 年 6 月 5 日的大隧道惨案中，他在防空洞里晕倒，因为人太多，太挤了，里面空气不流通。晕倒以后，他幸运地又活过来了。为什么他活过来了？他说因为防空洞里有一滩水，救活了他。解放后他年纪大了，当了施工员。

父亲另外的两个徒弟，一个是银行行警（后来经商和从军），一个是商人。他们见父亲在银行有本事，便来拜师，年纪只差几岁，并非因为要学建筑。特别是后者马师兄，可以说是把父亲坑了。

二、教育背景

黄天其：我刚出生的时候，父亲已经搞了一些设计，挣了一些钱，生活比较宽裕。后来他和我母亲结婚，我母亲家属于小康水平，家境更为优裕。但我父亲一生最大

① 指抗日战争期间（1938 年 2 月 18 日至 1943 年 8 月 23 日），日本对中华民国战时首都重庆进行了长达 5 年半的战略轰炸。据不完全统计，在 5 年间，日本对重庆进行轰炸 218 次，出动 9000 多架次的飞机，投弹 11500 枚以上。重庆大轰炸的死者达 10000 人以上，超过 17600 幢房屋被毁，市区大部分繁华地区被破坏。

图 4–3　儿时与父母的一张留影（1930 年代末）
注：左为黄天其先生的父亲，中为黄天其先生，右为黄天其先生的母亲。
资料来源：黄天其提供。

的特点是从来没有不动产，没有一幢房子是自己的，长期都是租房住。

我的母亲年轻时很美（图 4–3）。我的外祖父，号称“一盘清”的会计师，这是形容打算盘的熟练程度。加减乘除，用算盘算加减法比较容易，除法和乘法是最难的，我们都背过口诀，特别是除法，难得不得了。外祖父的工资是 150 大洋——我的父亲在银行当办事处主任才 60 大洋，加上存起来那一份才 120 大洋；他在云南当办事处的头儿，月工资相当于现在的 3 万元左右吧。

外祖父多年后从云南回家，外婆已经把历年寄回来的钱积存起来，买了几十亩地，成了一个小地主。这个小地主也挺有意思。为什么买这个地呢？我的外祖母的弟弟，我们喊舅公，有一大家子，都是农民，为了侄儿们安身，就买了地。侄儿给她干活，收获了稻谷后两家平分。过去，佃农收获的稻谷要按额定产量全部交给地主。在重庆，一个地主平均大概有几十亩地，是按多少石（dàn）租来定产量。旱地出的苞谷、麦子、红薯这些东西归佃农，有多少石租就要交多少稻谷。年成好，佃户有点剩余稻谷，年成不好，佃户就没有谷子，全部交给地主。佃农生活还是很苦，到荒年，基本上只吃粗粮，地主吃细粮。

我母亲小时候在家里算得上是娇生惯养，但她的学习成绩非常好，一年级第三名，二年级第二名，三年级第一名，之后就都是第一名了。没有想到，读到小学五年级的时候，重庆的革命风暴来了：学生上街游行，参加打倒帝国主义的示威，遭到反动军阀血腥镇压（1927 年的重庆“三・三一”惨案）；还有，城市现代化以后，小女孩儿在外面搞私生子什么的新闻都出来了，与现在有某种相似之处。看到社会形势不好，外祖父就不放心我母亲继续读书了。我母亲读的是教会小学，外国人校长玛利很喜欢我母亲，听说不让我母亲读书，亲自跑来说服我外祖父，说必须读书，但外祖父坚决不同意。最后玛利摊开两臂说："可惜了，可惜了……"就走了。我母亲回忆过这个事儿。

外祖父为我母亲在家里买了一架风琴，她可以看着新谱子就弹出乐曲。后来嫁给了我父亲。外公原以为我父亲家庭人口少，生活容易安顿，结果父亲家境越来越差。解放前，有很多家庭，一个老大如果成了器的话，后面跟一帮弟妹，大都不成器，抽鸦片什么的。巴金的《家》《春》《秋》写了类似的情况，结局很狼狈。老大要担负一大家人，跟着吃闲饭的很多。我的姑姑出嫁后命运不济，姑父花天酒地，一次携公款出差西昌后离奇失踪，一家四口也就只好跟着她的哥哥——我的父亲生活。一大家就是十几口人要吃饭。

我现在回忆起来，写旧中国的小说，真的可以写很多很多故事。比如说成长经历，像我父亲这种，没有现代教育根底，靠自学奋斗谋生。我的祖父也是一个寿命很短的小账房先生，命运悲惨。解放前，城市人大都从商，城市很少有工业，只有一些手工业。那时候，人们要么当农民，要么进城做生意，要么下苦力。我小时候对这些印象很深刻。

小时候受的熏陶是，家里有父亲早年买的美国建筑杂志，很有名的一本杂志叫*Architectural Forum*（《建筑论坛》）。这个杂志是在1959年停刊的，我们家好像是买到了1938年。现在很遗憾，这个杂志一本也没有留下来。"文革"的时候，父亲胆子小，就烧掉了，处理了，很遗憾。我的孩子们都没有看到过这个杂志。当时，家里还买了上海出的一些建筑杂志。家里的书很多，比如《康熙字典》和《词源》，还有好几本英汉和汉英大字典，以及诸子百家和历代文学著作。当然，也不是说我们家的书最全，我小时候去过一些真正有钱人的家，家里还有儿童图书馆呢，我家还没有到这个水平。那时候，就在家里猫着看，受些文化方面的熏陶，文化意识比较强烈。

2岁时，我们家到了宜宾。4岁的时候，又随父亲从宜宾调任到了省银行乐山办事处当主任。乐山是给我印象最深的地方，郭沫若的家乡，山清水秀。从4岁到11岁，抗日战争最高潮的时期，我在乐山度过我的童年。1938年起，日本轰炸重庆和乐山，乐山被炸了三次，因为乐山西部资源汇聚，再加上国民党的政府机构，除了重庆和成都以外，还分了一些到这个地方。

那时候，很有名的一些大学迁到四川。在宜宾的李庄，清华的梁思成在那里。在乐山的是武汉大学。我的一位小学老师周瑛是武汉大学教授的夫人，记得她长得非常漂亮，当时大概30来岁。我在那儿读书，成绩大约是第六七名，班上一共40人左右。这些小学生后来都各有千秋。有一个我最要好的同学吴中匡，总是全班第一名，现在是南京第二人民医院著名的儿科大夫。他的父亲是吴学义，东京审判时中国审判官的法律顾问，是武汉大学的法学教授，没有想到解放后“文革”被搞得很悲惨。本来他们是立了功的，坚决要求把日本战犯判处死刑，美国却想放过他们，但是最后还是判了绞刑。这是我这位同学七八年以前在电话中跟我讲的故事，现在网络上也可以查得到。

乐山给我的印象很深刻，那是家里经济条件最好的时候。父亲就喜欢看书、与人交往，但过分慷慨，当银行经理，居然连一套自己的房子都没有。他借给人家的钱，都不用怎么还。还有，我们家里曾经雇了 8 个佣人：一个厨师，一个花匠，一个车夫（黄包车），一个茶房，两个保姆，一个大嬢……并不是因为有那么多钱来请这些人，而是这些穷人主动来找活干，父亲不好推辞，就收下了。记得妈妈常常抱怨，甚至哭着说每个月家里都亏空，一点钱也剩不下。

访问者：还需要花匠？

黄天其：你可能觉得很奇怪，这是因为在那个时候，我们家租住的房子大约有 400 平方米的花园。

但到了后来，我父亲一下子破产了。原因也很奇特：祖母去世后，办了丧事，父亲实在没钱了，应付不了全家的开支。当时朋友怂恿他：“你去买点黄金，这样赚钱。”国民党的物价总是涨，结果呢？我父亲刚刚向朋友借钱买了黄金，就经历了日本投降，抗日战争结束，金价突然降到原来的八分之一，原来 800 元钱一两，现在变成 100 元钱，父亲欠了很多债。本来就没有钱了，家里把什么都拿去抵债——父亲的派克钢笔和留声机，包括妈妈陪嫁的绣金缎蚊帐什么的都卖掉了。10 岁的我曾和父亲摆地摊卖自己的书，本来十元钱一本，贱卖一两元钱一本来维持生活。

1946 年全家回到出生地重庆，没有任何财产，没有房屋，把家搬到农村租房住。父亲先后在城里亲戚和朋友的米店、棉纱公司和钱庄上班。回到重庆以后，家境就不行了，因为解放战争，建筑设计也没法搞。记得有一年年终时，表弟老板给的年终红包的百分之六十多都用来缴了我一学期的学费。我读初中时，大都是靠借钱，借了两个亲友的钱，解放以后也没有还，好不容易读到初中三年级。这时候，我感到压力很大，知道要努力，好在家里书也很多。父亲跟我讲文天祥的《正气歌》，讲苏东坡、李白、白居易、解缙，读了这些诗，就觉得一个人的文化修养，还有人的品德很重要。《正气歌》我少年时就差不多能背下来：“天地有正气，杂然赋流形。下则为河岳，上则为日星……”意思是这三者都是正气凝结的结果。“在齐太史简，在晋董狐笔……”就是说有些史官记录历史，说这个皇帝是篡位的，皇帝就把他杀了，下一个史官还是这样记录，皇帝杀史官杀到最后都不敢杀了。就这样，讲了很多古代了不起的人物。

还有美术。我小时候喜欢画画。父亲曾给我买过一盒极贵的彩色铅笔。在抗战时期，日军把沿海港口完全封锁了，外国商品进不来，一盒彩色铅笔的价钱可不得了，估计相当于现在的一两千元钱。当时8岁的我很想要这个笔，赖着不走，最后爸爸还是给我买了。当时父亲是银行的经理。我拿袋子把铅笔盒装在里面，套在脖子上，后来有一次摔跤，铅笔盒掉了，许多笔都摔断了。后来只能用红蓝铅笔和黑铅笔了。

前面说到小时候，家里一度请过8个佣人，后来家里破产了，就散伙了。快解放的时候，家里穷得喝粥不能喝净大米粥，里面要加红豆。现在红豆比大米贵了，但那时候，红豆比大米便宜一半以上。家里很久没有钱吃肉了，老是吃红豆，闻了红豆的气味，总想呕吐，身上也没有劲儿。记得有一次，我请求父亲说：是不是这顿饭不要加红豆了，只吃大米吧。

我们家的命运多少带一些悲剧性。解放前中国经济是这样的——本来就内地而言，像重庆这样的大都市，经济比较繁荣，因为社会落后，帝国主义侵略，后来日本侵略，于是慢慢地一家一家破产，就走向了革命。我的表姑伍昌贤解放前参加了地下党，解放后任市妇联干部，就对我讲：你别读教会学校了，应该上革命的育才学校。我初中经一个远房表哥介绍，读的是法国教会办的明诚中学，又叫圣保罗学院（Saint Paul College），校址就是现在重庆雾都宾馆那个地方。解放后，我考入了陶行知办的育才学校，在这里初中毕业后进育才美术组专科学了不到一年时间的美术。差点儿就终身从事绘画工作了。

说到这里，还有一个故事。1951年批判《武训传》，江青搞的，把不少人整惨了，把陶行知的“人民教育家”的声誉也整下去了。本来毛主席对他的评价很高，认为陶行知的教育方向就是新中国教育的方向。陶行知的确赞颂武训。我们进了育才学校以后，每人发一本武训的连环画，讲武训的故事：一个乞丐办义学，穷孩子读书不要钱。这一点我们现在还没有完全做到，许多变相的收费屡禁不止。当时我们很年轻，觉得很了不起。谁知后来就大肆批判《武训传》。

几年前，我把电影《武训传》重新看了一遍，觉得没有什么问题呀，而且赵丹演的挺好的，特别是写慈禧太后赐给他黄马褂这一段。过去对于忠孝节义，皇帝要表彰的，而赵丹演的武训此刻“疯狂”了，他办义学是为了穷孩子，不是为了黄马褂，把黄马褂扔了，非常好。黄宗英给儿童讲旧社会，现在是新中国，人民解放了，教育为人民大众……电影没有什么问题，不知道江青怎么看出问题了，就批判《武训传》，弄的文教界从郭沫若开始全部都作检讨。

我对于新中国的“极左”确实有很深的印象。但中国也有“右”。因为我家不是地主、官僚，父亲一度想变成富人，但没有成功，我小时候也不会想着要富，都说为富不仁，而是同情劳动人民和穷人，偏向于穷人的立场，倾向于天下大同、共产主义和社会主义的思想观念，对唯利是图也非常反感。

另一方面，我觉得中国人应该振奋起来，人民应该变得比较富有，应该生活得比较好，有尊严，要有勤劳、奋斗这些理念。人们怎么才能富起来，才能生活得好？要勤劳，创造财富，再公正地分配财富。

我在育才学校读了不到一年的美术，后来读高中，转到重庆一中，因为批判《武训传》以后，育才学校的地位一下子就下降了，高中部取消了。这也是个悲剧。陶行知教育事业的继承人，也是长期坚持地下斗争的老共产党员叫孙铭勋，他也被打成了“反党分子”。他其实主要也是对育才后来的境遇有些不满，因为周总理早年就住在红岩村，毛主席在重庆谈判期间也都住在红岩村紧邻育才学校的楼里，当年患难与共，因此育才有值得自豪的革命传统。我在育才学校读初三下时，红岩村的学生宿舍（也就是周总理和毛主席住过的八路军办事处那幢土墙木柱的三层楼）部分垮塌，压死了一个女同学。当时我也被压在顶棚下面，侥幸爬出来的。后来，育才学校搬家到谢家湾，在现在新建的红岩纪念馆后面，原来的老楼也作为文物保护起来了。

我是从育才集体转学到重庆一中后高中毕业的。毕业前的一学期，我当过一届班长，对优秀的老师们的印象都很深刻。重庆一中跟重大（重庆大学）紧靠着，中间没有围墙，可以从一中随便进入重大校区。解放前受父亲影响比较喜欢英语，但解放后觉得俄语很了不起，很快喜欢上俄语。俄语的名词、代词和形容词有六个格（英语是四个格，但词形基本未变），每个格的词形都不一样，要记住它的六个词形，主语、宾语在动词和介词后面又是什么格，而且每个介词后面要求的还不一样，这很考验记忆力。

俄语的诗，配歌曲，配得那么好，普希金说“俄语是最美的语言”，比德语、英语和法语都美，唯一的缺点就是太难记、太难学了。解放后我就喜欢俄语，在一中的时候，我经常到重大看俄文杂志。我跟重大还真有缘分，从中学开始，大半生转了一圈，到最后又回到了重大。

三、在哈工大的学习经历

黄天其：后来，我考到哈工大（哈尔滨工业大学），读工民建专业。哈工大没有独立的建筑学专业，但工民建有美术、建筑历史和建筑设计课，相当于一半是建筑学。我父亲希望我学结构，不主张我学建筑，他想由他搞建筑、我搞结构，父子两人配合起来挺好。实际上，我的内心是喜欢建筑的。他曾带着我练习设计小别墅，父亲要求我和弟弟两个人每人画一个方案。在新中国成立初期，大家对未来充满了希望。

当时，在全国，哈工大名声很了不起，教学很严格，教学计划很完整，全盘学苏联的那一套。苏联的基础学科特别扎实，包括数学、物理、力学。从专业上

图 4–4　哈尔滨工业大学工民建专业 1959 届 1 班同学的一张合影（1957 年，三年级）
资料来源：黄天其提供。

讲是力学比较强，学完数理化以后的专业基础是各种力学：理论、材料、结构三大力学，各类结构：木结构、钢结构、钢筋混凝土结构、砖石结构。那时候，没有关于统计方面的学科，后来我自学了数理统计方面的知识。

访问者：您是哪一年考的大学？

黄天其：我在哈工大是从 1953 年到 1959 年。1953 年是预科，1954—1959 年是本科的 5 年（图 4–4）。预科的 1 年时间，主要学俄语。到预科结束的时候，我的俄语水平已经超过了大部分的东北同学。

1945 年，还没有全国解放的时候，共产党已经在哈尔滨取得政权了。哈尔滨的学校从 1946 年就开始教俄语了，但有些同学的俄语还是很差，估计是太难学了，也缺乏老师，情况跟南方差不多。虽然俄语比英语复杂，但我还是觉得容易掌握。北方的师资差一些，请了不少懂俄语的外国人做教师，教我俄语的老师就是一位乌克兰人，我跟他们对话、写文章，他们说：没有想到中国南方来的人会疯狂地喜欢俄语。

当然，我学俄语还有很多原因，比如说育才学校的王方正老师，俄语十分了得。他的妻子就是俄罗斯姑娘，很漂亮的女老师，她的俄语发音标准，同学们都很喜欢。

访问者：您中学时候是在重庆读书的，考大学时为什么到了哈尔滨呢？是不是全家都搬到哈尔滨了？

黄天其：没有，一个人去的哈尔滨。当时哈工大来招生，很奇怪，突然来一位转业军人，到市一中鼓动大家考哈工大，说哈工大有50个苏联专家在执教。当时“一边倒”，我考大学的时候，朝鲜战争刚刚结束，我画过打倒美帝国主义的漫画在《西南儿童》发表。当时我想，哈尔滨最靠近苏联，那时候我们对苏联还是非常敬仰的——“社会主义的灯塔”。所以，1953年7月考试，5—6月份他们来宣传哈工大，我就报了第一志愿。

当时，我的考试成绩还比较好，但是有个很不利的情况：之前各个大学一年招生两次，到1953年突然改为每年招生一次，当时我在读高三上，还差整整一学期没学，就都去参加高考了。这样，我们吃亏了，少了一学期的准备。我唯一没有考好的就是生物，“米丘林学说”，苏联的这一套东西根本没有学，因此生物考得比较差。

1953年全国高考，计划招生10万人，高三报考的只有9万多人，还多出几千人的空缺。招生的名额比报考的人还多，怎么办呢？那时候没有分一、二、三本，成绩比较差的，包括工农调干生，都比较容易考上。那时候，班上总要有几个成绩比较差的同学，是调干生，有的很努力，经过几年努力就跟上来了。我们高考那年，条件是最好的，而且国家不要钱，吃住全包，还发衣服鞋帽，到东北去全身都包暖了。

访问者：实行供给制？

黄天其：对。东北的补助是每个月12元钱，伙食费有10元、12元两个档次，如果自己有钱花的话就吃12元的，如果经济困难就吃10元的，有2元钱零用，相当于现在三四百元钱的零花钱。

我去了哈尔滨以后，先吃12元的伙食，觉得挺好，后来发现还有10元的，可以剩2元钱零用，就吃10元的，结果一吃10元的，受不了，早餐的萝卜干又咸又苦，差2元钱，水平就差那么多。

后来，我突然发现哈工大有校刊，可以给校刊投稿或者画插图。当时有几万的白俄人在哈尔滨，他们没有档案，我们的公安局逐步加强户口管理。每一个白俄都是什么人呢？不知道。所以，就让他们每个人写自己的履历，写了以后，公安局备案归档，把每个俄国人都管起来。哈尔滨在解放前是不得了的，世界各国的特务和间谍很多，万一俄国人做间谍呢？就要管起来。

那时候，俄国侨民往往是随便拿一张纸，用铅笔写自己的履历交上来，字迹可说是乱七八糟。俄国人不怎么用钢笔。作为档案，起码得有一个原始的东西，要找人翻译。我有一个同学是哈尔滨人，和公安局很熟，他们找不到人翻译，就来找我，说你俄语很好，这堆东西写得模模糊糊的，要想办法把它翻译成中文。作为报酬，每一份档案的翻译给2元钱，一个月一下子就可以挣到一二十元钱，

图 4–5　大学四年级时的一张留影（1958 年）
资料来源：黄天其提供。

我和同学平分，皆大欢喜了。那时候，一个月可以挣十来元钱，不得了了，等于一个月的伙食。所以，后来我还是吃 12 元的了。

预科读了 1 年，主要是学习了俄语和数学，我当了课代表和学习委员。到 1954 年，正式进入五年制本科。读到第四年（图 4–5），赶上"大跃进"，大炼钢铁，学习就不正常了，还好前 4 年的基础比较好，学得比较扎实。

访问者：您 1953 年到哈工大学习，在这之前，1952 年，是全国的院系大调整，哈工大的建筑学科在 1952 年是不是也有一个大动作？

黄天其：哈尔滨工业大学的前身是哈尔滨中俄工业学校，1920 年开始按俄国的教育模式筹建和办学（2020 年就是哈工大百年校庆了）。在日本侵占期间，曾经改为按日本方式办学。新中国成立后，于 1950 年回到新中国的怀抱，随即建立了我国第一所全面学习苏联教育经验的五年制大学，包含机械、电机和土木系，后者具备完整的工业与民用建筑专业、给水排水专业、供热通风专业和城市燃气专业。1952 年的院系调整，对哈工大来说则是早已车成马就了。

访问者：在哈工大学习的时候，有哪些主要的老师和课程？

黄天其：印象比较深的是教我们结构和力学的老师。最有名的是王光远院士，教过我们弹性力学。还有教结构力学的郭长城老师，教木结构的范成谋老师，教钢结构的钟善同老师……这些老师都很有成就。

访问者：当时有没有上过一些建筑设计课？

黄天其：有。建筑设计是工民建专业的主要课程之一。当时，哈工大也有几个建筑方面的老师，我的印象很深，比如哈雄文教授（图 4–6）。

哈雄文先生早年曾到美国留学，在宾大（宾夕法尼亚大学）学习，好像是与梁思成同年去的。他先学的是经济。他讲，梁思成对他说过：中国的经济这么糟，

图 4–6　哈雄文先生与老友聚会留影（1978 年）
注：摄于南京玄武湖。赵深（左 1）、童寯（左 2）、刘光华（右 2）、哈雄文（右 1）。
资料来源：童明提供。

你在美国学经济，回国有什么用？于是一年后才改学建筑。他曾是留学生中的“公子哥”，家里有钱。除了建筑，他又学了美术，拿了两个学位。

1932 年哈雄文回国之后，先是在南京设计了一些别墅，解放前建筑师没有什么活儿可干，当时中国很落后，没有什么大工程，只有给私人搞点东西。他的艺术修养很高，我看过他画的图，挺漂亮，语言逻辑性非常强。后来，他曾经担任过国民党政府内政部营建司的司长。解放后，他到同济大学，当教研室主任。1958 年，他到哈工大支援，听说是把他排挤到了哈工大。

哈雄文老先生很不错，很风趣，很有修养，也很合得来。他的工资是每个月 240 元钱，教授的待遇，我们一般工资是五六十元钱，最多的 78 元钱。记得 1965 年我回重庆结婚，教研室的同事们每人送礼金 5 角，这是当时普遍的婚礼标准；而哈先生慷慨地送了 4 元，这钱足够买一件普通的衬衣了。

还有一位副教授张之凡，这个人很了不起，由重庆大学支援东北，调到哈工大工作，曾任哈建工的副系主任，“文革”的时候受到严重冲击，后来调到西北建筑工程学院。西北建筑工程学院是后成立的，他在那儿当了一届院长。我们的关系非常好，他的老家在南川大关镇，很有特色的一个地方。

据张之凡讲，他家是大地主，但他是做丫鬟转为小妾的母亲所生，家庭地位不高。他入党很早，后来被派到苏联留学，学习建筑，获得副博士学位，相当于硕士学位，回国后在哈工大任副教授、系副主任。我当过一段时间他的助教。张之凡于 2001 年去世。张钦楠是建设部的几个老前辈之一，是张之凡的侄儿。

还有侯幼彬老师，是很有名的才子。他写了《中国建筑美学》等多部著作。年纪比我大 4 岁，退休后住在北京，最近出版了一本回忆录《寻觅建筑之道》。我们的关系挺好，他在回忆录中还把我写进去了，真是受宠若惊。

访问者：我看到了[①]。

黄天其：他一直搞建筑历史理论研究。他的爱人是李婉贞，都很了不起。中国的人才太多了，我们佩服得不得了，但我们这帮人现在都老了。

四、提前留校在城乡规划研究室参加工作

黄天其：我本科还没有毕业，在四年级的时候，就进入了“大跃进”时期。那时候（1959 年 4 月），国家决定在哈工大土木系的基础上，扩建成立哈尔滨建筑工程学院，而城乡规划研究室早一个月成立（图 4-7）。哈工大当时没有建筑学专业，之前的建筑学教师基本上都是俄国人。哈尔滨的不少建筑是俄国建筑师设计的，从教堂、商店、办公楼、机关、学校到小住宅，包括欧洲古典风格、俄罗斯风格，也有新艺术运动的新风格的作品。后者是工业革命以后，依靠金属材料加工能力，把建筑做得更加现代，而且又具有形态的美，古典美和现代工艺结合起来。这种建筑形式的作品，在哈尔滨留下了很多。后来在日本占领期间，也搞了一些日本建筑。新的哈工大建筑学教师从 1952 年以后基本上就都是中国人了。其中由苏联专家在哈工大培养的和留学苏联的成为新的教学骨干。哈尔滨后来的新建筑几乎都是中国建筑师的作品了。

当时，我只受到过一些建筑学的熏陶，包括父亲早年的影响，在本科做过两个建筑课程设计，对城市规划还不是很懂，只是感觉到每个城市形成它的样子，自然应该有街道、广场，比较欣赏花园城的味道。国家一下子“大跃进”了，要走一条自己的道路去探索，不经过学习就进入了城乡规划。

访问者：在哈建大的城乡规划研究室成立以前，您在学工民建的时候，哈工大有没有城市规划专门化教育？

黄天其：完全没有。我们学的与规划接近一点的课程是“工业建筑总平面”。哈工大工民建专业毕业的学生很多都了不起，其中有三分之一是建筑师。比如陈浩荣，是黑龙江省的设计大师，有一次学校搞美术竞赛，我是第二名，他是第一名，他比我大几岁，年级高一级。

---

① 参见：侯幼彬口述，李婉贞整理 . 寻觅建筑之道 [M]. 北京：中国建筑工业出版社，2018: 106–108.

图 4-7　哈建工建筑教研室与城乡规划研究室全体人员合影（1959 年冬）
资料来源：黄天其提供。

当时还有李行老师，去年（2017 年）去世的，也是了不起的。他是上海圣约翰大学毕业的，后来到哈工大跟着苏联专家读研究生。这个老师给我的印象很深，我在哈建工教建筑设计初步时，和他一块儿搞教学，共同教过从建筑 60 级到建筑 65 级的同学。

哈建工的建筑教育在老师的影响之下，比较重视基本功，手头功夫一定要好——渲染、构图、创作原理、设计方法，非常强调这些东西。我当助教，深有体会。受到哈尔滨城市环境的熏陶，比较欣赏优雅的城市空间文化。现在我对空间文化很感兴趣，闭着眼睛能想到很多美景：城市的轮廓线，海岸、江岸怎么样，城市街道应该怎么样。在这方面，哈尔滨可说是一个范本，有点像青岛和大连的味道，属于典型的北方滨水城市。

说起来有点伤感，哈尔滨的一部分市容现在不太好了。近十多年我回了哈尔滨几次，去年我又去了。这里保留下来不少好的东西，如哈尔滨的教堂是很不错的，现在有些地方被"现代"的建筑格调冲击了，使得城市品位降低。我的老师常怀生先生和我教过的曾当过副市长的学生赵书然也有这个感觉。"文化大革命"当中把很多好的东西拆掉了，都是受"极左"思想的影响。现在是成就和失误

图 4–8 留校（哈建工）任教之初的一张个人留影（1962 年）
资料来源：黄天其提供。

并存，当然成功的也有，要总结经验，往前看。

访问者：您大学毕业是在 1959 年的几月份？

黄天其：本来应该是 1959 年 7 月，但在 1959 年 3 月，因为“大跃进”，哈工大成立了城乡规划研究室，以哈雄文作为指导教师，另外抽调了建筑教研室和城乡规划的一些老师加入。我在毕业之前半年，就调出来参加城乡规划研究室的工作了，为了跟上全国的形势。

访问者：当时您提前在城乡规划研究室参加工作，这个研究室是在哈工大成立的，还是新组建哈建工之后成立的？

黄天其：还是哈工大。1959 年的 9 月份才成立哈建工，9 月份把土木系拉出来，成立城乡建筑工程学院，归建筑工程部领导。之前，在哈工大的牌子下，成立了城乡规划研究室。“大跃进”从 1958 年就开始了。

访问者：您是先留校当老师，后来再拿到毕业证？

黄天其：对。后来补发过毕业证。当时也不叫老师，也就是研究室的成员，那时候叫“研究员”（图 4–8）。这不像现在的研究员，现在的研究员是教授级的高级职称。我们就叫研究员，一共有 10 个人，哈雄文指导，教研室也指导。研究室和教研室同在一个 100 多平方米的大房间里工作，教研室的老师们经常过来给我们指导，讨论一些城乡规划的问题（图 4–9、图 4–10）。

访问者：1959 年 3 月，当时您留校的时候，是您一个人留校了，还是有不少同学一块儿留校？

黄天其：9 个同学，都是 59 级工民建专业里调出来的。

图 4-9　回母校与哈尔滨建筑工程学院建筑系的部分老师合影（1987 年）
左起：翟立康、梅季魁、常怀生、邓林翰、侯幼彬、黄天其。
资料来源：黄天其提供。

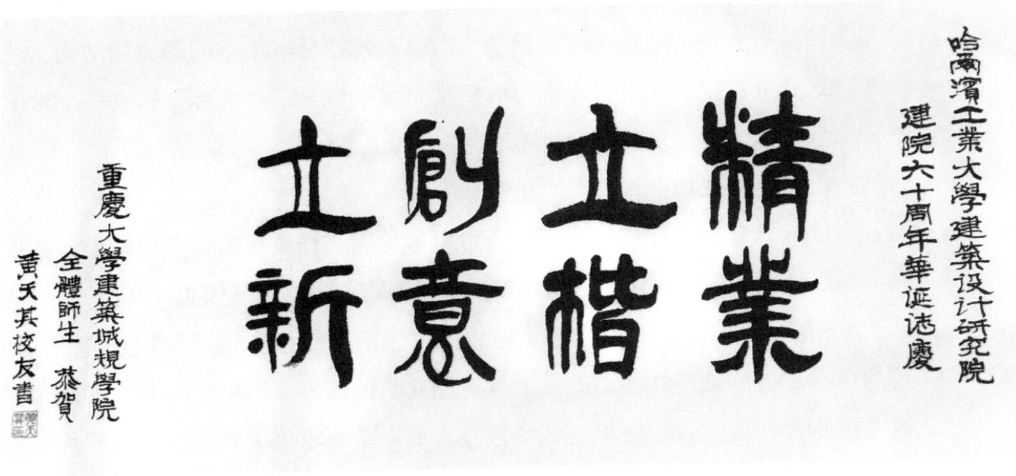

哈爾濱工業大學建築设计研究院
建院六十周年華诞志慶
精業立楷
創意立新
重慶大學建築城規學院
全體師生　恭賀
黄天其校友書

图 4-10　受重庆大学建筑城规学院之托书赠贺哈工大设计院院庆（2018 年）
资料来源：黄天其提供。

访问者：你们属于研究编制，需要给学生上课吗？

黄天其：不上课，全部搞研究，主要是应付当时人民公社规划和“大跃进”的形势，研究工作包括城市、乡村两个方面，所以叫城乡规划研究室。

五、“大跃进”时期的规划实践

黄天其：城乡规划研究室一成立，我们马上就接受任务了。第一个任务就是到五常县做规划。

访问者：五常县总体规划这个项目，是谁牵头的？

黄天其：主要是三个人——韩元田、冷兴武和我。冷老师后来了不得了，城乡规划研究室撤销以后，他去了校办的玻璃钢研究所，这个所的建筑设计是我做的。他们研究出了中国第一颗人造卫星的罩子，是很大的贡献。他的儿子现在是哈工大的教授，很年轻。五常县县城没有地形图，我们拿平板仪自己去测，搞了一个礼拜才画出来，然后再做规划。

访问者：当时您的压力很大吧？等于是刚开始工作，就接受这么一个重要的任务。

黄天其：也不是很重要，当时是“大跃进”和人民公社化运动的高潮，任务很多，全国都搞不过来。我们分两个组，一个是搞佳木斯，城市规模比五常县（今为五常区）还大一点。

访问者：当时你们是怎么搞规划的？

黄天其：当时就靠大维多维奇的《城市规划：工程经济基础》这本书，边学边干。现在城市规划方面的好多东西，像人口计算，基本上还是那一套，骨架还是那套，连景观艺术都讲了一点。苏联的那套规划理论，对于规划学科来讲，从技术结构和学科结构上看，还是比较完整的，可以有效指导城市空间形成的结构。缺点是计划经济，比较死板，经济发展到某个水平就是这个指标，再到一个水平就是那个指标，我后来发现，这样不对。

访问者：也就是说，苏联规划模式有点僵化？

黄天其：对。有的应该超前，比如住房，完全可以像美国那样搞按揭，房屋技术不要求很高的。空间的基本需求，苏联是根据呼吸要求、根据生理因素来计算需求量，9平方米的建筑面积标准对应的就是27立方米的空气容量。除了考虑生理需求，还应该考虑人的创造性活动的需求，比如儿童的培养，屋里应该有个音乐室，有个摆钢琴的地方。还应该有些特色，比如一个画家就需要画室。苏联规划模式的僵化，来自计划经济的僵化。我国住宅建设，到改革开放后接近20世纪末才达到和超过上述的苏联标准——人均居住面积9平方米。

当时作规划参考的，还有几本俄文建筑与规划期刊，比如《苏联建筑》《莫斯科建筑与城市建设》和《乡村建设》。俄文杂志印得比较漂亮，但跟现在没法比。那时候，国内建筑学杂志完全是白报纸印刷。美国的期刊不得了，漂亮极了，苏联在两者之间，印刷也较差，正文里经常会突然冒出一道竖线，但印刷用的纸张要比我们好得多。一看期刊，就可以比较出来苏联和英美的差距。

那时候做的规划，一个是城市人民公社，一个是乡村人民公社，这两个项目是主要的。大维多维奇的《城市规划：工程经济基础》讲了城市功能结构和功能分区，上风、下风、上游、下游、风向、风玫瑰，这些是最关键的。道路交通很简单，当时的城市中只有很少的汽车，很容易处理。我学到和印象最深的就是对现状作系统的调查研究。

冷兴武画图没有我好，但他的逻辑思维能力很强，去年我们见了一面，回忆当年这个规划的情况，现在五常已经撤县设市了，当年五常是农业县，“五常大米”很有名。

访问者：当时您还做过乡村人民公社规划吗？

黄天其：做过，在哈尔滨南岗区。南岗区的郊区有一个王岗人民公社，我们在那里做了一个居民点规划，建筑教研室的老师也参加了建筑设计，我是做规划的，哈雄文也指导了这个规划。我记得哈雄文讲过他的一些体会：美国的别墅小城镇，步行道设计得很优美，不是画一条直线，要有 curve。而我们搞规划，处处拿尺比着画，就不知道怎么画道路。哈先生的话在我的脑袋里留下很深刻的印象，要以建筑师的思维和园林景观思维进行设计。关于曲线的应用，在空间设计里怎么应用，我自己整理了一些东西。做景观设计，不是乱画曲线，为什么这么走，有一套严密的空间逻辑。

六、对“大跃进”及困难时期规划工作的评价

访问者：回顾当年做的“大跃进”时期的人民公社规划，您怎么评价？

黄天其：当时匆忙提出“砖瓦化”，东北农村都是土坯墙，还有“拉合辫”，立一些木桩子，拿稻草拧成绳，拉起来，像辫子似的，在上面做墙，土往上糊，“稻草筋”，好像是穷办法。东北不缺粮食，“大跃进”搞经济领域里的“义和团运动”失败了。发动老百姓起来改变现状，大干苦干，大干快上，实现共产主义，但没有掌握科学的原理。技术层面、社会层面、经济层面、文化层面，怎么走现代化的道路？到现在为止，我们还要探索，不是主观觉得样样都是对的。干活得有成果，粮食种出来就是成果，种出来多少粮食，产量怎么样，质量怎么样，学问其实很深，人类的知识是无穷尽的。

搞规划也是一样的，现在我们做得好多了。当时的“大跃进”还是幼稚的，因为西方国家的封锁、赫鲁晓夫的因素，逼迫我们走一条另外的路，我们不能怪领导，那时候领导没经验，我们也幼稚，我们更不知道怎么干，我们只是大学生，本科生而已。党怎么指挥，我们就怎么做。当然，我个人也在努力，比如要我做规划，我不懂，就去学，去看书，听哈先生讲一讲，也就以这个水平进行探索和摸索。王岗那个小居民点，第一幢按设计造出来以后，看上去非常漂亮，红砖房景观，讲究比例、尺度，看上去美极了。那时候，在东北，城里才有砖房，农村住宅用上红砖显得非常精神。王岗是个丘陵地，在东北大平原，有小山坡，盖的房子与起伏的地形结合，非常漂亮。那个居民点一共设计布局了六幢新房，但是，盖了第一幢就把第二年的生产基金全部用光了，没有钱哪能实现砖瓦化？

后来我们也在反思：农民的土坯房本来很好，为什么非要改成砖瓦房呢？北方传统的草房顶很厚，防寒，有很好的保温效果。用瓦屋顶如果不考虑保温，农民是受不了的。当时没有解决这些问题，所以是错误的，技术不成熟，幼稚。那时候，全国都在放“卫星”，报纸报道最高16万斤亩产，把周围农田的稻禾都弄到一块地里去，后来才发现是弄虚作假。我们还在探索规律。作为学者来讲，具体做的时候要按科学办事。

回忆起来，“文革”确实是深刻的教训，从历史上看，就像法国大革命似的。巴黎公社也是一样的，对那个时期的历史有一定的推动，但提供了很多反面的教训。长期以来，中国很贫困，想改变现状，怎么办？发动群众的路线是对的，但是做过了头。

在“大跃进”的年代，老先生们都起了一定的作用。像哈雄文，兴致勃勃地来指导大家，一块儿受苦。当然，他的工资比较高，粮食困难时期饿不着他。他还是很热情。当时他们年纪还不太大，60多岁，积极投入了“大跃进”。钱学森说“亩产4万斤”，他是说如果太阳能转化发挥到1%，就可以达到4万斤，他是按科学知识推导的，并没有说一定会产出4万斤。至于转化率达到1%，我们的农业直到现在都没有达到这个水平，植物内部的机制，转化能力不是那么强，稻子不全是稻粒，还要消耗能量。转化率怎么提高？很艰辛的课题。当然，现在的水平高多了。

“大跃进”时期，城市规划开始了摆脱苏联计划经济模式的探索。计划经济很严密，也很死板，“大跃进”时期是一个探索，伟大的“义和团式”的探索，有很多教训值得吸取。

访问者：到了1960年代，影响比较大的就是“学大庆”了。工农结合、城乡结合、有利生产、方便生活，这是周总理视察大庆时总结出的十六字方针。您对大庆工矿区的建设模式有何评价？

黄天其：我去过几次大庆，印象很深刻，还是很佩服的。我是在1965年带着学生实习去的大庆，我们爬到厂房顶棚，铺设隔热的玻璃棉，玻璃棉有很小的纤维，必须全身披挂，穿防护衣，不小心接触后身上痒得不得了，得洗澡才能解决问题。大庆有一套“铂重整”设备，是把石油分子采用氧化铝载体载铂的催化剂进行催化、重整，改善辛烷值的过程，据说是从国外“偷”过来的技术。我们参观时看到了很壮观的场面：根据管道中化学液体的性质，不同功能的管道涂成不同颜色，几十米五色斑斓的管道伸向高空。原来石油加工还有这么复杂的技术难关！当时我激动得写了一首诗，现代白话诗：“一列列粗壮的管道五色斑斓，一座座巍峨的高塔伸入蓝天……”全文记不得了。

大庆建职工住房强调“干打垒”，在那个时期还是现实的，因为没有其他的条件。

大庆精神还是了不起的。当年的那些技术，在当时来讲，还是解决了问题，把工人们的生活安顿下来了。我去大庆时，也在那儿住过，实际体验过。有些东西，适当的强调是可以的，但很容易一下就做过了头。列宁也讲过“左倾幼稚病”，你提的很革命，我提的更革命，到实际改革的时候，每一小步都动不了，所谓“语言的巨人、行动的矮子”。

最近读到一本书《文化史的风景》，其中一章提到“心态史”这个概念：人们真实的内心是怎么想的。比如在政治大形势下，每个人都想表现得更“左”一点，也许想争先进，但并没有必要的论证，没有科学的态度，因此提出更激进的方案。“大跃进”就有这个问题，老想更激进，浮夸风从而产生。搞规划，几十年下来，我最怕浮夸，变成了比较保守的心态，还是要探索事物真理的规律性，还有科学家的科学态度。

访问者：刚才说到大庆，您在哈尔滨工作，离大庆比较近，大庆的那种建设模式，当时做没做规划？还是说就是自发形成的？

黄天其：没法做系统的规划，估计人力也不够，没有多少人。1961 年已经不做规划了，李富春讲的（1960 年 11 月提出“三年不搞城市规划”），因为规划意味着大规模的建设投资。

访问者：城乡规划研究室是 1960 年 9 月停办的，当时为什么停办？

黄天其：国家经济进入极度困难时期。“大跃进”从 1958 年发动，到 1959 年达到高潮，3 月份还正有劲，所以哈工大紧跟形势成立研究室。进入 1960 年，全国粮食就紧张了，人们普遍陷入饥饿状态。

访问者：李富春副总理提出“三年不搞城市规划”是在 1960 年 11 月，哈建工的城乡规划研究室是在 1960 年 9 月就停办了的，时间要更早。这是什么原因？

黄天其：那时候，实际上全国已经不得了了，粮食严重短缺。1958 年开始“大跃进”，“全国高产，粮食产量翻番”，人民公社“敞开肚子吃饭”，这下怎么得了？另外，全国大炼钢铁，把钢炼成铁，铁炼成矿石，倒着炼，铜也给弄进去，农民不懂，全国都烧起来了。的确太荒唐了。

当时哈工大也“大炼钢铁”，组织上命我做一个浮雕，是知识分子与工人结合的形象，那时候，是党委宣传部派的任务。把哈工大炼的铁水倒进石膏模子，结果在人的脸上、鼻子上冒出密密麻麻的气孔。哈工大根本不是搞钢铁的，是搞机械的，显然铁水含杂质，闹了笑话。怎么办呢？就拿国家调拨给实习工厂的钢锭，化成钢液再浇，拿去报捷。这就是弄虚作假。为炼钢铁，许多地方把森林也砍掉了，损失太大了。不去种地，都去炼钢，这么一弄就挨饿了，粮食很快吃光了。

1959 年，我从哈尔滨回过一次重庆，母亲生病了，向学校借钱回家探望。那时候，田野里的谷子长得还是不错的，但是没有人管，鸡在那儿吃谷子，在田里随便吃。当时，我已在奔乡的路上，心里急着见到生病的母亲，听到走在前面的两个农民说：这么搞怎么行呢？如果好好搞的话，粮食你吃得完么？实际上，那年重庆和四川都是丰收年，没有天灾。当时，四川却饿死很多人，黑龙江基本上没有饿死的，太丰饶了，当然人口也比较少。

七、被选派赴清华大学建筑系进修

访问者：哈工大的城乡规划研究室停办之后，您就去清华进修了？

黄天其：对。在这个事情上，我要特别感谢学校。城乡规划研究室停办时，我正在做哈尔滨苿莉街畜牧场规划。当时我很兴奋，1960年春天，全国都困难，学校接受任务——规划哈尔滨畜牧场，我还是领头的项目负责人，市设计院还派了两个助手参与，是两个很漂亮的姑娘。当时，我也很想搞好规划，为国家多生产一些牛羊肉。可是，最后不了了之，因为境况越来越困难，未来的畅想似的规划做不下去了，学校也就决定研究室停办了。

在城乡规划研究室停办的前夕，我们编辑印刷了一本《城乡规划研究报告集》，其中汇集了我们自己的研究成果，作为与兄弟院校、规划单位的交流材料。这本《城乡规划研究报告集》内容涵盖了一年半以来研究室所做的各个项目，把一年多的工作作个总结汇报。研究室主任郭士元老师以及冷兴武、赵景海等同志都写了有一定价值的研究论文。其中也有我参与写作的一篇论文，主要是对黑龙江小城镇临街房屋后的院落空间环境的调查，我发现有些院落的环境和景观非常优美，主张规划建设时应加以保护和发扬。之后，学校派我去长春编校和印刷这本材料。

重建工（重庆建筑工程学院）城市规划专业办得比较早，是1959年办的。我们哈建工当时是准备办，首先是搞了研究室，后来又派老师去外地进修。当时一共派了四个人，我一个人去清华大学，有两个人去同济大学，还有一个去东南大学。派到同济的两个人中，有一个叫韩元田，已经去世了。

访问者：派去同济的两位老师，除了韩元田先生之外，另一位叫什么名字？

黄天其：赵景海，他还健在。

访问者：派去东南的叫什么名字？

黄天其：罗甦，是一位转业军人，很好的同志，也已去世。派出去进修这个事，究竟是谁作的决策，我搞不清楚。也可能是常怀生，常先生于2019年去世，那时候，他应该是系领导。哈雄文也不能作决策，那时候已经成立了哈建工了，不是哈工大了。

访问者：您去清华进修，出发时间是在 1960 年的几月份？

黄天其：9 月下旬，当时我已经在挨饿了，1960 年去的时候已经吃不饱饭了。当时去印报告集，我到长春的冷兴武同学的家里，他的妈妈请我吃饭，包了 100 多个饺子，我们两个人都吃光了，饭量大得惊人。

后来到清华的时候，还有 10 天，只剩 7 斤粮票，一天只有七两粮，肯定吃不饱。到清华以后，马上就要去平谷县（今为平谷区）上南山村调查，心里恐慌极了。结果下去调查时，坐汽车到平谷县的招待所。晚餐吃红薯，一两粮票换四两红薯，同学一两一两地买四次，每次一称，都不止四两，占了点儿小便宜；还有一大桶辣椒咸菜汤，咸咸的。大家使劲喝汤，吃红薯，把肚子撑饱；到晚上老是起夜，几十个人一晚上你进我出没有歇，因为水喝得太多了。但大家还是很乐观。

第二天上山，粮食欠缺，我更心慌了。首都北京每人的定量高一些，但每人背着自己的行李走在山上，身子也都发虚了。在这个时候，前面突然出现一道长长的山梁，沿山梁看过去，一大排浓密的枣树延伸出去足有一里之远，树上面挂满了成熟的红枣，落地的也很多，清华的师生们大家高兴得不得了，使劲吃红枣，很甜。吃饱了，每人还装了一大包，这下子也解决了我 10 天的伙食问题。那次去调查和考察挺有意思。记得好像那次吴良镛先生是同我们一道去的。

访问者：您到清华进修的时间，刚好是吴（良镛）先生主编《城乡规划》教科书的时候，同济大学的李德华先生、东南大学的齐康先生和重建工的黄光宇先生等参与，几个学校搞统编教材，这个事儿您当时了解吗？

黄天其：不了解。

访问者：当时他们的工作地点在城市设计院（中规院的前身），可能清华这边不是太清楚。

黄天其：我没有参加这个事，当时哈建工在城市规划方面还说不上话，没有城市规划教育的基础，不像重建工还有些基础。黄光宇大学毕业的时候是班长，他是 59 届的班长，他们有基础。

在清华进修时，我参加了规划教研组，朱畅中作为指导教师。

访问者：您对朱畅中先生有何印象？据说他是规划界的“三大骂”之一。

黄天其：朱先生人非常好，能力和才华很了不起，最厉害的是篆刻，或者说是手写篆刻，随时可以写出来同印章一样，这个技巧了不得。后来才知道他参加过西泠印社。说朱先生喜欢发一些牢骚，但在我进修期间，好像没有见他发过脾气，我跟他的关系也非常好。

访问者：您在清华进修的时候，他刚从苏联留学回来还没有多久。

黄天其：他是 1957 年回来的，有两三年了。他是规划教研组主任，梁思成先生是建筑系主任，吴良镛先生是副系主任。

规划教研组就在建筑系馆。有一次郑光中同志到我宿舍来，看到我在画画，留

图 4-11　黄天其部分手绘建筑创作设计方案
资料来源：黄天其提供。

图 4-12　黄天其速写《天水仙人桥》（1959 年冬）
注：1994 入选《建筑速写》作品之一。
资料来源：黄天其提供。

下了一点印象吧。1960 年年底的时候，土建系门厅有四块小黑板，系里要求每个教研室在上面画一幅庆祝新年的年画，要用粉笔画成剪纸的模样。规划教研室就叫我去画，另外的教研组（建筑、历史、美术）里都是大家，我怎么办？后来还是鼓起勇气画出来了，颜色都是一样的红粉笔，总体看上去还没有显得有明显差距（图 4-11、图 4-12）。

之前的学生时代，我就画过连环画。在哈工大的时候，我就发表过连环画，是在《天津画报》上，这份画报很有名，现在网上还查得到，我画的是《阿凡提算鸡账》，有 18 幅画，笔名叫"石叙""红丰"。前者取自弟妹的名字，红丰是一个暗恋的女同学的名字的对仗词。

在清华进修期间，我跟着吴先生和"建 60 班"的同学去平谷调研，跟朱先生去河北省徐水县考察。"大跃进"时期，清华大学在徐水县做了人民公社规划，

图 4–13 与女儿黄瓴重游颐和园，追忆 50 年前在清华进修时听莫宗江先生讲解颐和园游线的情景（2018 年 8 月）
注：左为黄天其，右为黄瓴（重庆大学教授）。
资料来源：黄瓴提供。

建了两层楼的共产主义大厦，冒进用秫秸加钢丝做成楼板，楼上冬天不能烧炕，脱离实际，因此是失败的。那里还有全国大炼钢铁的遗迹，当时毛泽东主席曾接见拉丁美洲共产党领导人，他们去那里看大炼钢铁。结果我们去考察时，河北搞的所有“小高炉”都停了，只剩县办的钢铁厂还在生产，因为毛主席亲自实地来看过，所以那个厂不能倒。县办的那个厂当然要请工程技术人员，比较科学，不是乱来的，农村的完全是乱搞。

访问者：您在进修的时候，规划方面有哪些收获？

黄天其：我在清华主要进修城市规划，但那时候规划已经不行了，形势有了很大变化。清华的规划教研组处于半休眠状态，我接触的同学主要是 60 届和 61 届，在清华也是很优秀的，这些学生都了不得，看了他们的设计图以后我都非常佩服，还有的同学善于泼墨画。当时，清华建筑系学生有这个说法：一年学建筑，二年学美术，三年学佛。

我进修到 1961 年时，参加过教研组编写的园林教材，后来没有编出来，那时候我已经快要走了。4 月份开始说这个事儿，到 7 月就完了。

4 月末、5 月初，莫宗江先生带几个进修教师和研究生到颐和园，包括张锦秋和郭黛姮等，我也参加了。以前我去过颐和园，那次则是跟着去听课。莫宗江不修边幅，据说他每天吃了饭就把碗搁在那儿不洗，再吃就用别的碗，一直到所有的碗都用完了才去洗。

莫先生仪态和蔼而潇洒，他为大家讲颐和园风景路线的设计（图 4–13）。进颐和园以前，远远就可以看到万寿山和佛香阁，靠近了以后，近景把佛香阁挡住了，国外分析过这个，叫“序曲”。进东大门以后，几经空间收放、转折到知春亭那个地方，一幅长卷突然展开，给人以惊喜。走到知春亭，就讲知春亭的故事。

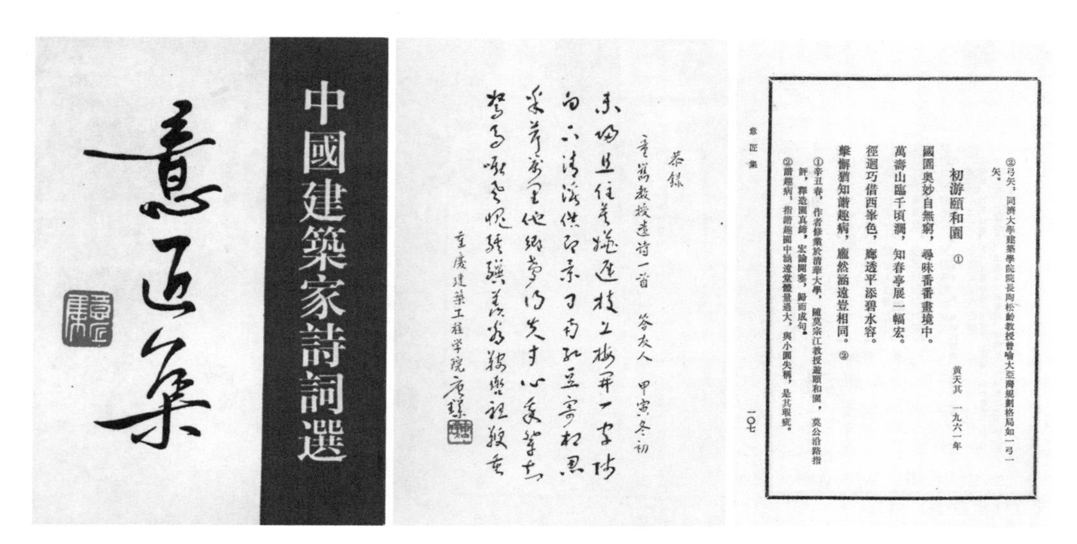

②弓矢，同濟大學建築學院院長陶松齡教授曾喻大亞灣規劃格局如一弓一矢。

初游頤和園 ①

黃天其 一九六一年

國園奧妙自無窮，尋味番番畫境中。
萬壽山臨千頃濶，知春亭展一幅宏。
徑迴巧借西峯色，廊透平添碧水容。
攀懈猶知諧趣病，龐然涵遠豈相同。②

①辛丑春，作者修業於清華大學，隨莫宗江教授遊頤和園，莫公沿路指評，釋造園真諦，宏論開塞，歸而成句。
②諧趣病：指諧趣園中涵遠堂體量過大，與小園失稱，是其瑕疵。

意匠集　一〇七

图 4-14　《意匠集——中国建筑家诗词选》（1990 年 5 月出版）
注：左图为封面（封面设计：朱畅中），中图为唐璞教授为该书的题词，右图为黄天其先生《初游颐和园》所在页。
资料来源：黄天其先生给访问者的赠书。

先到仁寿殿、大戏台，之后进入长廊，讲一番框夹漏透的造景手法；顺着长廊走过去，到佛香阁。我们没有往上爬，而是向西走到石舫，转到后山上去。

莫先生讲这个线路时，他拿出一张图，是他自己绘制的分析图，他说颐和园的建筑有很多联系线，这个殿与那个殿，连线纵横交错。讲自然山水有起伏，万寿山是挖湖堆起来的。当时，我们也很奇怪，堆这个山有沉降，可见建筑不简单。造园有一套手法。莫先生就讲造园，讲景观设计，讲线路。后来，我回到哈建工以后，才从外文建筑著作中读到空间序列的概念。当时，莫先生还没有用“序列”这个词，只讲了园林空间的转折变化，步步推敲，有点清朝皇家遗少醉心于品这个味儿的感觉。但是我后来才体会到莫先生对园林的研究很了不起，那次给我开了个窍，获得了入门知识，终身受益。

那次到颐和园后，我还赋诗一首，后来被收录在《意匠集》一书中（图 4-14）。我第二次到颐和园是 1980 年代了，那时我才发现颐和园后山还有一个喇嘛庙——须弥灵境。我认为很了不起，应该写一篇论文，专门来研究这个东西，讲藏族寺庙空间的音乐感。我还没有看到类似的文章。

李浩，你应该全面发展，宏观的城市研究和现代历史的研究相结合，从宏观到微观，纵横研究，太有意思了，人类创造美好的空间，总结各种经验。西方对中国很重视，他们也总结了很多东西，我有好多东西都是从西方的文章里读回来的。其实，清华的一些老先生对很多方面看得也都很细，只是没有来得及写成文章而已，很可惜。

后来我做规划，发现很多城市本来有很多好的景观，轻易就被破坏掉了。在现

图 4-15　在金笠铭教授带领下重访清华土建系馆（2016 年 7 月）
注：中为黄天其。
资料来源：黄瓴提供。

代化的改造过程当中，应该确立一些“不动点”保留起来，通过论证和讨论，形成一个东西，很多问题其实很容易处理，哪怕周围盖高楼围起来，都可以想办法处理。重庆有很多很好的东西，都给破坏掉了，可惜了。

还有程应铨先生，也了不得，他是林洙的前夫。程应铨这个人很了不起，懂 14 门外语，英语、法语、俄语、德语、日语这几门外语他本来就会，后来他到东欧做访问学者，看到了斯拉夫民族的波兰、保加利亚、罗马尼亚所使用的斯拉夫文，因为语法相近，只是拼写有点不同，所以他一下子掌握了 14 门外语。

我去清华进修的时候，听过程先生训话。为什么他会当“右派”？他训话时还有那个味道。当时，他已经摘帽了，已经可以教书了，但他对年轻老师动不动就训话。我们那次拜访他，同行的进修教师对他说黄天其的外语挺好。程应铨先生便说：学外语像挖井似的，挖一丈深的井，你挖了九尺，如果没有出水，也等于零。他的意思是说，学外语，如果学得半通不通的，就不能用。我对他讲的这一点印象很深刻（图 4-15）。

访问者：据说他在清华教书之前曾经当过翻译官，您清楚吗？

黄天其：这个我不太清楚，有可能。我看过程先生的几篇文章，外语的确挺好，是个天才。他的脸色青黄，死得很早，很不幸。我们去找他请教问题，他挺高兴的，很健谈。

清华出了一批爱发脾气的人，程应铨算一个。

访问者：朱畅中先生和程应铨先生是清华城市规划方面的骨干老师，当时给你们上过什么课没有？

黄天其：他们指导 61 届的学生做毕业设计，我也参加了一点教学活动，如参观新建的垂杨柳居住小区。那时候在一起的还有曾昭奋，他是华南毕业后分配到清华的，比我还大一岁。他写了不少回忆当年的文章。他的书法也挺好。回顾这些往事挺有意思的。

清华大学的确有很多人才，令我佩服得五体投地。还有戴志昂教授，他关于精神园林的见解，也给我很深的启示。他认为，《红楼梦》里的大观园，就像每个人的心里都有一个哈姆雷特，每个人的心里也都有一个大观园，想象的图景千差万别。我们不必真的要搞一个大观园；文学作品带来人们精神园林的享受，比在实际的园林里走更含蓄，更丰富多彩。他在病中将这个观点写了一张小字报，贴在大礼堂附近的一面墙上。

一年的进修时间很短，我并没有很系统地听课，主要就是自己看书和与老师一起辅导“建 61 级”居住小区规划设计。我看的书范围很广，包括清华合唱团和艺术团编的一本《基础乐理》，油印的，主要讲乐理知识，但它帮助我领会了建筑与音乐的联系。

那时候，曾昭奋我们两个还在清华受命浇过地。在困难时期，清华的师生也都营养欠缺，每个教研室分到一块地。我们单身的住在学校里，有的老师不住在清华园，很多在外面住，因此要求我们每个礼拜浇一次粪，舀水浇白菜地。此外，每个老师家里都有几个盆栽，白菜头会长出来小棵白菜。

那年进修的收获很丰富，也看到了清华的人狼狈的一面，他们在“大跃进”时期搞的规划几乎全部都是失败的，当然我们的规划也是如此，交学费了。但是，清华学生的内在修养的确很高，人才济济，全国招生的最高水平，考进去的学生很不简单，个性也很强。

总的来说，清华教研组的老师们对我还是很友善和关心的。但也有一件例外，有一次我学日语，本来学的挺好的，后来教研组通知不让我上了，当时我觉得有点排外。他们说：你来主要是进修业务的。我说：日语可以一块儿上，利用业余时间，晚上上。还是不让我上，我有点生气，后来就自学日语。

访问者：您 1961 年结束进修，回到哈工大，是在几月份？

黄天其：应该是 8 月份。那时候，规划教研组还给我开了一个告别会。很遗憾当时的照片没有保存下来，曾昭奋还送给我一个纪念册，友情终生难忘。时间已经过去好多年了。

八、1960—1970 年代的工作经历

黄天其：1961 年，回到哈建工以后，我开始教书了，不再作研究。到 1971 年，我又调到四川工作。这期间有 10 年时间。

回到哈建工以后，城乡规划研究室早已经撤销了。原来研究室有十来个人，教研室有二三十个人，后来合并了。教研室的教学工作有个特点，即强调“三基”，当时仍然是困难时期，大家讨论基本理论、基本技巧和基本知识。所谓“三基”，也就是要强调学生的基本功，“大跃进”时已经有过教训，乱来是不行的，一定要打好基本功。我被分配到建筑设计初步教学小组。当时，李行老师的水平很了不起，他是教学组长。1965 年，我当了建筑初步教学小组副组长。但是当年所谓的“教改”把美术和建筑初步合并，现在看来还是过“左”了。

访问者：在哈建工任教的时候，您上没上过城建史的课?

黄天其：没有。当时哈建工后院的楼上是教师阅览室，我可以整天在那儿看书，因为我是单身。清华当时不简单，订的外文杂志有 100 种以上，连以色列和印度的建筑杂志都有，哈建工只有英国、美国、法国、德国的外文期刊。

1965 年，哈尔滨第一次举办冰灯节，市民兴高采烈地参加在兆麟公园举行的赏灯游园活动，我也曾激动地填下一首《永遇乐》，献给了我生活了十几年的第二故乡。

《永遇乐·哈尔滨冬景》

一九六五年

雪野凝晶，霜枝结玉，素国千里。比户银廊，辉街宝柱，城郭惊另起，江河可履，琼宫能见，隐隐鱼龙水底。纵冰帆，清平镜上，轻盈展翅仙羽。

寒都智众，奇思风发，近有灯园盛举。塑雪凿冰，嵌星缀月，详拟风物美。莫惮好景，消融有日，恰是春光又至。更那觉，英游塞外，一丝冷意。

访问者：1971 年的时候，您为什么又转回到四川了？

黄天其：那时候是“文革”，学校关门了，从 1966 年开始闹革命，到 1968—1971 年的时候，学生全部走光了，包括延期毕业的在内。这样，学校教师就没有事儿干了，而且生活还很困难。冬天，下午 4 点就天黑了，晚饭时到食堂要穿越长长的教学楼走廊，可是电灯全关闭了，不得不在黑暗中摸索前行。那个心情真是一言难尽。

在这段时间，我还去校外教过三个月的美术字，在哈尔滨工人文化宫举办的书法训练班，我去当老师。此外就是画宣传画，办“大批判”专栏，还办过一些

展览，花了很多时间。

我是 1965 年结婚的，到 1971 年已经是第七个年头，想回家了。学校没有什么课要上。后来，学校已经准备要复课了，全校一共有 72 个单身老师，第一批只有 4 个人可以调爱人到哈尔滨。

访问者：等于是说，您刚结婚的时候是两地分居的状态？

黄天其：是的，我们结婚后已分居了 7 年。第一批爱人可以调入学校的 4 个人里，我幸运的是其中之一。同时，我的爱人（图 4–16 ~ 图 4–19）也在为我联系四川的单位。当时，我们天天学习中央文件，我不知道林彪出事了，还引用林彪语录。我爱人说：再等 10 天，如果 10 天还不来你的调令，我就来。她爸爸也有点凄伤地说：他调不回四川，你就去吧，夫妻团聚还是重要的。

结果呢？ 10 天之内，四川天然气化工厂的调令到了我们学校。我这边的调令比我爱人那边的调令早去了十几天。我跟学校申请：家里父母亲年老有病……我心中是经受了很多痛苦才离开学校的。离别的时候，李行老师的眼睛都红了。毕竟是我的母校，多年共同努力得到的人事环境非常好，组织也一直信任我。当然，那时候也的确感到学校未来的教育工作很需要人，离开学校也是没有办法的事。两地分居的问题，那时候黄瓴（黄天其先生的女儿）就快要出生了。我是 1971 年才离开的学校。

访问者：四川天然气化工厂具体是在哪儿？

黄天其：在合江，四川泸州下面的一个小县城，很不错，那个地方很有名，盛产天然气和荔枝。当年全国闻名的“32111 钻井队”事迹就在合江。

访问者：您是在 1971 年的几月份去的？

黄天其：1 月份。

访问者：这么说是在春节前就去了。后来到 1980 年，您是在几月份又调到重建工（重庆建筑工程学院）工作的？

黄天其：2 月份。中间又是 10 年。在四川天然气化工厂，主要是搞土建技术工作。那时候还没有提职称，就是土建技术员，什么事儿都干，搞预算，搞设计，搞施工，主要是当甲方。当然，工厂也有些小型的建设项目，自己搞设计。化工厂整个厂区的居住区是我设计的，我当土建组的副组长，组长是一位工人，那时候工人阶级领导一切，我们关系挺好的。

在工厂的 10 年挺有意思。开始的 3 年，学到了不少新东西。后来，工厂忽而上马，忽而下马，来回折腾。工厂和地方很想生产化肥，但是国家要求生产聚氯乙烯，生产过程中会产生剧毒。当时还没有改革开放，“极左”思潮认为一切要自力更生，要自己生产设备。设备在中间厂测试生产，每天事故上百次——“跑冒滴漏”。当时，化工行业就是“跑冒滴漏”，设备不过关，老出事。扩大生产

图 4-16　黄天其白描女友（今夫人）邹振扬教授（1972 年 10 月）
资料来源：黄天其提供。

图 4-18　家人的一张合影（1990 年代）
左起：黄瑶、邹振扬、黄氤、黄天其。
资料来源：黄天其提供。

图 4-17　与夫人邹振扬教授合影（2000 年前后）
资料来源：黄天其提供。

图 4-19　与夫人邹振扬教授摄于费城（2012 年）
资料来源：黄天其提供。

规模又是一个问题，又要试验很久，这样，建成就遥遥无期。后来的 7 年，浪费在这个工厂里。“文革”中，国企管理混乱的程度难以形容。

在工厂时，我以前学的结构方面的知识用上了。我把工民建那套拿来用，建筑设计是最简单的事。我设计的房子按规定每户 33 平方米，多小的房间！每户怎么设计呢？两室，没有厅，厨房就是过道，经过厨房进入卧室和小房间。三口之家只有一个房间，四口之家才有两个房间，两家共用厕所。管道完全是混凝土的，我去重庆混凝土制品厂订货，运回来用水泥粘在柱子上，他们认为不行，我说粘粘看，后来粘得还很好，一直到我调走的时候都没有掉。整个建筑结构上所有的潜力都挖尽了。

预制管道也是我设计的，管道要连接，末端出口要开孔，没有预留。工人问怎么办，我说拿个钉子打个孔，不要慢慢敲，要一下子敲下去，就会有一个洞，因为动力传递不到旁边，管道就不会坏。工人们问：还可以这么做？我说是啊，这是力学。后来我又推广冷拔钢丝预应力板，节省了不少钢材。现在这种板已经淘汰了，被鉴定不安全，而那个年代就推广这个，房子并不会垮，但是潜力用尽了。我还做了一些试验，规模很小，有的没有成功，就算了。那时候，建设社会主义的热情还是很高的。

那 10 年间，我还搞过宣传，领导过一个宣传队，作曲，有一个小乐队。工厂需要宣传，上边有什么指示，“批林”“批孔”，都得参加。厂里的工人还是挺好的。我们土建专业在化工厂里叫“老土”，是最低层次的技术。那时候，化工技术可不得了，改革开放以后才开始进口设备，技术难题才得到解决。

这个厂真正建起来，花了 30 年的时间。我刚进厂的时候，那里已经筹建了 5 年，我在那儿干了 10 年。我是 1980 年走的，15 年以后，1995 年才投产，最后进口设备才建了起来。对于我们国家工业建设所走的弯路，我也是很有体会。

九、到重庆建筑工程学院任教

访问者：后来您重新回到教师岗位，到重建工工作，是个什么机会呢？

黄天其：那时候，工厂一直想早日上马。工厂的设计是靠外面的设计院。但工厂也集聚了二三十个技术员，水、暖、电、气……什么专业的都有，做总图的也有，来的技术员很多，我被任命为土建组副组长。除了土建，还有水电部分的设计，大家想自行设计，把工厂的自来水厂建起来。工厂的用水规模是每秒 5 立方米，略等于当时重庆主城渝中区的用水量。这个用水量不得了，每天就是 40 万立方米的水量。我担负土建设计，和水电设计的技术员合作完成整个水厂的设计。当时土建的任务很重，我承担了这个任务，另外，设备还要订货，出去调研，到处考察。我还到哈尔滨去调研过自来水厂的情况。那时候，水专业的技术员是重建工的毕业生，我陪他到重建工考察。其实，我很早就到过重建工。1953 年，我的高考就是在重建工考的，在一个竹棚里，改革开放以后，这个竹棚还在，后来才拆掉的。

那次去重建工考察时，我突然发现学校非常幽静，环境很优美。我想：与其回哈建工教书，还不如到这儿来。那时候，哈建工的老师也在邀请我，希望我回学校去。但是我此时已年过不惑，父母亲也在重庆。时值学校放假，是一个冬天，那时重建工还没有建筑系，建筑专业和土木专业在一块儿，在一教学楼。

那次实在是太巧了。我走到一教学楼一间房间的门口时，突然门打开了，出来一个人，我就问：请问白佐民老师您认识吗？他说：我就是白佐民。白老师很了不起，东北工学院毕业的，东北人。那时候，侯幼彬老师跟我讲过：你如果想到重庆的高校工作，可以找白佐民。侯幼彬跟白老师也说过：黄天其调回了四川，将来你们要人可以去找他。我所在的合江县比较偏僻，白佐民老师记成内江了，去打听的结果是内江没有这个人。

那次门开了，出来的正巧就是白佐民，而且是在假期中。后来谈到去哪个教研室的问题，我说我很想到建筑历史和理论研究室。“文革”以后，我感觉我们国家的建筑理论太差，我的外语还可以，可以埋头搞历史和理论。我想搞外国建筑史研究。

白老师办了两年，才把我调到学校来。他对我说：老黄，你写错了，个人介绍上不要写搞过规划；你写搞过规划，现在规划最缺人，建筑理论研究室只有一两门课，有十多个人没有课上，老先生还很多，还有几个老师都很不错的，没有课上。现在规划很缺人，你能不能教规划？

我听了后，就回到厂里待着，思量：规划我只干过两年，在清华进修过，关键是搞了规划难以实现。怎么办？后来我想定：迎接这个挑战吧！过去虽然只有很短的时间接触过规划，但我学过工业总平面，以前搞过两年规划，中国的建设和城市化的问题我非常关注。我思考了一个月，才决定过来。

十、讲授“城市建设史”课程

黄天其：到重建工后，我去找黄光宇，他说眼下最需要上的课就是城建史，这门课过去是白佐民上的，他主要是讲建筑史。我说正好我对历史比较感兴趣，我就来上吧。来了以后，学校给我半年时间备课。

到重建工以后，我发现建筑系的设计工作需要结构老师的配合，因此，结构设计部分都是请土木系的老师承担，土木系要拿走一半的设计费。我来了以后表示，我也能搞结构。在半年时间里，我承担了建筑系的一些结构设计任务，我做结构设计，也做建筑方案，和建筑系的老师一块儿完成方案，大家相处十分和谐、愉快。

魏宏杨老师跟我一块儿搞过设计，我搞结构。有一次是江油百货大楼的设计，魏老师一看我画的图，说：你这个方案比原有建筑方案还好。最后设计组长唐老师综合了一下，作了改进，建成后成为当时江油最高的建筑，也经受住了汶川大地震的考验。当然，现在的江油已是高楼林立，今非昔比了。

刚到重建工的半年，我主要是备课。当时没有教材，白老师有一个油印的材料，需要补充和更新。西方城市部分我就看原文，有一本苏联的俄文版《城市建设艺术史》，我看起来很容易，还有西方的一些城建史方面的资料。

访问者：说到城建史这门课，它与规划史研究有很大的关系。从我刚开始从事规划史研究的体会来看，城建史应该很难教吧？首先，要掌握那么多的知识，再对它作一个阐述。我注意到您写的文章中说自己酷爱历史，用中西历史对照的方法进行社会分析，有这样的一些思想观点。可否请您详细谈谈讲授城建史这门课的一些体会？

黄天其：中国的城建史，到现在为止还是比较单薄的。西方不得了，有好多个版本，写城市史和城市建设史。苏联有《城市建设艺术史》，作者布宁（А. В. Бунин），得过列宁奖金。我当时主要参考这本书。

当时的授课对象是78级的学生，快要毕业了。我是1981年讲的，对四年级讲的这个课。当时不太正规，因为国家的教材没有编出来，而且是建筑史和城市史一起讲，还是模仿建筑史的体例，因为建筑史中就有一部分是城建史。

讲这个课的时候，没有什么约束，也没有什么范本。当然，过去的历史已成事实，我就想怎么开拓和收集资料。其中有些东西，比如讲欧洲的城市史，80%的内容都是参考英文原文的。给我半年时间，我就大胆下功夫准备。

当时有中国城建史和国外城建史，怎么个讲法？中国的城建史，从夏、商、周开始，讲都城建筑、殷墟什么的，后来到汉长安和宋、元、明、清，然后到近代。当时的资料还不像现在这么详细、系统，建筑史也在里面。所以，我对中国城建史方面讲得不是很严密，不是很有连续性。

但是，我教这门课也有个特点，就是从1982年开始，带着学生们去考察，南京、上海、杭州走了一遍。去武汉时还到了沙市——郢都遗址。所以，是对历史文献的梳理加上现实的考察。中国的封建社会有很长的时间，很多城市都是各个朝代的帝王都城。后来，城建史加了很多地方城市的教材资料，但是，讲得还不是太深刻。董鉴泓主编的《中国城市建设史》，我讲课的时候还没有正式推出来。

在各地考察的过程中，我也即兴写了一些诗词，抒发了我当时比较激动的心情。举例如下：

《幽谷感题》[1]

一九八二年于涪陵

升烟一载弃梅根，掘地三寻杳铁痕。[2]

后世游园休哂笑，从来福祸两相因。

---

① 幽谷：在涪陵公园内，乃大炼钢铁后之废矿遗址。由赵长庚教授因势规划葺成胜景，题名“幽谷”。

② 梅根：梅根冶，古吴国炼铁之所。见《儒林外史》卷末《沁园春》。

《僰道即事》[1]

一九八二年

金岷交二水，宜叙古戎州。[2]
屏倚一峰翠，楼观万景绸。[3]
杯流思杳杳，砚映塔幽幽。[4]
更饮名城酒，浮思一醉休。[5]

《清凉山访扫叶楼》[6]

一九八二年

十朝多圣地，吾最爱清凉。
权贵争琼榭，诗贤筑草堂。
湖光偏渺远，人格自芬芳。
扫叶金陵寓，丹青百代光。

在我的讲课中，对中国古代城市建设的成就比较重视。比如说明清北京城，包括南京城和汉长安，由混乱的、不讲对称的，发展到有一定的秩序。当然，早期的周王城也是比较规矩的，后来一些城市的建设条件也发生了变化。比如：汉高祖很反对城市搞得过于宏伟，因为他是老百姓起家的；萧何讲“非壮丽不能重威”，王权在城市空间里得到突出体现，从而造成权威主义。“权威主义”（Authoritarianism）这个词，还是在讲授西方城建史的时候才接触到的，它来自英文版《西欧的城市》这本书（图 4–20）。

我第一次讲的时候，中国特色社会主义的思想还不是很明确。中国要走什么样的城市道路？过去城建史只是偏重于讲中国的成就，但是成就也要讲透。

回忆起来，在哈工大念书的时候，老师们讲的一些内容，自然而然地也起了一定的作用。比如侯幼彬老师，他二十来岁给我们讲课的时候，就谈到这方面的问题了。他说故宫里有一条金水河，进入到午门以后到太和殿，中间有一个弧形的水沟——它用了一个曲线，如果是一条直线就会把空间划分得非常死板了，

---

① 僰道：宜宾古称，古僰国建都于此。
② 金珉：金沙江、岷江。宜叙：宜宾原称叙府，又称戎州。
③ 一峰：指城北翠屏山。万景楼：在市中心，建于明代。
④ 杯流：指流杯池。宋黄庭坚贬戎州时尝游此。砚塔：池旁有巨石磐如砚，积水可远映对岸山上白塔。
⑤ 名城酒：指“五粮液”，又，该市已定为历史文化名城，故云。
⑥ 扫叶楼：在南京清凉山，为明末诗人兼画家龚贤故居。贤明亡后不屈于清廷，安贫守节，今建馆纪念之。

图 4-20　黄天其漫画《高房价》（2008 年）
注：2008 年经济危机时作，喻只要下调房价便可解危。
资料来源：黄天其提供。

曲线就是太极，中国的曲线就是你中有我、我中有你的一种表现。

我感到中国城市中有很多很绝妙的东西——空间的奥妙。因为城建史是和建筑史联合起来讲的，城市空间中又有建筑。故宫的宫殿虽然不是城市，但它是个大空间，很辽阔的空间，怎么处理这些东西？对于成就的理解又是如何？当时，看了一些资料，在宏观里加进微观的东西，注意思考城市空间是怎么回事。比如南京，很自由，据说早在三国时期城墙就在河边，原来下面都是水面。

城建史有几个基础，一方面是历史跟着朝代更替，另一方面是什么是城市，一定有技术的内涵。比如荆州原来在水面旁，现在已经远离河岸了，当年为什么形成这些东西？要解释。

城建史包含了史实、史论两个部分，历史要挖掘出来，还有事件和人物。城市的史实非常重要，这方面的认识也受曹汛的某些影响。我在清华进修时，曹汛是本科生，清华六年制的建筑学，他是城规专门化方向的，他有一些独特的考证和考古的方法，跟我交流过。曹汛是我国著名的建筑史和园林史专家。

当时，第一次讲城建史这门课，我的压力比较大，好在同学不会反对，不像现在，有教科书了，更不能乱讲。那时候，即使离开教材也可以。现在同学的水平越来越高了，给博士讲课更难办了，当时可以自由发挥。

我觉得我还是比较重视依据的，在有限的条件下寻找一些依据。史论怎么论？这个非常重要，要论成就，也要论失败的东西。当时我谈到中国古代的生产力不发达，中国城市开始繁荣是在春秋战国时期，到秦朝对城市的控制比较厉害，后来也繁荣起来了，像成都，很多大都市商业发展，手工业发展，重商，街道越来越热闹。

城建史这门课是 60 学时。现在回忆起来，把城建史讲好不简单。特别是讲外国城建史，下了很大功夫。当时虽然没有中国城建史的教材，但根据建筑史的套路来讲，大概就差不多。外国城建史的教材当时也没有出来，外国城建史要讲什么东西是最大的挑战，我要解释为什么中国没有实现现代化、城市化，带有殖民色彩的上海、大连、青岛，讲这几个中国城市，对比一下西方，为什么是这样？就是因为中国的商业资本主义还没有起来，资本主义怎么就能起来呢？要解释资本主义城市和封建力量的抗争。

西方有个汉萨同盟①，从 10 世纪开始，一直到 14 世纪达到高潮，资本主义产生初期，由商人和手工业者的权利所主导，西方的民主也是这么起来的，其中有经济权利和空间权利的抗争。封建制度代表的是贵族，是落后的，没有生产能力的阶层，世袭制度，他们的财富就是农奴交的地租，完全是剥夺，这种情况当然代表落后的东西。

西方国家很多封建贵族，到处收税，所以商人和手工业者组织同盟——跨地域的城市联盟，他们为了保卫城市的利益，甚至雇佣一些军人，雇佣军是流动的，驻在城市边缘，同盟养活他们，为城市打仗。如果哪个贵族要侵占城市利益的话，就打他们。后来国家统一了，这种同盟就消亡了。

后来我到德国考察，印证了我的观点，我很兴奋。我去德国是在 1983 年（图 4–17、图 4–18），德国有很多城堡，其中的 Goslar 是那次学术会议的会址。有一次德国皇帝的加冕就是在那儿举行。参加汉萨同盟的有 70 多个城市，保卫资产阶级的利益。有一个年表，记录汉萨同盟是怎么起来的，打过什么仗。中国没有这个现象，皇帝的天下，“普天之下，莫非王土”，所以中国的资产阶级发展不起来，一直都是封建思想，谁掌握了政权谁就说了算，西方不是这样，后来发展到三权分立。

后来，宗教改革也是我在讲课中非常强调的，天主教太腐败了。这些历史现象，讲西方城建史的时候，图片还不是太多，搜集起来太困难了。现在的图片都很漂亮，当时这些东西很有限，只能找点黑白的插图，是不是能深刻影响到同学，我不清楚。

我讲了很多届城建史，每一届都有所变化。比如，82 级讲的比 81 级要更细一点，到 83 级、84 级、85 级时，在城建史中讲到了城市建设的政治、经济、社会、环境的条件，以及技术进步。西方城堡，到了 17 世纪火炮出现以后，城墙的攻和守的关系，图片看起来像刺猬似的，为什么会这样呢？中国的城墙比较简单——马面，还有瓮城。西方技术进步以后，每个城市都要保卫自己，想了很

① 汉萨同盟是德意志北部城市之间形成的商业、政治联盟。汉萨（Hanse）一词，德文意为“公所”或者“会馆”。13 世纪逐渐形成，14 世纪达到兴盛，加盟城市最多达到 160 个。1367 年成立以吕贝克城为首的领导机构，有汉堡、科隆、不莱梅等大城市的富商、贵族参加，拥有武装和金库。同盟垄断波罗的海地区贸易，并在西起伦敦、东至诺夫哥罗德的沿海地区建立商站，实力雄厚。15 世纪转衰，1669 年解体。

图 4–21 城市社会学课程（城市规划专业硕士选修课）教案（封面）
资料来源：黄天其提供。

多办法。中国好办，哪里造反就攻打城墙，皇帝很快就调兵来消灭你。西方是乱的，这个城堡能维持多久就算多久。这个问题很有趣，西方和中国有很大的不同。

最后的结论，还是要改革开放，封建的东西待不住的。中国的社会现在在一点点地变化，市场经济出来以后，生产力大解放，但生产关系方面的问题还没有很好地解决。

十一、把社会学和生态学引入城市规划

黄天其：在讲授城建史的过程中，我逐渐把社会因素加进去了。从 1986 年开始，我又讲社会学，把社会学引入城市规划专业，但并没有很好地总结出这个过程。现在，全国的规划专业都在教社会学，说明社会进步了，我自己体会到各门学科之间还是割裂的，规划科学究竟内涵是什么，很值得深入研究。

访问者：记得您曾指出城市规划"纯技术"的局限。

黄天其：在 1980 年代初的教学和规划实践中，我开始强烈地意识到传统城市规划学科内容的"纯技术"的局限。建筑或建设系统培养出来的规划师，对社会问题的认识很差。1982 年，四川省成立了社会学会，我参加了这个学会，我国著名社会学家雷洁琼出席会议并讲话，她讲人际关系，在当时的阶段要解决人际关系问题等。在那次会议上，我得知邓小平早在 1978 年就说过"社会学应当恢复"。1986 年，我向建筑系申请为城市规划专业研究生开设城市社会学课（图 4–21）。

访问者：早在 1986 年就在城市规划专业开设社会学课程，这在全国可能是第一个，对我们城市规划学科的发展和完善意义重大。

图 4–22　访问德国汉诺威城市建设局（1983 年 10 月）
注：右 2 为黄天其。
资料来源：黄天其提供。

黄天其：那个时候，同济大学是不是开了社会学课，我搞不太清楚。当时开这个课，我还不敢自己讲。当时，我邀请了 1930 年代毕业于复旦大学社会学系的杨建恒先生首度开讲。

访问者：当时杨建恒先生是在什么单位工作？

黄天其：当时他是重庆出版社的编辑。讲课费是每学时 6 元钱，他讲了 40 个学时，一共给了他 200 多元钱。第二次再请他，系里就说没有钱了，1980 年代，系里很穷，他们对我说：你自己讲吧。后来我就自己讲了。

访问者：记得您还讲过一门课：开发生态学。

黄天其：对，1997 年开的这门课。从 1991 年开始，我和黄光宇老师一起开始搞生态城市研究。更早的时候，1983 年我去德国考察过（图 4–22），参加了一次国际学术讨论会。当时我只是讲师，但我是代表中国去参会的，部里把我报成副教授，会议是德国主办的，美国、土耳其、波兰等国家的学者参加。

那次去德国，我们考察了德国的区域规划发展研究所。我问过他们：区域规划的目的是什么？他们的答案是城乡的发展不要影响自然生态的平衡，区域规划研究的主要就是这个东西。第一，研究发展；第二，研究发展的平衡。德国在规划总图里，把水源地给划出来了，这个地方是不可动的。那时候我们国家的规划还没有到这个地步。

早在 1950 年代，我们国家就对区域规划很重视，因为学习苏联，苏联的计划经济很重视区域规划，他们有一套完整的系统。保护生态和环境，苏联和德国是很早就重视区域规划的国家。改革开放以后，我们国家的区域规划一下丢掉了，一直没有法定地位。区域规划主要是地理专业搞的，没有什么钱赚，他们很难受，于是往城市里靠，加盟城市规划。

到德国参加那次会后，1985 年汉诺威大学发展研究所所长盖斯勒教授和副所长

图 4–23　接待德国汉诺威大学盖斯勒教授访问留影（1985 年）
注：1983 年黄天其赴德国汉诺威大学发展研究所参加学术会议后，1985 年汉诺威大学盖斯勒教授回访重庆建筑工程学院，双方建立城乡规划合作研究所。后排左起：黄光宇（左 1）、李再琛（左 2）、白佐民（左 3）、盖斯勒（左 4）、黄天其（右 2）。
资料来源：黄天其提供。

施拉姆教授主动和我校合作研究，我校成立了城市规划研究所（图 4–23）。过去 30 多年，遗憾的是，当初双方合作的开创人黄光宇、施拉姆、黄耀志均已去世，我和盖斯勒也都退休近 20 年了。近年我对德国在区域规划领域的先进水平体会更深了。

1987 年第二次去德国的时候，我参观了一个村庄，很了不起，从飞机上看，那个村庄什么也没有，一片草地和森林，其实是房屋的屋顶全部种草了，草有齐腰那么高，村庄里的房屋不上油漆，都是木头的，没有床，睡地板，德国生态文明的建设当时已经达到很高水平了。那位建筑师还托我带一封信给中国建筑师宣传他的设计思想，非常热情。

1988 年到丹麦，也是看生态环境，受到很大的触动。所以，1991 年，和黄光宇开始搞生态城市研究。黄老师搞生态城市搞得有声有色，我偏重于社会学。后来到 1996 年、1997 年，我感觉到，如果讲一般生态学的话，资料很多，到处都有，从物种到群落，生态平衡、生态位、生态足迹等，可以照本宣科，应该有一个生态学跟开发结合起来的学科研究，所以从 1997 年开始给博士生讲这门课。

所谓开发生态学，要讲什么是开发，开发就是把潜在的财富转换为现实财富的过程，潜在的财富就是资源，有自然资源、人文资源。懂的人认为是资源，不懂的人认为是废物。人也一样，对资源的概念应该广义地看。这些观点，在当时还是很前卫的。我讲了几年，退休了以后又讲了两年，后来就没有接着讲了。

访问者：您是哪一年退休的？

黄天其：2001 年，66 岁，那时候重庆建筑大学与重庆大学刚合并。退休以后，我参加了一些设计项目，做了一些东西，还在研究，但没有参与教学了。

访问者：可否请您谈谈 1985 年前后，磁器口保护规划的有关情况？

黄天其：这个项目是同张兴国等一起做的。1983 年去德国时，我考察过他们的旧城保护情况，回来写过一篇文章《哥斯拉尔的启示》，发表在《新建筑》上[①]。哥斯拉尔的银矿城，保护得非常好，一个城堡，现代化以后规划出一条步行空间线路。步行街上保留和展示历史文化的东西，既保留原有的风格，又可以在里面作功能的改变等，令我赞美不已，当时我在德国为此非常兴奋。

1985 年我们做磁器口保护规划时，碰到很多问题。磁器口有两个山地院落，非常精彩，修路的时候要穿过，我就主张拐弯，保留院落，后来没有保留成。我的想法太超前了，当时在国内还不是很重视保护。张兴国他们多年一直坚持做磁器口保护规划，做得比较成功的是进入新世纪以后。

访问者：1985 年版磁器口规划的资料还保存着吗？

黄天其：当时有五六张设计图，存在沙坪坝区建委资料室，后来有一次失火，都烧掉了。张兴国做的磁器口保护规划，后来获得过国家银奖。在磁器口做规划经常得奖，只要一画磁器口的图，基本上就得奖了。“二龙戏珠”的地形很难找，拿去投标、评选，一看就很独特。

十二、城市规划历史与理论研究

访问者：2011 年，城乡规划学已经升格为国家一级学科，在这门学科下面，是否应该有一个叫作“城市规划历史与理论”的二级学科？您怎么看？

黄天其：以前我看过一本书，叫《文学概论》，我是 1962 年读的，很佩服。一门学科主要有三个部分：第一是文学史，也就是学科史，讲这门学科是怎么产生和发展的；第二是学科本身的结构和内涵，比如文学是文学创作理论，或者是建筑设计、城市规划的理论，技术所涉及的东西；第三是评论——作品的优劣、先进或落后。比如说批判某位作家，批评的原则很重要。事物都在前进，历史已经有了，不能前进了吗？不是的，史学也在前进。历史就是要追溯原有的状态，还要说明它，主要包括两部分：一部分是史实，另一部分是史论。

历史是往前看，总结经验，还有成就。历史学有个特点，就像牛顿三大定律，在一定范围内不能反对它，低速运动、亚光速以下的运动都符合牛顿三大定律。这就是历史科学的成就的重要性。如果没有历史研究，大家就要乱来了。历史就是要把正确的、好的东西给肯定下来。

城市建设应当有一个正确的评论观。西方就产生了几种主义，包括权威主义在

① 黄天其．哥斯拉尔的启示——联邦德国下萨克森州城镇建设考察记之一 [J]. 新建筑，1984（4）：20–22.

内。西方喜欢批判某些东西，认为希特勒，甚至苏联的某些做法，比如搞大广场、大轴线等，就是权威主义。现在我们有些时候也反对、批判权威主义，但是，都说是权威主义也不对，比如北京的广场，大一些是可以的，但不能什么城市都搞，还是要有分寸。

因此，科学的评论和评价方法是规划科学里很重要的部分，涉及规划设计创作实践，是很大的问题，包括各种技术、经济、文化、生态的内容。前有历史，后有批评。批评是一个度量器，是成果的检测器。历史研究要明确传统的遗产中该继承的东西。只有这样，规划学科才能比较完整。现在批评和评论这部分是最弱的，学科不完整。

退休以后的这些年，我主要是感到城市空间文化值得研究，现在还没有把它和旅游发展充分结合起来。许多问题可以慢慢研究。

现在你做的这项工作，精神很伟大。当时我搞城建史教学的条件，跟现在的经济条件不同了。当时很穷，各方面的条件很差。那时候，我住一楼，在垃圾管道的底端，每天上面掉垃圾下来，苍蝇蚊子很多；住房也比较小，工作受到多方面因素的影响。应该投入历史研究，重庆城市史更值得研究。现在讲历史，经常还是那个问题，主要讲成就，没有挖掘出更深刻的东西，人们的心态和思想，包括规划工作者当时的思想都有值得追溯的问题。

访问者：当年在学校时，我记得您和王正老师一块儿上课，说过一个“厚古薄今”的观点，也就是多重视古代的内容。现在您怎么看这个观点？

黄天其：古代的东西对近代有很大的启发，历史往往有惊人的相似之处，这是马克思讲的。老师有个特点，可以随便自由地发挥，想法不一定对。

城建史，我一直觉得应该彻底研究，现在老了，“望洋兴叹”。一直到现在，城建史还没有达到最最理想的可以和西方比美的深度，哪怕已经有权威了。董老师（董鉴泓先生）很值得尊敬，做了好多工作，很不容易。但是，城建史值得深入研究的方面，还有很多很多。在学校，很多老师没有这个干劲。再加上素材很难搜集，一个重庆的老师，跑到北京去，谁认你？困难很大。

我认为，应该开拓规划评论，包括历史的评论这门新课，将来改革应该用优厚的待遇来吸引基础的研究。连本科生的课都应该是研究出来的，课程作业都是研究的成果，这样才行。随便讲讲，流水式的，大家都知道这么回事，但太不深刻了，这是个问题。

访问者：还想向您请教一下城市规划历史研究该怎么做的问题。作城市规划历史研究时我有一个困惑，查历史资料的时候，对于一些素材的选取，对有些问题的认识经常有两种不同的观点，比如一种是“左”的，一种是“右”的，就素材组织而言，“左”的能写出来，“右”的也能写出来。在这种情况下，历

图 4-24　执笔师生合作规划作品（1992 年）
注：右 2 为黄天其。
资料来源：黄天其提供。

史研究者的主观认识和意识的倾向性就起到了比较大的主导性作用。比如说"梁陈方案"，梁思成、陈占祥于 1950 年初提出在北京西郊建设一个中央行政区，对此大家的争论就很大。在这种情况下，怎么体现规划史研究的正当性或者客观性？

黄天其：这就是历史科学的作用，它有这个使命：史实，史论。"梁陈方案"是史实，"梁陈方案"没有实现也是个史实。我的史论就是：解放初期国家非常穷困，政府这么多机构，人民这么困苦，旧城里有很多王府可以利用，中央不能接受"梁陈方案"。当时如果按照"梁陈方案"做起来，要拿出一大笔钱来建设大量的设施，当时不可能那么做。这个论点对不对，史家争论起来，学术热闹了，事实就更清楚了（图 4-24）。

另外，我认为新中国当时还没有强大的空军，投鼠忌器——要是真正建设一个新区的话，万一国民党或者美国来轰炸，谁也不敢承担这个责任。中国的传统文化中讲策略，宁愿猫在旧城里，还安全一些。你来炸北京古城就是破坏文物的反人类滔天大罪。我估计当时中央有很多考虑。梁思成提出一个方案，并不是非常正规的政府委托来做的，而是征求意见和建议。历史的东西，应该这么来看。当时实现这个方案的条件不具备。当然，后来的失误——大拆大建过了头，是又一个问题了。

哈雄文对我用英语讲过"city is people"。同名的原文书是一位美国学者在 1945 年出版的，其中谈到资产阶级的恶。西方的学者们对西方的制度也是持批判态度的，没有武装暴动来推翻，因为文人没有力量，只是写文章批判资产阶级和资本主义的东西，我觉得也是对的。在那个时期，非经历某种可悲或者可笑的阶段，很难理解历史往往难以避免的荒唐过程。在"文革"的时候，有的学者气死了，跳水了，但还是有修养更深的人，有些学者很想得开，斗就斗，

图 4–25　七十五岁自励诗（2010 年）
资料来源：黄天其提供。

高高兴兴地挨斗。著名的生物学家童第周，“文革”中被打成反动学术权威，派他去刷厕所，他到了厕所一看这么脏，就把厕所里面擦得跟外国的厕所一样干净，后来“文革”过去后，他成为科学院副院长。这也就是人生的一种态度（图 4–25）。

梁思成很伟大，很了不起，特别是学者气度比较浓，是个大学者，我们的社会应该容纳这样的学者，现在这样的人太少了。当然，很多东西没有实现也很正常，不能说每个东西都一定要实现，那不现实。

访问者：您从小生活在重庆，长期在搞城市规划，刚才您也说到评论很重要，对于重庆在改革开放以后，特别是 1990 年代以后的大建设，尤其是跨山发展等这样的大动作，您怎么看？

黄天其：从经济学角度来看，中国城市化进程的效率很高。经济地理学讲区位，一个是自然区位，一个是由于人的存在，原有经济基础、设施和人的集聚，产生了高

图 4–26　拜访黄天其先生留影（2018 年 5 月 3 日）
资料来源：黄瓴拍摄。

效率，这个区位就太厉害了。列宁说过："集聚使城市产生百倍的效率。"重庆突破两山（指重庆主城西部的中梁山和东部的铜锣山），还是对的。我对两山很有体验。我多次去过两山的那一边，解放前如果想跨过两山是很困难的。现在城市扩展，已经超高密度了，不能只局限在两山之间发展。现在的重庆大学城精彩极了。

1994 年我参加过重庆建委的一个课题，叫作"重庆渝中区建筑容量研究"，一位副市长挂帅，我是课题组成员之一。当时渝中区的总建筑面积大概是 600 多万平方米，论证结果可以达到 1400 万，现在大概已经是几千万了。过去重庆看起来很密，实际上毛容积率还不到 1。重庆修建了很多道路，突破两山扩出去比较成功，现在密度更高了，建设很兴旺，组团城市特征也表现出来了，这些都是对的。

再比如重庆江北机场的预留，当时是白市驿出了空难以后，证明白市驿那块地不适宜机场建设，好在先把江北机场的用地给预留了。这是很正确的决策。重庆规划局有一帮老同志，包括黄光宇教授作为学校（重庆大学）的代表，为重庆的持续发展起了很大作用，也作了规划理论上的扎实的铺垫。现在重庆的新一代规划师，以及全国来的规划专家，进一步开创了崭新的局面（图 4–26）。

访问者：谢谢您的指教！

（本次谈话结束）

索引